辽宁省高水平特色专业群校企合作开发系列教材

林业政策法规
教学做一体化教程

刘 莹 主编

中国林业出版社

内容简介

本教材根据高职林业专业群人才培养工作目标及实际岗位的需要将林业法律、法规及执法等内容分为两大模块，共8个项目，各项目内建立子项目，子项目又由案例导入与分析、相关资讯、岗位对接、模拟演练、项目实践等任务组成，体系构建清晰，内容划分合理。

本教材的编写建立在以涉林专业学生为试点的课程改革基础上，凝聚了从教的广大教师、专家的教学科研成果，具有可操作性强、应用面宽、专业性高的特点。本教材既可作为高等职业院校林业政策法规与执法的课程教材，又适用于全国林业类培训参考书，也可作为广大林业从业人员的学习用书。

图书在版编目(CIP)数据

林业政策法规教学做一体化教程 / 刘莹主编. —北京：中国林业出版社，2021.3(2024.2重印)
辽宁省高水平特色专业群校企合作开发系列教材
ISBN 978-7-5219-1083-4

Ⅰ.①林… Ⅱ.①刘… Ⅲ.①林业政策-中国-高等职业教育-教材 ②森林法-中国-高等职业教育-教材 Ⅳ.①F326.20②D922.63

中国版本图书馆CIP数据核字(2021)第049196号

中国林业出版社·教育分社

策划编辑：	肖基浒　范立鹏　高兴荣	责任编辑：	田夏青　肖基浒
电　　话：	(010)83143555	传　　真：	(010)83143516

出版发行：中国林业出版社(100009　北京市西城区德内大街刘海胡同7号)
　　　　　E-mail: jiaocaipublic@163.com　电话：(010)83143500
　　　　　http://www.forestry.gov.cn/lycb.html
印　　刷：北京中科印刷有限公司
版　　次：2021年3月第1版
印　　次：2024年2月第2次印刷
开　　本：787mm×1092mm　1/16
印　　张：15.25
字　　数：381千字
定　　价：49.00元

未经许可，不得以任何方式复制或抄袭本书之部分或全部内容。

版权所有　侵权必究

《林业政策法规教学做一体化教程》
编写人员

主　编
　　刘　莹　辽宁生态工程职业学院

副 主 编
　　李　卓　辽宁生态工程职业学院

参编人员（按姓氏笔画排序）
　　王　伟　辽宁生态工程职业学院
　　王怡然　辽宁生态工程职业学院
　　李晓明　沈阳工业经济学院
　　吴　迪　辽宁省林业调查规划监测院
　　赵兴秋　辽宁省义县高屯林场
　　高　璐　辽宁生态工程职业学院
　　崔东阳　国家林业和草原局森林和草原
　　　　　　病虫害防治总站

前言

林业法制建设是我国法制建设的重要组成部分，为推动生态文明建设、助力林业事业发展提供根本的法制保障，在林业生产实践中应用最广，涉及最多，覆盖于林业工作的各个领域。《林业政策法规教学做一体化教程》是高职林业类学生的必修专业课程，并且本门课程是集基本法律常识、森林培育、森林保护、森林采伐利用、野生动植物保护等行政执法内容于一体的综合性学科，林业专业课程如《森林病虫害防治》《林木种苗生产技术》《森林培育》《森林防火》等是本课程的前导课，本课程为前导课在未来工作岗位中的应用提供法律支持和约束。本门课程意在培养学生保护森林资源的强烈责任感，以及善于发现问题、理性分析问题、依法解决问题的工作能力，将不断成熟和完善的林业法律法规体系灵活应用于林业生产实践中。

随着我国社会经济的不断发展，工作岗位对于人才需求也在不断提高，如何培养出职业技能与职业精神兼备的专业型人才，是高职院校高度关注的问题和办学的最终的目标。本着突出人才培养，适应岗位需要为宗旨，在《林业法规与执法实务》课程教材的基础上进行了重新整合，在结构和组成上较以往的教材有所创新，让学习者进一步明确学习目标，深入理解案件处理流程和方法，并在案件处理中掌握理论知识，借助岗位实操与演练培养学生的职业能力和素养。本教材在开发建设过程中，通过不断深入林业企事业单位的多次调研，结合林业法制工作"准备工作——岗前培训——案件处理——总结归档"这个工作主线与教学内容有序组织在一起。学生可以根据教材中案例编排短剧进行情境学习、案例分析、小组讨论、自主学习，真正实现教师做中教、学生做中学的课堂氛围。

本教材由辽宁生态工程职业学院林学院刘莹任主编，思政部李卓任副主编。具体编写分工如下：项目一林业行政执法基础知识由李卓编写；项目二林业行政许可、项目三林业行政处罚由高璐、李卓编写；项目四林权林地管理行政执法、项目七森林保护行政执法、项目八野生动植物保护行政执法由刘莹编写；项目五森林采伐利用行政执法、项目六森林培育行政执法由王伟、王怡然编写；岗位对接、模拟演练学习单元由吴迪编写，案例整理部分由李卓、崔东阳、赵兴秋完成，附录及新版法条整理由刘莹、王怡然完成，最终体例整理由高璐完成。本书由李晓明教授担任调研顾问及审稿工作。在教材的编写过程中得到了辽宁生态工程职业学院的有关专家和领导的悉心指导和大力支持，在此一并表示衷心的感谢！

由于时间仓促，加之编写人员水平有限和经验不足，书中缺点和错误在所难免，恳请各位同仁、专家和广大读者批评指正。

另外，将有关法律、法规、规章的全称和简称列表如下，在书中统一使用简称。

序号	全　　称	简　　称
1	《中华人民共和国宪法》	《宪法》
2	《中华人民共和国刑法》	《刑法》
3	《中华人民共和国刑事诉讼法》	《刑事诉讼法》
4	《中华人民共和国治安管理处罚法》	《治安管理处罚法》
5	《中华人民共和国民法典》	《民法典》
6	《中华人民共和国民事诉讼法》	《民事诉讼法》
7	《中华人民共和国立法法》	《立法法》
8	《中华人民共和国行政许可法》	《行政许可法》
9	《中华人民共和国行政强制法》	《行政强制法》
10	《中华人民共和国行政诉讼法》	《行政诉讼法》
11	《中华人民共和国行政处罚法》	《行政处罚法》
12	《中华人民共和国行政复议法》	《行政复议法》
13	《中华人民共和国行政复议法实施条例》	《行政复议法实施条例》
14	《中华人民共和国森林法》	《森林法》
15	《中华人民共和国森林法实施条例》	《森林法实施条例》
16	《中华人民共和国森林防火条例》	《森林防火条例》
17	《中华人民共和国森林病虫害防治条例》	《森林病虫害防治条例》
18	《中华人民共和国防沙治沙法》	《防沙治沙法》
19	《中华人民共和国野生动物保护法》	《野生动物保护法》
20	《中华人民共和国陆生野生动物保护实施条例》	《陆生野生动物保护实施条例》
21	《中华人民共和国猎枪弹具管理办法》	《猎枪弹具管理办法》
22	《中华人民共和国野生植物保护条例》	《野生植物保护条例》
23	《中华人民共和国进出境动植物检疫法》	《进出境动植物检疫法》
24	《中华人民共和国自然保护区条例》	《自然保护区条例》
25	《国务院森林和野生动物类型自然保护区管理办法》	《森林和野生动物类型自然保护区管理办法》
26	《中华人民共和国植物新品种保护条例》	《植物新品种保护条例》
27	《中华人民共和国植物新品种保护条例实施细则》	《植物新品种保护条例实施细则》
28	《中华人民共和国种子法》	《种子法》

前言

(续)

序号	全 称	简 称
29	《中华人民共和国土地管理法》	《土地管理法》
30	《中华人民共和国农村土地承包法》	《农村土地承包法》
31	《中华人民共和国农村土地承包经营纠纷调解仲裁法》	《农村土地承包经营纠纷调解仲裁法》
32	《中华人民共和国环境保护法》	《环境保护法》
33	《中华人民共和国公务员法》	《公务员法》
34	《中华人民共和国拍卖法》	《拍卖法》
35	《中华人民共和国招标投标法》	《招标投标法》
36	《中华人民共和国国家赔偿法》	《国家赔偿法》
37	《中华人民共和国地方各级人民代表大会和地方各级人民政府组织法》	《组织法》
38	《中华人民共和国商标法》	《商标法》
39	《中华人民共和国产品质量法》	《产品质量法》
40	《中华人民共和国消费者权益保护法》	《消费者权益保护法》
41	《中华人民共和国突发事件应对法》	《突发事件应对法》
42	《中华人民共和国香港特别行政区基本法》	《香港特别行政区基本法》

编 者

2020 年 12 月 10 日

目 录

前 言

模块一　基本能力训练

项目一　林业行政执法基础知识 ································· 2
　子项目一　林业法律法规体系 ································· 3
　　任务1　案例导入与分析 ································· 3
　　任务2　相关资讯 ································· 4
　　任务3　模拟演练——巩固实践 ································· 13
　子项目二　林业行政执法 ································· 14
　　任务1　案例导入与分析 ································· 14
　　任务2　相关资讯 ································· 16
　　任务3　模拟演练——巩固实践 ································· 28
　综合能力训练 ································· 29

模块二　专项案件处理训练

项目二　林业行政许可 ································· 32
　子项目一　林业行政许可概述 ································· 33
　　任务1　案例导入与分析 ································· 33
　　任务2　相关资讯 ································· 34
　　任务3　模拟演练——巩固实践 ································· 39
　子项目二　林业行政许可实施主体 ································· 40
　　任务1　案例导入与分析 ································· 40
　　任务2　相关资讯 ································· 42
　　任务3　模拟演练——巩固实践 ································· 43
　子项目三　林业行政许可实施程序 ································· 45
　　任务1　案例导入与分析 ································· 45
　　任务2　相关资讯 ································· 46
　　任务3　模拟演练——巩固实践 ································· 52
　综合能力训练 ································· 54

项目三　林业行政处罚 ································· 57
　子项目一　林业行政处罚概述 ································· 58
　　任务1　案例导入与分析 ································· 58

任务2　相关资讯 …………………………………………………………… 59
　　任务3　模拟演练——巩固实践 ……………………………………………… 70
子项目二　林业行政处罚证据 …………………………………………………………… 72
　　任务1　案例导入与分析 ……………………………………………………… 72
　　任务2　相关资讯 …………………………………………………………… 73
　　任务3　模拟演练——巩固实践 ……………………………………………… 80
子项目三　林业行政处罚的执行 ………………………………………………………… 82
　　任务1　案例导入与分析 ……………………………………………………… 82
　　任务2　相关资讯 …………………………………………………………… 83
　　任务3　模拟演练——巩固实践 ……………………………………………… 88
综合能力训练 ………………………………………………………………………… 90

项目四　林权林地管理行政执法 ………………………………………………………… 92
　子项目一　占用征用林地管理 ………………………………………………………… 93
　　任务1　案例导入与分析 ……………………………………………………… 93
　　任务2　相关资讯 …………………………………………………………… 94
　　任务3　岗位对接——技能提升 …………………………………………… 102
　　任务4　模拟演练——巩固实践 …………………………………………… 104
　子项目二　森林、林木、林地流转 …………………………………………………… 105
　　任务1　案例导入与分析 …………………………………………………… 105
　　任务2　相关资讯 ………………………………………………………… 106
　　任务3　模拟演练——巩固实践 …………………………………………… 109
　子项目三　林权纠纷处理 …………………………………………………………… 110
　　任务1　案例导入与分析 …………………………………………………… 110
　　任务2　相关资讯 ………………………………………………………… 111
　　任务3　模拟演练——巩固实践 …………………………………………… 115
　综合能力训练 ……………………………………………………………………… 117

项目五　森林采伐利用行政执法 ………………………………………………………… 119
　子项目一　林木凭证采伐法律制度 …………………………………………………… 120
　　任务1　案例导入与分析 …………………………………………………… 120
　　任务2　相关资讯 ………………………………………………………… 121
　　任务3　岗位对接——技能提升 …………………………………………… 128
　　任务4　模拟演练——巩固实践 …………………………………………… 131
　子项目二　木材经营(加工)法律制度 ………………………………………………… 132
　　任务1　案例导入与分析 …………………………………………………… 132
　　任务2　相关资讯 ………………………………………………………… 133
　　任务3　模拟演练——巩固实践 …………………………………………… 135
　综合能力训练 ……………………………………………………………………… 136

项目六　森林培育行政执法 ·· 139
　子项目一　造林绿化法律制度 ·· 140
　　任务1　案例导入与分析 ·· 140
　　任务2　相关资讯 ·· 140
　　任务3　模拟演练——巩固实践 ·· 143
　子项目二　林木种苗管理法律制度 ·· 145
　　任务1　案例导入与分析 ·· 145
　　任务2　相关资讯 ·· 146
　　任务3　模拟演练——巩固实践 ·· 151
　子项目三　植物新品种保护法律制度 ·· 153
　　任务1　案例导入与分析 ·· 153
　　任务2　相关资讯 ·· 154
　　任务3　岗位对接——技能提升 ·· 157
　　任务4　模拟演练——巩固实践 ·· 159
　综合能力训练 ·· 160

项目七　森林保护行政执法 ·· 163
　子项目一　森林防火行政执法 ·· 164
　　任务1　案例导入与分析 ·· 164
　　任务2　相关资讯 ·· 165
　　任务3　岗位对接——技能提升 ·· 172
　　任务4　模拟演练——巩固实践 ·· 174
　子项目二　森林病虫害防治行政执法 ·· 175
　　任务1　案例导入与分析 ·· 175
　　任务2　相关资讯 ·· 176
　　任务3　岗位对接——技能提升 ·· 183
　　任务4　模拟演练——巩固实践 ·· 186
　综合能力训练 ·· 187

项目八　野生动植物保护行政执法 ·· 189
　子项目一　野生动物保护法律制度 ·· 190
　　任务1　案例导入与分析 ·· 190
　　任务2　相关资讯 ·· 191
　　任务3　模拟演练——巩固实践 ·· 200
　子项目二　野生植物保护法律制度 ·· 201
　　任务1　案例导入与分析 ·· 201
　　任务2　相关资讯 ·· 202
　　任务3　模拟演练——巩固实践 ·· 207
　子项目三　自然保护区法律制度 ·· 208
　　任务1　案例导入与分析 ·· 208
　　任务2　相关资讯 ·· 209

  任务3 模拟演练——巩固实践 ··· 213
 子项目四 古树名木保护法律制度 ··· 214
  任务1 案例导入与分析 ·· 214
  任务2 相关资讯 ··· 215
  任务3 模拟演练——巩固实践 ··· 218
 综合能力训练 ··· 219
参考文献 ··· 222
附 录 ·· 223
 一、实训报告样表 ··· 223
 二、项目考核评价表 ·· 224

 基本能力训练

项目一 林业行政执法基础知识

项目一 林业行政执法基础知识

【项目描述】

中华人民共和国成立以来，我国林业法制建设经历了从无到有，从探索起步到全面发展的历史过程。在此过程中，我国林业法律法规体系构建成型并趋于完善，已覆盖林业事业的各个领域。林业法制建设依托于我国立法体制基础，是我国法制建设的重要组成部分，因此，为了更好地运用法律的武器保护森林资源，加快推进林业事业的发展，贯彻落实生态文明建设理念，作为林业工作者应扎实掌握基本法律常识和林业行政执法的相关知识，夯实理论基础，以便开展执法实践及科学合法处理案件，提升职业技能及岗位业务水平。

本项目包含两个子项目，分别是林业法律法规体系及林业行政执法，让学习者在了解我国基本法律常识后，进一步清晰构建我国林业法律法规体系，并结合林业行政执法基础知识的掌握，巩固和提升执法工作的基本业务能力。

【学习目标】

——知识目标

1. 了解我国立法体制的含义及特点、法的表现形式、适用原则及法的效力。
2. 掌握违法行为的含义及构成要件，明确法律责任的含义、种类及特点。
3. 掌握我国林业法律法规体系的基本构成。

——能力目标

4. 能根据规范性法律文件的制定主体确定法的表现形式。
5. 能根据法的适用原则确定案件适用的法律法规。
6. 能根据法的表现形式判断各个规范性法律文件的效力位阶。
7. 能根据案情及违法行为的构成要件确定违法行为。

——素质目标

8. 提升学生的案件分析能力及违法行为判断力。
9. 提升学生对法律法规的认识及守法意识。
10. 提升学生的团结协作和自主学习能力。

子项目一 林业法律法规体系

任务1 案例导入与分析

【案例导入】

2013年6月11—12日,佟某雇佣本村村民马某在村委会承包给自己管理的杉林中采伐集体所有杉树105株,加工成原木,立木蓄积为5.607 2立方米。佟某及村委会均未到林业主管部门办理林木采伐许可证。县林业局接报后,指派林业行政综合执法大队对该案进行了立案调查。经查,佟某在没有办理采伐许可证的情况下,擅自雇佣他人采伐林木,合计立木蓄积12.593立方米,应追究其刑事责任。于是,将案件移交给县森林公安机关侦查。

【问题】

1. 佟某在整个案件中是否具有违法行为?其行为是否构成刑事犯罪?
2. 指出本案件相关的法律依据。

【案件分析】

本案中,佟某在未报请林业主管部门批准办理林木采伐许可证的情况下,擅自雇佣村民马某在村委会承包给其管理的集体杉林中采伐杉树,其违法行为属于盗伐还是滥伐?正确定性的关键点是要明确林木的所有权。

本案中,县检察院认为该案林木所有权已经转让给佟某,佟某所侵犯的不是村集体的林木所有权,从而佟某不构成盗伐林木罪的定性是错误的。同时,其认定佟某采伐的林木数量为5.607 2立方米,尚未达到滥伐林木的立案标准也是错误的。依照《最高人民法院关于审理破坏森林资源刑事案件具体应用法律若干问题的解释》第17条规定,林木数量以立木蓄积计算,计算方法为:原木材积除以该树种的出材率。县检察院将原木材积混为立木材积(即立木蓄积),导致事实的认定错误。按照最高人民法院的司法解释第6条,滥伐林木"数量较大",以10~20立方米或者幼树500~1 000株为起点。本案中即使将佟某的行为定性为滥伐林木行为,其滥伐的数量较大,已涉嫌构成滥伐林木罪,应移交司法机关依法追究其刑事责任,而不能由行政机关以罚代刑。

佟某承包管理集体林木,并不享有该林木的所有权。按照《最高人民法院关于审理破坏森林资源刑事案件具体应用法律若干问题的解释》第3条规定,以非法占有为目的,擅自砍伐本单位或者本人承包经营管理的森林或者其他林木,数量较大的,构成盗伐林木罪。第4条规定,盗伐林木"数量较大",以2~5立方米或者幼树100~200株为起点;盗伐林木"数量巨大",以20~50立方米或者幼树1 000~2 000株为起点;盗伐林木"数量特别巨大",以100~200立方米或者幼树5 000~10 000株为起点。本案中,佟某以非法占有为目的,雇佣他人非法采伐自己承包经营管理的村集体的林木,且数量较大(立木蓄积12.593立方米),已达到盗伐林木"数量较大"的立案标准,应按照《刑法》第345条第1款的规定,追究佟某盗伐林木罪的刑事责任。

对于村民马某，如果他事先知道佟某是雇佣其盗伐林木，则应按盗伐林木罪的共犯追究其责任，否则，不能追究其责任。

本案的法律依据为：《最高人民法院关于审理破坏森林资源刑事案件具体应用法律若干问题的解释》第3条、第6条、第17条。从案件中我们可知以非法占有为目的，擅自砍伐本单位或者本人承包经营管理的森林或者其他林木，数量较大的，构成盗伐林木罪；盗伐林木"数量较大"，以2~5立方米或者幼树100~200株为起点。盗伐林木数量以立木蓄积计算，计算方法为：原木材积除以该树种的出材率。

任务2 相关资讯

1. 林业法律法规体系

1.1 立法体制概述

（1）立法体制含义及要素构成

①立法体制的含义 立法体制是关于一国立法机关设置及其立法权限划分的体系和制度，是有关法的创制权限划分所形成的制度和结构，是关于立法权限、立法权运行和立法权载体诸方面的体系和制度所构成的有机整体。

立法体制是静态和动态的统一。立法权限的划分是立法体制中的静态内容；立法权的运行是立法体制中的动态内容；作为立法权载体的立法主体的建置和活动，则是立法体制中兼有静态和动态两种状态的内容。其中，立法权限的体系和制度是立法体制的核心内容。

②立法体制的构成要素 立法体制由三个要素构成：一是立法权限的体系和制度，包括立法权的归属、性质、种类、构成、范围、限制，各种立法权之间的关系、立法权在国家权力体系中的地位和作用、立法权与其他国家权力的关系等方面的体系和制度；二是立法权的运行体系和制度，包括立法权的运行原则、运行过程、运行方式等方面的体系和制度；三是立法权的载体体系和制度，包括行使立法权的立法主体或机构的建置、组织原则、活动形式、活动程序等方面的体系。

（2）我国的立法主体及其权限

①全国人民代表大会及其常务委员会立法 全国人民代表大会修改宪法，制定和修改刑事、民事、国家机构和其他的基本法律；全国人大常委会制定和修改除应当由全国人民代表大会制定的法律以外的其他法律。在全国人民代表大会闭会期间，对全国人民代表大会制定的法律进行部分修改，但不得同该法律的基本原则相违背。

②国务院及其各部门立法 国务院的立法权是制定行政法规、行政决定等，而国务院隶属部门的立法权为制定部门（委）规章。

③一般地方人民代表大会及其常委会以及同级人民政府立法 其中拥有立法权的地方人民代表大会及其常委会以及同级人民政府的立法权限分别是制定本行政区域内的地方性法规和地方政府规章。

④民族自治地方人民代表大会及其常委会立法 其立法权是分别制定本行政区域内的自治条例、单行条例。

⑤经济特区立法 经济特区人民代表大会及其常委会以及同级人民政府立法权同上述③。

⑥特别行政区立法 特别行政区立法权来源于全国人民代表大会以特别行政区基本法形式所作的专门授权。香港特别行政区立法权由立法会行使《香港特别行政区基本法》第73条规定的立法职权,包括依法制定、修改和废除法律;澳门特别行政区立法权由立法会行使《澳门特别行政区基本法》第71条规定的立法职权包括制定、修改、暂停实施和废除法律。

(3)我国现行的立法体制

从立法权限划分的角度看我国现行立法体制是中央统一领导和一定程度分权的多级并存、多类结合的立法体制。所谓"中央统一领导"是指最重要的立法权亦即国家立法权——立宪权和立法权属于中央,并在整个立法体制中处于领导地位。"一定程度分权"是指国家的整个立法权力由中央和地方多方面的主体行使,即最高国家权力机关及其常设机关统一领导,国务院行使相对较大的权力,地方行使一定权力。所谓"多级(多层次)并存",即全国人民代表大会及其常务委员会制定国家法律,国务院及其所属部门分别制定行政法规和部门规章,拥有立法权的地方国家权力机关和政府制定地方性法规和地方政府规章。全国人民代表大会及其常务委员会、国务院及其所属部门、地方有关国家权力机关和政府,在立法上以及在它们所立的规范性法律文件的效力上有着级别之差,但这些不同级别的立法和规范性法律文件并存于现行中国立法体制中。所谓"多类结合",即上述立法及其所制定的规范性法律文件,同民族自治地方的立法及其所制定的自治法规,以及经济特区和港澳特别行政区的立法及其所制定的规范性法律文件,在类别上有差别。

1.2 法的表现形式

法的表现形式即"法律渊源",是指法律规范的创制方法和外部表现形式。为了规范立法活动,健全国家立法制度,维护国家法制统一,发挥立法的引领和推动作用,依照《宪法》制定《立法法》,此法于2000年3月15日第九届全国人民代表大会第三次会议通过,根据2015年3月15日第十二届全国人民代表大会第三次会议《关于修改〈中华人民共和国立法法〉的决定》修改,此法规定了我国法的表现形式主要有以下几种。

(1)宪法

宪法是国家的根本大法,是治国安邦的总章程,在我国的法律体系中具有最高的法律地位和法律效力,是我国全部立法的基础和根据。宪法的内容具有根本性,其他任何部门法的内容不得与宪法相违背;宪法的效力具有最高性,当其他部门法的相关内容与宪法相违背时,要以宪法的相关规定为标准。宪法的制定和修改,需要全国人民代表大会全体代表的2/3通过方有效。只有全国人民代表大会有权力制定和修改宪法,而全国人大常务委员会只有解释权。

(2)法律

法律是由全国人民代表大会及其常务委员会制定的规范性文件,是一种公平的规则,其具有普遍约束力。它以正义为其存在的基础,以国家强制力的保证实施为手段。按照法律制定的机关及调整的对象和范围不同,法律可分为基本法律和一般法律。

基本法律是由全国人民代表大会制定和修改的,规定和调整国家和社会生活中某一方面带有基本性和全面性的社会关系的法律,如《刑法》《刑事诉讼法》《民事诉讼法》《行政诉讼法》等。

一般法律是由全国人民代表大会常务委员会制定或修改的，规定和调整除由基本法律调整以外的、涉及国家和社会生活某一方面的关系的法律，如《防沙治沙法》《野生动物保护法》《商标法》《产品质量法》《国家赔偿法》等。

法律是依据宪法的原则和规定制定的，其地位低于宪法，但高于其他的法律渊源。

(3) 行政法规

行政法规是国务院为领导和管理国家各项行政工作，根据宪法和法律制定的规范性文件。行政法规由国务院制定和发布，多以条例、办法、细则和规定称谓。如《森林法实施条例》《行政复议法实施条例》《植物检疫条例》《森林防火条例》等。其地位和效力低于宪法和法律。

(4) 地方性法规

地方性法规是指省、自治区、直辖市以及省、自治区人民政府所在地的市和经国务院批准的较大的市的人民代表大会及其常委会，在其法定权限内制定的在本行政区域内实施的规范性法律文件。地方性法规是地方立法机关制定或认可的，其效力不适用于全国，而只能在地方区域内发生法律效力的规范性法律文件。如《辽宁省实施〈中华人民共和国森林法〉办法》《黑龙江省森林管理条例》《黑龙江省野生动物保护条例》和《黑龙江省林木种子管理条例》等。

(5) 自治条例和单行条例

自治条例是民族自治地方的人民代表大会，依照当地民族的政治、经济和文化的特点制定的调整本自治地方事务的综合性规范性法律文件。单行条例是民族自治地方的人民代表大会，依照当地民族的政治、经济和文化的特点制定的调整本自治地方某方面事务的单项规范性法律文件。

(6) 部门规章和地方政府规章

部门规章，又称部委规章，是指国务院各部门（包括具有行政管理职能的直属机构）根据法律和行政法规、决定、命令，在本部门权限内，依法定程序制定的规定、办法、实施办法、规则等规范性文件的总称，主要形式是命令、指示、规章等。

地方政府规章，是指由省、自治区、直辖市人民政府，省、自治区人民政府所在地的市人民政府和经国务院批准的较大的市，以及经济特区所在地的市人民政府根据法律、行政法规和地方性法规，并按法定程序制定的普遍适用于本行政区域的规定、办法、实施办法、规则等规范性文件的总称，地方政府规章的法律效力，低于宪法、法律、行政法规。地方政府规章的法律效力，低于宪法、法律、行政法规。

(7) 立法解释和具体应用解释

立法解释是指全国人民代表大会常务委员会根据法律的执行情况和遇到的实际问题，结合立法原意对法律规范具体条文的含义以及所使用的概念、术语、定义所作的阐述和释明。如《全国人民代表大会常务委员会关于〈中华人民共和国刑法〉第 228 条、第 342 条、第 410 条的解释》。在我国立法解释权属于全国人民代表大会常务委员会，立法解释同法律具有同等效力。

具体应用解释是立法解释的一种，是指最高人民法院、最高人民检察院和国务院及其所属的工作部门在应用法律过程中，对法律的有关规定的含义作出的说明和阐述。此种法律解释是对某一案件在适用法律上所做的解释,只对该案件有效,没有普遍约束力。具体应用解释根据解释的主体不同,可以分为审判解释、检察解释和行政解释。其中审判解释和检察解释合称为司法解释。如《最高人民法院〈关于审理破坏森林资源刑事案件具体应用法律若干问题的解释〉》。

1.3 法的适用规则

在我国的法律体系中除宪法外,已经制定颁布的法律、行政法规、地方性法规、自治条例及单行条例、部门规章等规范性文件,数量极为庞大。由于这些规范性文件的制定主体不同,难免会出现相互冲突的情况,使具体案件的法律适用处于两难境地,因此,在法律规范适用过程中,遇到法律规范相互冲突时,需要选择适用法律规范所应遵守的法定具体规则即法的适用规则。依照《立法法》的规定,确立了以下适用规则。

(1) 上位法的效力高于下位法

法律效力是指规范性文件所具有的普遍约束力和适用范围。"法"在法律体系中所处的效力和等级位置称为法的效力位阶,通常由制定该法的不同立法机构或国家机关的等级地位而决定。上位法是效力等级处在高位阶的法。下位法是效力等级处于低位阶的法。在不同位阶的法律规范发生冲突时,应当选择适用高位阶的法律规范,即"上位法优于下位法",这是解决法律冲突的一般规则。由于不同规范性法律文件的制定主体、制定依据和制定程序不同,其效力等级也不相同。具体内容如下:宪法具有最高的法律效力;法律的效力高于行政法规、地方性法规和规章;行政法规的效力高于地方性法规和规章;地方性法规的效力高于本级和下级地方政府规章;上级政府规章的效力高于下级政府规章;自治条例和单行条例对法律、行政法规作出的变通规定具有优先适用效力;经济特区法规对法律、行政法规和地方性法规作出的变通规定,在经济特区内具有优先适用的效力。

确立法的效力等级的目的,是用于解决法律规范冲突时的选择优先适用问题,并非公民、法人和其他组织遵守法律的选择依据。等级效力不同的法律规范均具有法的强制力和拘束力,都必须遵守。

(2) 同位阶法律规范具有同等法律效力在各自权限范围内实施

同位法,是指在法的位阶中处于同一效力位置和等级的规范性文件。同位阶法律规范没有上下高低之分,并具有同等法律效力。如同级地方人民代表大会及其常务委员会制定的地方性法规之间、自治条例之间、单行条例之间、部门规章之间、部门规章与省级人民政府制定的地方政府规章之间具有同等效力,它们都在各自的权限范围内施行。

(3) 特别法优于一般法

所谓特别法,是指针对某种特殊情况和需要规定的调整某种特殊社会关系的法律规定。所谓一般法,是为调整一般社会关系而制定的具有普遍约束力的法律规范。这项规则是对同一机关制定的同位规范性文件之间不一致时,选择适用法律规范的规则。特别法与一般法具有相对性。如在调整民事法律关系的规范性法律文件中,《民法典》中有关侵权的规定属于一般规定,而《消费者权益保护法》中有关消费者购买商品被侵权属于特别规定,当前者与后者规定不一致时,应当优先适用后者。

(4) 新法优于旧法

新法与旧法是以法律的生效时间先后为标准来分类的。此规则适用于同一机关制定的同位规范性文件不一致的情形。如在两个规范性文件都是现行有效的情况下,新法与旧法不一致时，应当选择适用新法。理解这一规则，需要与法的溯及力区别开来。

（5）法不溯及既往原则

法律的溯及力又称法溯及既往的效力，是指新的法律颁布后，对其生效前的事件和行为是否适用的问题。我国法律遵循"法律不溯及既往"的原则，这一原则也是各法治国家通行的法律原则。任何法不能要求人们遵守立法者尚未颁布的法律规定，对过去已经发生的事件和行为一般应当适用当时的法律规定，这是大多数国家公认的一般原则。但这个原则也有例外，如在刑法中，目前各国刑法采用的通例是"从旧兼从轻"原则，即原则上不溯及既往，但新法不认为犯罪或罪轻，可以适用新法。我国现行刑法就是采用"从旧兼从轻"的原则。此外，民事或经济立法，有时也可能有条件地溯及既往，对此，法律通常都会做出专门规定。

（6）对法律规范之间冲突的裁决机制的规定

《立法法》明确了不同规范性文件之间的效力等级，并确立了解决法律规范之间冲突时的适用规则，但仍然没有完全解决法律规范之间发生冲突的全部问题。如对同一机关制定的规范性文件，在适用特别法优于一般法和新法优于旧法这两项没有先后顺序的并列规则时，该两项规则之间也会发生冲突。《立法法》根据各类立法主体之间的监督权限，对法律规范之间冲突的裁决机制作了如下规定：同一机关制定的新的一般规定与旧的特别规定不一致时，由制定机关裁决；根据授权制定的行政法规和经济特区法规与法律规定不一致，又不能确定如何适用时，由全国人民代表大会常务委员会裁决；地方性法规与部门规章之间对同一事项的规定不一致，不能确定如何适用时，由国务院提出适用意见，国务院认为应当适用地方性法规的，应当决定在该地方适用地方性法规的规定；认为应当适用部门规章的，应当提请全国人民代表大会常务委员会裁决；部门规章之间，部门规章与地方政府规章对同一事项的规定不一致时，由国务院裁决。

1.4　林业法律法规体系

（1）宪法

宪法作为国家根本法，具有最高的法律效力，其他部门法的制定和相关内容要以其为基础。林业法律法规所涵盖的法律法规条款都要遵从宪法的相关规定，不得与宪法相违背。

（2）基本法律

基本法律是指由全国人大制定的，全面、系统地规范某一方面基本的社会关系的规范性文件。如《刑法》《民法典》《刑事诉讼法》《行政诉讼法》等。

在刑事基本法律方面，《刑法》（1979 年 7 月 1 日第五届全国人民代表大会第二次会议通过，1997 年 3 月 14 日第八届全国人民代表大会第五次会议修订）是我国的刑事基本法律。《刑法》及十一个《刑法修正案》（截至 2021 年 3 月）对林业犯罪作了系统的规定，为《森林法》《野生动物保护法》等林业法律、法规的实施提供了有力的保障。

在民事基本法律方面，《民法典》（2020 年 5 月 28 日第十三届全国人民代表大会第三次会议通过）是目前我国的重要民事基本法律。林业法律、法规中的森林、林木、林地所有权和使用权法律制度、林业承包合同法律制度、林业企业法律制度等的制定和实施，都必须以《民法典》为依据。

在行政基本法律方面，我国已经制定和实施了《行政处罚法》（1996 年 3 月 17 日第八届全国人民代表大会第四次会议通过)、《行政许可法》(2003年8月27日第十届全国人民代表大会常务委员会第四次会议通过)、《行政复议法》(1999年4月29日第九届全国人民代表大会常务委员会第九次会议通过)等。在林业法律、法规中，林业行政处罚、林业行政许可、林业行政复议等方面的林业行政法规、部门规章的制定和林业行政执法的实施，都必须以上述行政基本法律为依据。

审判机关、检察机关进行与林业有关的诉讼活动，则必须以《刑事诉讼法》(1979年7月1日第五届全国人民代表大会第二次会议通过，根据2018年10月26日第十三届全国人民代表大会常务委员会第六次会议《关于修改〈中华人民共和国刑事诉讼法〉的决定》第三次修正)、《民事诉讼法》(1991年4月9日第七届全国人民代表大会第四次会议通过，根据2017年6月27日第十二届全国人民代表大会常务委员会第二十八次会议《关于修改〈中华人民共和国民事诉讼法〉和〈中华人民共和国行政诉讼法〉的决定》第三次修正)、《行政诉讼法》(1989年4月4日第七届全国人民代表大会第二次会议通过，根据2017年6月27日第十二届全国人民代表大会常务委员会第二十八次会议《关于修改〈中华人民共和国民事诉讼法〉和〈中华人民共和国行政诉讼法〉的决定》第二次修正)为依据。

(3) 单行的林业法律

单行的林业法律是指由全国人民代表大会常务委员会制定的，调整在林业生产和生态环境建设中保护、培育和合理利用森林资源而形成的各种社会关系的规范性文件。单行的林业法律在全国范围内具有普遍约束力，是林业行政法规、林业地方性法规的基础和重要依据。

我国单行林业法律主要有《第五届全国人民代表大会第四次会议关于开展全民义务植树运动的决议》《森林法》《野生动物保护法》《防沙治沙法》《种子法》和《进出境动植物检疫法》。

上述单行林业法律是制定林业行政法规、地方性法规、部门规章、地方政府规章等规范性文件的基础，也是林业行政执法的重要依据。

(4) 林业行政法规

林业行政法规是国务院根据法律制定、发布的关于林业的规范性文件的总称。林业行政法规在全国范围内具有普遍约束力，是林业行政执法活动的主要法律依据。如《森林法实施条例》《陆生野生动物保护实施条例》《野生植物保护条例》《自然保护区条例》《植物新品种保护条例》《退耕还林条例》《森林防火条例》《森林病虫害防治条例》《植物检疫条例》等。

(5) 林业部门规章

林业部门规章是国务院林业行政主管部门根据林业法律、行政法规制定的规范性文件的总称。它是我国林业法规的主要表现形式之一，数量多，涉及面广，也是各级林业行政主管部门进行林业行政执法活动的依据。如《植物检疫条例实施细则(林业部分)》《林木和林地权属登记管理办法》《占用征用林地审核审批管理办法》《森林公园管理办法》《植物新品种保护条例实施细则(林业部分)》等。

(6) 林业地方性法规和地方政府规章

各省、自治区、直辖市人民代表大会及其常务委员会制定的林业地方性法规和各省、自治区、直辖市人民政府制定的地方政府规章，也是本行政区内各级林业行政主管部门进行林业行政执法活动的重要依据。如《广西壮族自治区木材运输管理条例》《黑龙江省森林管理条例》。

2. 违法行为和法律责任

2.1 违法行为的概念及构成要件

(1)违法行为的概念

广义的违法行为是指法律主体违反现行法律规定，给社会造成不同程度危害的一般违法和犯罪行为。狭义的违法是指一般的违法，不包括犯罪。

(2)违法行为的构成要件

一般而言，违法行为的构成要件包括违法行为的客观要件、主观要件、主体要件和客体要件四个方面，但民事责任中实行无过错责任和公平责任归责原则的情形除外。

①违法行为的客观要件　即违法行为的客观外在表现，包括作为和不作为。违法行为是违法行为人在其意志的支配下所表现为外部积极的行动(作为)和消极的不行动(不作为)。在违法行为的外在表现形式上，作为是违法行为的常态，如常见的盗伐林木行为、肆意猎杀国家级野生保护动物行为、伪造林业相关证件等行为。不作为是违法行为的非常态，如行政机关具有法定职责而消极地不履行行为，如对于上报到行政机关的林业违法案件，执法人员搁置不予处理等。违法行为的客观要件排除了将单纯的思想活动作为一般违法行为和犯罪的惩罚对象，即思想活动未表现为外在行动也未对社会造成危害，则不能认定其为违法行为。

②违法行为的主观要件　即支配违法行为人实施违法行为的主观故意或过失的心理状态。故意是指违法行为人明知其实施的行为会导致危害社会的结果，却希望或者放任这种结果发生的心理状态；过失是指行为人应当知道自己的行为会产生危害社会的结果，由于疏忽大意而未能避免危害结果发生，或者虽有预料却轻信能够避免发生的心理状态。违法行为的主观要件排除了因意外事件或不可抗力所致危害社会结果的行为是违法行为。

值得注意的是，违法行为的主观要件是认定大多数违法行为必须具备的要件，但该要件并非所有违法行为都必须具备的要件，例如，法律明确规定适用无过错责任(又称严格责任)的违法行为的认定不以违法行为的主观要件为必要构成要件。

③违法行为的主体要件　是指实施违法行为的主体。具体来说，违法主体是实施了违法行为的自然人、法人和其他组织。自然人是指具有自然生命的中国公民、外国人和无国籍人。法人和其他组织包括中国法人和其他组织，也包括在中国境内的外国法人和其他组织。认定违法犯罪主体的条件有两个：一是行为人(自然人、法人和其他组织)具有法律责任能力；二是行为具有社会危害性。因此，违法主体必须符合实体法律中关于法律主体承担法律责任能力的相关规定。例如，《民法典》规定未满8周岁的未成年人和无民事行为能力的精神病人不能成为违法主体。在行政违法和刑事犯罪主体方面，未满14周岁的未成年人和不能辨认和控制其行为的精神病人因其无行政责任能力和刑事责任能力，依法不能成为该行政违法或犯罪的主体。

④违法行为的客体要件　即违法行为在不同程度上侵犯的法律所保护的社会关系。违法行为的客体要件反映了违法行为的本质特征——社会危害性。凡是违法行为必须具备一定程度的社会危害性；不具备违法行为客体要件的行为，因其不具有社会危害性而不是违

法行为，如正当防卫、紧急避险等。

总之，认定以过错责任原则(含过错推定原则)归责的违法行为，必须查明行为人是否同时具备以上四个构成要件，缺少其中任何一个要件，违法行为则不能成立。对于以无过错责任归责的违法行为，则其构成要件为违法行为的客观要件、主体要件和客体要件，主张权利人则无须证明其主观过错。

2.2 法律责任的概念和特点

法律责任是指违法主体对自己实施的违法行为必须承担的某种带有强制性的法律后果。与道义责任或其他社会责任相比，法律责任具有两个显著的特点：一是承担法律责任的最终依据是法律。二是法律责任具有国家强制性。法律责任一经法定程序予以确定，责任主体依法必须在履行期限内主动履行其法律责任，否则，代表国家行使执法权力的国家机关，将依法强制责任人作出一定行为或不得作出一定行为，补偿和救济权利人遭受违法侵害的合法权益，以维护法律关系和法律秩序的正常状态。

2.3 法律责任的种类

根据不同的划分标准，可以对法律责任作出不同的分类。以引起责任的行为性质为标准，法律责任可划分为民事责任、行政责任、刑事责任、国家赔偿责任和违宪责任。

(1) 民事责任

民事责任是指民事主体因违反合同或者不履行其他民事义务所应承担的民事法律后果。民事责任具有以下特点：一是以财产责任为主，非财产责任为辅。财产责任是责任人以赔偿损失、支付违约金、返还财产、修理、重作、更换等方式为内容的民事责任；非财产责任是责任人以消除影响、停止侵害、赔礼道歉、恢复名誉等责任方式为内容的民事责任。二是以补偿性为主，惩罚性为例外。补偿性体现为由违约方或侵权方向守约方或受害方支付赔偿金等方式，使守约方或受害方的合法权益恢复至正常履行或受损之前的状态。惩罚性表现为对违约方实行定金制裁、价格制裁、双倍赔偿等方式，使责任人对其违约行为付出一定代价，以惩戒和预防其再次违约。

(2) 行政责任

行政责任是指行政法律关系主体因违反行政法所应承担的法律后果。行政责任主要包括行政主体的行政责任、行政主体工作人员的行政责任和行政相对人的法律责任。

行政主体的行政责任，是指行政主体违反行政法而应向国家和行政相对人承担的法律责任。其中，向国家承担责任的主要方式包括：责令作出检查、通报批评；停止违法行为；责令履行职责；撤销违法行为；纠正不当行为等。对行政相对人承担责任的主要方式包括：赔礼道歉、承认错误；恢复名誉、消除影响；返还权益；恢复原状；赔偿损失。

行政主体工作人员承担行政责任的方式包括：罢免行政领导职务；没收、追缴违法所得或者退赔；赔偿损失；责令检讨、通报批评、赔礼道歉；行政处分(警告、记过、记大过、降级、撤职、开除)。行政相对人承担行政责任的方式主要是接受行政处罚。

(3) 刑事责任

刑事责任是指行为人因实施犯罪行为所必须承担的法律后果。刑事责任具有两个最显著的特点：一是刑事责任是各种法律责任中最严厉的法律责任；二是刑事责任中不存在无过错责任。行为人刑事责任的承担方式分为主刑和附加刑两大类，其中主刑的种类有管制、拘役、有期徒刑、无期徒刑和死刑；附加刑的种类有罚金、剥夺政治权利、没收财产和驱逐出境(仅适用于犯罪的外国公民和无国籍公民)。

(4)国家赔偿责任

国家赔偿责任是指国家在国家机关及其工作人员执法过程中损害公民、法人和其他组织合法权益时所应承担的赔偿责任。国家赔偿责任依赔偿性质分为行政赔偿与刑事赔偿。行政赔偿是指行政机关及其工作人员在行使职权时，侵犯行政相对人的人身权、财产权并造成损害时应给予的赔偿；刑事赔偿是指行使国家侦查、检察、审判、监狱管理职权的机关在刑事诉讼中，侵犯当事人人身权、财产权造成损害时依法应给予的赔偿。

(5)违宪责任

违宪责任是指拥有立法权的国家机关制定的法律、法规、地方性法规、规章或公民法人和其他组织从事与宪法相抵触的活动所产生的法律后果。宪法是我国的根本大法、母法，是其所有下位法的立法依据。对于违宪行为，应由国家各级权力机关依法追究违宪责任。

2.4 法律责任的归责、免责和确定法律责任的逻辑方法

(1)法律责任的归责原则

法律责任的归责原则，是指确认法律主体违法和承担法律责任时必须遵守的法定基本准则。法律责任的认定权和追究权是由法定的国家机关和组织依照法定程序进行的，这是法律责任区别于其他社会责任的根本点。依据现行法律规定，法律责任的确定必须遵守以下五个主要归责原则：

①责任法定原则　法律责任作为一种否定的法律后果应当由法律规范预先规定，其实质是要求法律责任的确定性。

②责任自负原则　国家各类执法主体在认定行政违法和刑事犯罪并追究法律责任时，仅限于法定责任主体，而不得株连无辜。

③因果关系原则　确认法律主体的法律责任时，必须以正确认定违法行为和损害后果(物质性或非物质性损害后果)之间存在引起和被引起的因果联系为前提。对于实行过错责任归责原则的违法行为，必须查明行为人的主观心理状态与违法行为之间的因果联系的存在。

④程序保障原则　确认和追究法律主体的法律责任，必须通过相应的法定程序进行。例如，确认和追究法律主体的民事责任，必须依照《民事诉讼法》规定的程序进行；确认和追究法律主体的行政责任，必须依照《行政处罚法》《行政复议法》《行政诉讼法》等规定的程序进行等。

⑤公平正义原则　国家执法主体行使执法权，并确定违法行为人违法和承担法律责任时，必须在法定范围内坚持违法过错或罪过、违法行为、危害后果与其法律责任轻重相适应，正当行使自由裁量权，不得主观擅断、畸重畸轻或者徇私枉法。

(2)法律责任免除的主要情形

①因不可抗力、意外事件而免责　《民法典》第180条、《刑法》第16条对此作了明确规定。

②因超过法定时效而免责　《行政处罚法》第29条规定了一般行政责任为2年的追究时效；《治安管理处罚法》第22条规定了6个月的治安行政责任的追究时效；《民法典》第188条规定了3年和20年的民事诉讼的法定时效。

③因无法律责任能力而免责 《行政处罚法》第 30 条、第 31 条规定，不满 14 周岁的未成年人和不能辨认或者不能控制自己行为的精神病人、智力残疾人，不予行政处罚。《刑法》第 17 条、第 18 条规定，不满 12 周岁的未成年人和经法定程序鉴定确认的不能辨认或者不能控制自己行为的精神病人，不负刑事责任。

④因权利人弃权而免责 根据权利处分原则，民事责任、国家赔偿责任，告诉才处理的刑事自诉案件，被告人的刑事责任皆可因权利人的自愿弃权而免责。

⑤因法律豁免权而免责 根据我国缔结和加入的国际公约和有关外交特权、豁免权的法律规定，对享有外交特权和豁免权人员的法律责任，可依法免责，有关问题依法通过外交途径解决。

(3) 确定违法行为及法律责任的逻辑方法

根据成文法国家的法学理论和法律实践普遍达成的共识，执法主体确认违法行为人违法及法律责任的逻辑方法，普遍运用普通逻辑的三段论的推理方法。三段论推理，是指由两个已知判断为前提(大前提、小前提)，从中推出另一个判断为结论的推论。三段论推理是典型的保真推理，即只要前提真，并遵守推理规则，则结论一定为真。三段论推理过程可表示为①大前提：具有普遍适用性的法律规定；②小前提：已确认的具体案件违法事实；③结论：关于该案件的定性和法律责任。

任务 3 模拟演练——巩固实践

【案件信息】

村民张某得知某地板厂高价收购花曲柳后，便产生了砍树挣钱的念头。于是在 2012 年 3 月 24 日夜间与其 13 岁的儿子张某某，携带刀锯等作案工具，窜至本村集体所有的天然林内盗伐花曲柳 2 株，并截成 2 米长的原木 6 根，折合立木材积 1.13 立方米，价值 625 元人民币。张某父子将木材运往地板厂销售，途经某木材检查站时被执法人员查获。木材检查站将此案移交县森林公安局处理。县森林公安局依照《森林法实施条例》第 38 条第 2 款的规定，责令张某补种 20 株花曲柳，并处以木材市场价值 6 倍的罚款，计 3 750 元人民币。在该集体要求下，张某给该集体赔偿 300 元的经济损失。

一、实训内容

1. 定性张某父子的违法行为。
2. 张某及儿子张某某各自应承担的法律责任。

二、实训目的

通过本实训，加强学生们对林业相关法律法规的掌握程度，提升违法构成要件、违法种类、法律责任的判断能力，能够在具体案件中确定违法行为的种类以及法律后果，能够将理论知识更好地运用于林业执法实践当中。

三、实训准备与要求

查阅相关资料，明确本案件的相关法律法规条款《森林法实施条例》第 38 条第 2 款等，明确盗伐林木罪的构成要件及法律责任，能够运用相关理论知识对背景材料进行案件处理、归纳总结及分析。

四、实训方法及步骤

第一步，实训前准备。5~6人分为一个小组，要求参加实训的同学，课前查阅相关资料及书籍，找出与案件相关的法律法规，并组织学生们课前根据案情编排短剧，有条件及相关资源的同学可以就该案件深入林业行政执法机构进行访问调查。

第二步，短剧表演，其他小组同学观看短剧。

第三步，以小组为单位进行案情讨论，各小组发表案件处理意见。

第四步，指导教师对各种观点进行点评，归纳、总结和分析，并对要点、易错点进行提炼。

第五步，整理实训报告，完善案件处理方案。

五、实训时间

以1~2学时为宜。

六、实训作业

案件处理完毕后，要求每名同学必须撰写实训报告，实训报告要求语言流畅、文字简练，有理有据，层次清晰。实训报告样式详见附录附表1。

七、实训成绩评定标准

1. 实训成绩评定打分

本实训项目的考核成绩满分100分，占总项目考核成绩的10%。本项目考核评价单，详见附录附表2。

2. 实训成绩给分点

(1)学生对于法律基础知识的掌握情况。(20分)

(2)各组成员的团队协作意识及完成任务情况。(20分)

(3)出勤率、迟到早退现象。(10分)

(4)组员对待工作任务的态度(实训结束后座椅的摆放和室内卫生的打扫)。(10分)

(5)实训的准备、实训过程的记录。(20分)

(6)实训报告的完成情况，文字结构流畅，语言组织合理，法律法规引用正确。(20分)

子项目二　林业行政执法

任务1　案例导入与分析

【案件导入】

2011年年初，国家发展和改革委员会下发计农经[2011]×号文件批准建设国家重点项目某水利枢纽工程，确定L建设管理局为建设项目法人。预计该工程将占用M县所属防护林地523.3亩，经济林地1 271.4亩，共计林地1 794.7亩。2011年9月，M县林业局在林地调查工作中，发现L建设管理局在未办理占用林地审批和林木采伐手续的情况下，已将上述林地非法占用，并且采伐了林地上的林木44 875株。对此，L建设管理局向M

县林业局的答复是，在国家发展和改革委正式批复的工程可行性报告中已有占用林地的内容，在建的水利枢纽项目属于国家重点工程，对于该项目涉及的林业审批将直接到省里办理。2012 年 2 月 28 日，L 建设管理局向省林业厅申请许可上述林地、林木的占用和采伐事项。

省林业厅认为，该水利枢纽工程属国家重点建设项目，原则上可占用林地，但申请的林地种类及面积，依照建设工程征占用林地审核的许可实施程序，建设单位应向工程所在地的县级林业主管部门申请，由地方各级林业主管部门提出审查意见后，逐级上报国家林业局审核同意。省林业厅对 L 建设管理局的申请不予受理，并告知该局向工程所在地的 M 县林业局申请。同时，责成有关部门对其违法占用林地和采伐林木的行为进行立案调查。

【问题】
1. 对于此案件省林业厅的处理是否正确？
2. 案件中有哪些违法行为？找出相关的法律依据？

【案件分析】
第一，从事依法需要取得行政许可的特定活动，应当事先向有许可权的行政机关提出申请。

《行政许可法》第 29 条规定，公民、法人或者其他组织从事特定活动，依法需要取得行政许可的，应当向行政机关提出申请。而依照《森林法实施条例》第 16 条第 1 款规定，进行各项建设工程，必须占用或者征用林地的，经县级以上林业主管部门审核同意后，依照有关土地管理的法律、行政法规办理建设用地审批手续。同时，该法第 32 条规定，采伐林木必须申请采伐许可证进行采伐。因此，根据上述规定，建设单位在占用林地和采伐林木之前应当取得林业主管部门的行政许可。本案中，L 建设管理局未取得林业主管部门的许可，擅自占用林地和采伐林木的行为违反了《行政许可法》和《森林法》的规定。尽管 L 建设管理局建设的水利枢纽工程具有国家发展和改革委的批文和经批复的工程可行性报告，在文件中有占用林地的内容，但这仅是建设工程的立项批准，可行性研究报告批复仅为大中型水利建设项目占用林地的申报材料，不等同于准予占用林地和采伐林木的行政许可，不能作为已取得许可的依据。其后向省林业厅提出占用林地和采伐林木的许可申请，依照《占用征用林地审核审批管理规范》的规定，国务院有关部门批准的国家重点建设水利项目可以占用各类林地，尽管该工程符合这一规定，但其占用防护林地 523.3 亩、经济林地 1 271.4 亩，依照《森林法实施条例》第 16 条和国家林业局 2006 年第 6 号公告的许可实施程序，应先向该地县级林业主管部门申请，由地方各级林业主管部门提出审查意见后，逐级上报国家林业局。

第二，擅自从事依法应当取得行政许可的活动，构成犯罪的应当依法追究刑事责任。《行政许可法》第 81 条规定，公民、法人或者其他组织未经行政许可，擅自从事依法应当取得行政许可的活动的，行政机关应当依法采取措施予以制止，并依法给予行政处罚；构成犯罪的，依法追究刑事责任。L 建设管理局未经林业主管部门的行政许可，违法占用林地 1 794.7 亩和采伐林木 44 875 株，其行为已涉嫌犯罪。《最高人民法院关于审理破坏林地资源刑事案件具体应用法律若干问题的解释》第 1 条规定，非法占用林地毁坏防护林地、特种用途林地数量达到 5 亩以上或者其他林地数量达到 10 亩以上，应当以非法占用农用地罪判处 5 年以下有期徒刑或者拘役，并处或者单处罚金。该解释第 6 条还规定，单位实施破坏林地资源犯罪的，依照相关的定罪量刑标准执行。另外，《最高人民法院关于审理破坏森林资源刑事案件具体应用法律若干问题的解释》规定，单位未经林业主管部门批准并核发林木采伐许可证而任意采伐林木的，应当依据《刑法》相关规定，追究刑事责任。本案中，L建设管理局对森林资源的破坏，其行为性质已涉嫌构成犯罪。《行政执法机关移送涉嫌犯罪案件的规定》第3条规定，行政执法机关在依法查处违法行为过程中，发现违法事实涉及的金额、违法事实的情节、违法事实造成的后果等涉嫌构成犯罪，依法需要追究刑事责任的，必须向公安机关移送。林业主管部门对于L建设管理局违法占用林地和采伐林木的行为，应当依法将案件移送公安机关处理。

综上所述，公民、法人或者其他组织从事依法需要取得行政许可的特定活动，应当事先向行政机关提出申请。未经许可擅自从事依法应当取得行政许可的活动的，行政机关应当依法采取措施予以制止，并依法给予行政处罚；构成犯罪的，应依法追究刑事责任。

任务2 相关资讯

1. 林业行政执法概述

1.1 林业行政执法的概念及意义

（1）林业行政执法的概念

林业行政执法是指林业行政主管部门和法律、法规授权的组织依照法定的职权和程序，运用有关的法律、法规和规章，对特定的公民、法人或者其他组织作出的对于林业生产、经营、管理活动具有约束力的具体行政行为。林业行政执法行为也是各级林业行政主管部门经常、大量、具体的行政行为。

（2）林业行政执法的意义

①林业行政执法是我国林业法制建设的重要标志　政府领导和管理着庞杂的经济、文化等行政事务，林业行政执法在行政管理领域内发挥着强有力的调控作用。当前，我国林业行政法律体系已基本形成。如果林业行政执法不能有效进行，林业行政立法的目的就无法达到。由此可见，林业行政执法在林业法制建设中占重要的地位。

②林业行政执法是实现林业行政管理职能的重要方式　在林业行政管理的实际过程中，一切林业行政法律体系所涉及的法律规范，都必须通过行政执法这一基本方式得到具体实施和切实执行；一切行政管理和服务，也都必须通过行政执法这一基本方式才能具体而有效地作用于相对人和国计民生。从一定意义上讲，林业的行政管理是通过行政执法的具体途径和强有力手段来保障实现的。可以说没有林业行政执法，林业行政管理就没有具体的措施和有效的手段，就不可能实现林业行政管理的职能。

③林业行政执法有利于维护和平衡各方面权益　林业行政执法维护公民、法人和国家、集体等组织的利益，维护林业行政管理秩序，切实保护森林资源，促进林业建设持续、稳定、健康地发展。

1.2 林业行政执法的特征

林业行政执法的特征，是指可以作为林业行政执法标志的显著特点。主要有如下四个方面：

①林业行政执法的主体是林业行政机关和由法律、法规授权的组织　其他任何组织和个人都不能成为林业行政执法的主体。行政机关根据法律、法规和规章的规定，在法定权限内委托的组织不是行政主体，但依法可以成为某些行政行为(如行政处罚)的实施主体。因为受委托的组织与委托行政机关之间是一种行政委托代理的法律关系，受委托的组织不能以自己的名义而只能以委托行政主体的名义实施行政执法活动。

②林业行政执法是林业行政主体执行法律、法规和规章的行政行为　行政执法行为一经作出即由国家强制力保障，直接产生一定的法律效果。有关当事人必须遵守和服从，非因法定原因并经法定程序不能停止执行和中断其效力。

③林业行政执法是一种具体行政行为　林业行政执法是林业行政主体将法律、法规和规章直接应用于具体的人或组织的行为，是一种具体行政行为。

④林业行政执法行为的内容是林业行政机关对林业行政相对人的权利义务发生有利或不利的影响　主要表现在两个方面：一是行政机关依法作出决定，赋予相对人某项权利或要求相对人承担某项义务；二是对相对人是否依法正当行使权利和履行义务的情况进行监督检查，查处其违法行为。

1.3　林业行政执法的基本要求和有效要件

(1) 林业行政执法的基本要求

林业行政执法直接关系到相对人的合法权益，关系到政府的威望和社会主义现代化建设事业的成败。因此，要求林业行政执法机关及其执法人员必须做到正确、合法、及时，这三者是互相联系，不可分割的整体。

"正确"，是指在行政执法活动中，要做到事实清楚，定性准确，处理恰当；"合法"，是指在行政执法中必须严格依法办事；"及时"，是指在正确、合法的前提下，行政执法机关必须提高工作效率，遵守法定时限，不拖延，不积压，审慎而又迅速地解决问题。在行政执法中，必须正确处理三者的关系。

(2) 林业行政执法有效要件

林业行政执法行为并非在任何条件下都有效，必须符合法定的条件，否则就会导致该行为无效、可变更或可撤销。林业行政执法行为有效的要件如下：

①主体合法　林业行政执法的主体须是经合法成立的、拥有行政管理资格的行政机关或法定授权的组织。它包括以下两层含义：一是有权实施林业行政执法行为的是行政机关和法定授权的组织；二是实施的行政行为应限定在其法定或授权的职权范围内。

②执法程序正当　正当执法程序是防止滥用行政执法权和行政专制，保障行政民主，保护相对人合法权益不被侵犯的有力屏障。程序合法的要件主要有：一是执法行为符合法定方式，包括执法行为公开、保障相对人的知情权、陈述权、申辩权、听证权等规则和制度；二是执法行为符合法定步骤、顺序、方式和方法；三是执法行为符合法定期限的要求；四是在法无明文规定的情况下，应当符合立法目的、程序正义的法律宗旨、原则和精神。

③实体合法　要求具体行政执法行为的内容合法、适当。它包括三层含义：一是行政执法行为所依据的事实清楚，主要证据确凿、充分；二是行政执法行为适用法律、法规和规章正确；三是执法效果公平正义，正确行使裁量权，达到法律效果和社会效果和谐统一。

合法有效的林业行政执法行为具有以下法律效果：确定力，也称不可变更力，是指行政执法行为一经有效确定，非因法定原因并经法定程序不得变更或撤销；约束力，是指有效的行政执法行为对个人或组织和行政执法主体具有相同的约束效力；执行力，是指行政执法或法定授权的组织依法采取一定措施，使行政裁决得以实现的权力。

1.4　林业行政执法的基本原则

林业行政执法的基本原则，是指林业行政主管部门或者法律、法规授权的组织在执法时应遵循的基本准则。具体包括：

①公正原则　公正是指林业行政主管部门或者法律、法规授权的组织在作出具体行政行为时，应严格依照法律规定，做到公平、合理、适当。坚持公正原则，要求林业主管部门或者法律、法规授权的组织及其执法人员正确行使行政执法权，秉公执法，杜绝偏私。

②公开原则　公开是指林业行政主管部门或者法律、法规授权的组织在执法时，要将执法依据、执法身份、执法理由、执法程序、执法决定以及行政相对人依法享有的权利等事项依法公开，以便于社会监督，依法维护行政相对人的合法权利，但涉及国家秘密、商业秘密和个人隐私的除外。

③合法原则　合法是指林业行政主管部门或者法律、法规授权的组织在执法时，必须主体合法、权限合法、内容合法、程序合法、形式合法，这是依法行政的本质要求。

④合理原则　合理是指林业行政主管部门或者法律、法规授权的组织作出的具体行政行为，不仅必须合法，而且还应合乎法理、事理、情理。它要求林业行政主管部门或者法律、法规授权的组织在遵循立法本意的同时，作出合乎理性、适度、妥当的具体行政行为，不得滥用行政执法权。

以上原则是林业行政执法活动必须遵循的基本原则，是依法行政的核心和关键。

2. 林业行政执法主体与相对人

2.1　林业行政执法主体的概念和要件

（1）林业行政执法主体的概念

林业行政执法主体是指享有国家行政执法权，能以自己的名义从事林业行政执法活动，并能独立承担由此产生的法律责任的林业行政机关或组织。这一概念我们可以从以下几个方面理解：

①林业行政执法主体是指有权实施林业行政执法行为的林业行政机关或组织　在我国，行政机关是指政府及政府各部门，但并非所有的行政机关都是行政执法主体，如编制委员会就不是行政执法主体。行政机关必须具有行政执法权，才能成为行政执法主体。

②林业行政执法主体是指能够以自己的名义进行林业行政执法活动的行政机关或组织　这是与受委托组织的主要区别，委托的组织不能以自己的名义进行行政执法，它必须以委托的行政机关的名义进行执法活动。乡(镇)林业工作站受县级林业行政主管部门的委托后，可以以县级林业行政主管部门的名义，代为进行林业行政执法活动。

③林业行政执法主体应当有能力承担因其行政执法行为的违法或不当所引起的法律后果　依照《国家赔偿法》的规定，行政机关及其工作人员在行使行政职权时，侵犯了公民的人身权和财产权，受害人有得到赔偿的权利。

(2）林业行政执法主体的构成要件

享有林业行政执法权的行政机关是林业行政执法主体，有些非行政机关经法律、法规授权后，也可成为行政执法主体。行政机关和被授权的组织成为林业行政执法主体必须同时具备以下要件：

①必须是依法成立的行政机关和法律、法规授权的组织　行政机关依法设立的途径，一是依照《宪法》和《组织法》规定必须设立的国家行政机关，如乡级、县级、省级人民政府和中央人民政府即国务院；二是根据宪法和法律规定，经有关机关批准设立的行政机关。其他组织在设立的程序和条件方面虽然没有行政机关那样严格，但也必须是依法或经有关主管部门的批准或经注册登记的合法组织。

②必须具备法人资格　法人是指具有权利能力和行为能力、依法享有权利和承担义务的组织。权利能力是指法人有享有法律权利、承担法律义务的资格，而行为能力是指法人有以自己的意思独立进行法律活动的能力，又是法人对其法定代表人或其工作人员及其代理人的职务行为独立承担法律责任的法律依据。独立的名义、独立的财产、独立的意思和独立的责任为所有法人固有的基本法律特征。这些特征是法人与其内设机构、派出机构、分支机构在法律地位上的根本区别。

我国的法人分为企业法人、机关法人、事业单位法人和社会团体法人。机关法人包括权力机关法人、行政机关法人、审判机关法人、检察机关法人和军事机关法人。各类法人的权利能力和行为能力以法律、法规的赋权以及其设立宗旨、法定业务范围为限。

③必须享有法定的行政执法权　行政机关或其他组织依法成立并具有法人资格后，想成为行政执法主体，还必须享有法定的行政执法权，"先有权利，后有行为"是法律上的一条基本原理。行政机关享有行政执法权的途径：一是国家法律、法规、规章在其依法成立之时就赋予其行政执法权；二是依照《行政处罚法》的规定，国务院或者经国务院授权的省、自治区、直辖市人民政府可以决定一个行政机关行使有关行政机关的行政处罚权。其他组织享有行政执法权的途径是法律、法规的授权。

2.2　林业行政执法主体的种类

行政执法主体有不同的分类方法。依据其执法权的来源，可以把林业行政执法主体分为职权性执法主体、授权性执法主体和受委托性执法主体。

（1）职权性执法主体

职权性执法主体是指由宪法和组织法以概括性和原则性规定的方式，赋予各级林业行政机关行政执法的主体资格。一是享有林业行政执法权的国家行政机关属于职权性主体，即依职权而成为行政执法主体的国家行政机关。《森林法》第9条规定，国务院林业主管部门主管全国林业工作。县级以上地方人民政府林业主管部门，主管本地区的林业工作。因此，县级以上林业主管部门，是县级以上人民政府主管林业事务的工作部门，它对外具有行政机关的地位，具有独立的外部主体资格，享有林业行政执法权，成为当然的林业行政执法主体。二是经有权行政机关决定而成为行政执法主体的行政机关也属于职权性主体。依照《行政处罚法》的规定，国务院或者经国务院授权的省、自治区、直辖市人民政府可以决定一个行政机关行使有关行政机关的行政处罚权。这是我国积极探索建立高效率的、有权威的行政执法体制的重要举措。现在部分省、自治区、直辖市人民政府正在进行这项工作的试点。

（2）授权性执法主体

授权性执法主体是指法律、法规将某项或某一方面的行政职权的一部分或全部通过法定授权方式授予某个行政机关或者非行政机关的公益性组织，从而使其获得以自己的名义对外依法独立行使行政执法权的主体资格。如经法律、法规授权而获得以自己的名义对外独立进行林业行政执法行为的事业单位。例如，《植物检疫条例》授权植物检疫机构享有植物检疫行政执法权，自然保护区管理机构拥有《自然保护区条例》赋予的行政执法权。

（3）受委托性执法主体

林业行政机关依照法律、法规或规章的规定，可以在其法定权限内委托相关的组织进行行政执法行为。受委托的组织不具有行政执法主体的资格，它只能以委托行政机关的名义从事行政执法活动，其执法的法律后果由委托的行政主体承担。在法定情况下，受委托的对象也可以是法定的个人。

2.3 林业行政执法相对人的权利和义务

（1）林业行政执法相对人的概念

林业行政执法相对人是指在林业行政执法活动中与林业行政执法主体相对应的，受执法主体的行政行为影响的个人或组织。林业行政执法的顺利实施离不开林业行政执法相对人的积极配合，林业行政执法相对人在林业行政执法活动中具有重要作用。

（2）林业行政执法相对人享有的权利

根据有关法律、法规的规定，林业行政执法相对人在林业行政执法活动中主要享有下述权利：

①提出申请的权利　行政相对人有权依法向林业行政执法主体提出实现其法定权利的各种申请。例如，依法申请林权确认、申请林木许可证等林业证书，请求依法解决林权争议等。

②知情权　行政相对人有权依法了解林业行政执法主体的各种行政行为和法律依据。包括行政执法主体作出的决定、根据和理由以及相关的规范性文件、程序和规则等内容。

③要求听证的权利　在林业行政执法主体作出对行政相对人的权益影响较大的行政行为之前，林业行政相对人有依法提出申辩和要求举行听证的权利。给予林业行政相对人以充分辩论、申诉、维护自己的合法权益，有利于监督林业行政执法主体作出合法、公正的林业行政执法行为。

④获得救济的权利　林业行政执法相对人对于林业行政执法主体作出的具体行政行为不服，有权依照《行政复议法》的规定申请林业行政复议，或者依照《行政诉讼法》的规定提起林业行政诉讼。当林业行政执法主体的行政行为违法，侵犯行政相对人的合法权益并造成损失时，行政相对人有请求行政赔偿的权利。

⑤抵制违法行政的权利　林业行政执法相对人对于行政主体实施的明显违法的行政执法行为有权依法予以抵制。如抵制没有法律依据的罚款、摊派和乱收费等行为。

（3）林业行政执法相对人的义务

根据有关法律、法规的规定，林业行政执法相对人在林业行政执法活动中应当履行以下义务：

①服从和配合行政执法的义务　依法服从和履行行政主体作出的有效林业行政执法处理决定。

②遵循行政程序的义务　林业行政执法相对人在请求林业行政执法主体为一定行为或者不为一定行为时，应该遵循相应的法定步骤、手续和时限，否则可能导致不利的法律后果。

③接受行政执法监督的义务　林业行政相对人在林业行政执法活动中有向行政主体提供真实信息，自觉接受林业行政执法主体依法实施的检查监督的义务。如造林质量检查，采伐林木的伐区作业检查等。

3. 林业行政执法的内容及基本法律依据

3.1 林业行政执法的内容

林业行政执法的内容，是林业行政执法主体依法行政，直接影响公民、法人或其他组织的权利义务的各种法律事务。在森林资源保护管理和林业生产建设中，林业行政执法的内容主要包括：林权林地管理行政执法，造林绿化行政执法，退耕还林行政执法，林木种苗行政执法，森林防火行政执法，森林病虫害防治行政执法，森林植物检疫行政执法，森林采伐行政执法，木材经营加工行政执法，木材运输行政执法，陆生野生动物保护行政执法，野生植物保护行政执法，植物新品种保护行政执法，森林和野生动物类型自然保护区行政执法，防沙治沙行政执法等。

3.2 林业行政执法的法律依据

林业行政执法以法律、行政法规、地方性法规、政府和部门规章，以及县级以上人民政府及其工作部门为实施法律、法规和规章，在法定职权内按规定程序发布的决定、命令为依据。

依照《宪法》《民法典》《森林法》《农村土地承包法》《农村土地承包经营纠纷调解仲裁法》《森林法实施条例》等法律、法规、规章的规定，协助人民政府依法确认森林林木和林地的所有权或者使用权；协助人民政府依法调处林权纠纷；依法审核建设工程征、占用林地申请；依法保护从事林业生产的公民、法人和其他组织的合法权益；依法查处各种违反林权林地管理法规的行为。

依照《森林法》《关于开展全民义务植树运动的决定》《国务院关于开展全民义务植树运动的实施办法》等法律、法规、规章的规定，组织造林绿化，依法进行造林质量的检查验收；依法查处各种违反造林绿化法规的行为。

依照《森林法》《森林防火条例》等法律、法规、规章的规定，协助人民政府做好组织、指导和检查森林防火工作，监督管理野外用火；依法查处各种违反森林防火法规的行为。

依照《森林法》《植物检疫条例》等法律、法规、规章的规定，依法确定林木种苗的检疫对象，划定疫区和保护区，制定林木种苗检疫的有关规定，组织实施产地检疫和调运检疫，依法查处违反森林植物检疫法规的行为。

依照《森林法》《森林病虫害防治条例》等法律、法规、规章的规定，负责组织森林病虫害的预防和除治工作，依法查处违反森林病虫害防治法规的行为。

依照《种子法》以及《林木种子生产经营许可证管理办法》等法律、法规、规章的规定，组织林木种子审定；依法核发林木种子生产经营许可证；依法查处各种违反种子法规的行为。

依照《植物新品种保护条例》《植物新品种保护条例实施细则（林业部分）》等法规、规章的规定，确定和公布林业植物新品种保护名录；组织实施品种权的授予和复审工作；依法查处各种违反植物新品种保护法规的行为。

依照《森林法》《森林法实施条例》《森林采伐更新管理办法》等法律、法规、规章的规定，组织实施森林采伐限额和木材生产计划，负责林木采伐许可证的审核、发放和管理，并负有监督、检查的责任，依法查处盗伐、滥伐林木和其他破坏森林资源的行为。

依照《森林法》《森林法实施条例》等法律、法规、规章的规定，依法对林区的木材经营加工进行管理、监督，依法查处违反木材经营管理法规的行为。

依照《森林法》《野生植物保护条例》等法律、法规、规章的规定，负责珍贵树木和林区内有特殊保护价值的野生植物资源的保护管理，依法核发《采集证》，依法查处非法采集、运输、出售、收购国家重点保护野生植物的行为。

依照《野生动物保护法》《陆生野生动物保护实施条例》等法律、法规的规定，负责《国家重点保护野生动物特许猎捕证》、非国家重点保护野生动物《狩猎证》和《国家重点保护野生动物驯养繁殖许可证》的核发和管理，依法审批国家和地方重点保护野生动物的出售、收购、运输，依法查处违反野生动物保护法规的行为。

依照《森林法》《森林法实施条例》《自然保护区条例》《森林和野生动物类型自然保护区管理办法》等法律、法规、规章的规定，负责或组织森林和野生动物类型自然保护区的划定和管理工作，依法查处各种违反自然保护区管理法规的行为。

4. 林业行政执法的种类

4.1 林业行政征收

4.1.1 林业行政征收的概念及特征

林业行政征收，是指林业行政主体根据林业建设与资源保护和发展的需要，依据林业法律法规的规定，依法从林业行政相对人处收取一定财物的一种具体行政行为。林业行政征收具有以下特征：

①单方性　林业行政主体实施行政征收行为，不需征得相对人的同意，征收的对象数额，完全由林业行政机关依法确定，不需与相对人商量。

②公益性　林业行政征收的目的是履行国家职能，为了更好地保护生态环境，维护公共利益，而不是单纯地为了经济利益，因此，具有很强的社会公益性。

③强制性　林业行政征收是为了实现国家利益而采取的必要措施和有效途径，因而，必须由国家的强制力予以保障。

④非制裁性　林业行政征收的目的不是为了惩罚相对人，针对的不是违法者的违法行为，而是合法行为人。因此，它属于非制裁性的一种行政行为。

4.1.2 林业行政征收的原则

①依法征收原则　林业税、费的征收，必须以国家法律、法规和林业政策的明文规定为依据。没有法律、法规规定和以法律法规为依据，任何组织和个人不得自行设定征收权。

②公开征收原则　林业行政征收的项目、标准、环节等，依法应当公示，保障相对人的知情权，并接受有关机关、相对人和社会各界的监督。

③及时、足额征收和收支分离原则　林业行政征收应本着"不漏不重"的宗旨及时、足

额征收入库。任何征收主体不得以任何名义截留、挪用。

4.1.3 林业行政征收的种类

林业行政征收的种类较多，主要的有：育林费、森林植被恢复费、野生动物资源保护管理费、植物检疫费等。

(1) 森林植被恢复费

森林植被恢复费是指林业部门按照国家有关规定，向征占林地及利用林地进行经营性活动并改变林地用途的单位和个人征收的用于恢复森林植被的费用。

①征收范围与对象　依法经县级以上林业主管部门审核同意或批准征用、占用林地（包括临时使用林地）进行勘察、设计、修筑公路、铁路、机场、建厂、建房、建窑、修建水库塘坝、电站等工程；铺（架）设电线、电缆、开采金属、煤炭、原油、石、沙、土等矿藏，开发旅游业等以及利用林地进行经营性活动并改变林地用途的单位和个人，应当缴纳森林植被恢复费。

②征收标准　用材林林地、经济林林地、薪炭林林地、苗圃地，每平方米收取6元；未成林造林地，每平方米收取4元；防护林和特种用途林林地，每平方米收取8元，国家重点防护林和特种用途林地，每平方米收取10元；疏林地、灌木林地，每平方米收取3元；宜林地、采伐迹地、火烧迹地，每平方米收取2元；城市及城市规划区的林地，可按照上述规定标准2倍收取。森林植被恢复费征收标准不得低于恢复被占用或征用林地面积的森林植被所需要的调查规划设计、造林培育等费用。

③征收依据　按《森林植被恢复费征收使用管理暂行办法》文件执行。

④缴纳办法　由征用、占用林地的单位或个人向具有审批权限的林业主管部门或其委托的单位缴纳。

⑤使用范围　森林植被恢复费实行专款专用，专项用于林业主管部门组织的植树造林、恢复森林植被，包括调查规划设计、整地、造林、抚育、护林防火、病虫害防治、资源管护等开支。

(2) 森林植物检疫费

森林植物检疫费是指林业部门按照国家有关规定对森林植物、林产品进行产地检疫或调运检疫，向货主收取的检疫费用。

①收费范围与对象　产地检疫收费范围与对象为生产森林植物、林产品的采种基地、良种基地、苗圃、林场以及育苗专业队、专业户；调运检疫收费范围与对象为调运森林植物、林产品的单位与个人。

②收费标准　具体见表1.1。

③收费依据　按《国内森林植物检疫费收费办法》文件执行。

④缴纳办法　由森林植物及林产品的被检单位和个人向森林植物检疫部门缴纳。

⑤使用范围　森林植物检疫费用于宣传教育、业务培训、检疫工作补助、临时工工资、购置和维修检疫实验用品、通信和仪器设备等森检事业支出。

(3) 陆生野生动物资源保护管理费

它是指林业部门按照国家有关规定向捕猎、加工、销售陆生野生动物及其产品的单位和个人收取的用于野生动物资源保护的费用。

①收费范围与对象　经批准从事捕捉、猎捕和经营利用国家重点保护和非国家重点保

表 1.1 国内森林植物检疫收费标准表

种类	调运检疫			产地检疫	
	免费限量	收费起点额（元）	按货值的百分比（%）	收费起点额（元）	按货值的百分比（%）
苗木（包括花卉及观赏苗木）及其他繁殖材料	造林苗木及繁殖材料10株、根，花卉及观赏苗木2株	0.50	0.80	1.00	0.40
林木种子	大粒种子300克 中粒种子100克 小粒种子50克	0.50	0.20	1.00	0.10
木材		1.00	0.20		
药材	1 000克	1.00	0.50	2.00	0.30
果品	2 500克	1.00	0.10	2.00	0.05
盆景	2盆	1.00	1.00		
竹类及其产品	2 500克、5株、根、小件	1.00	0.20		

注：1. 苗木检疫费超过1元/株的，按1元/株收；种子检疫费超过10元/吨的，按10元/吨收；盆景检疫费超过2元/盆的，按2元/盆收。2. 表中的货值指第一道销售环节的价格。

护的及有益的或有重要经济、科研价值的野生动物及其产品(含鸟、兽、两栖、爬行类和昆虫)的单位和个人，应当缴纳野生动物资源保护管理费。

②收费标准　对批准出售、收购、利用的国家一级保护野生动物或其产品，按其成交额的8%向供货方收费，对受货方不予收费；对批准出售、收购、利用的国家二级保护野生动物或其产品，按其成交额的6%向供货方收费，对受货方不予收费；对批准利用国家重点保护野生动物或其产品在国外举办的表演、展览等活动，按其纯收入的50%向国内承办单位收费；非法经营利用野生动物或者其产品的，按收费标准的2~5倍补收野生动物资源保护管理费；对捕捉、猎捕国家重点保护野生动物的，只收取野生动物资源保护管理费。

③收费依据　按《陆生野生动物资源保护管理收费办法》《捕捉、猎捕国家重点保护野生动物资源保护管理费收费标准》《国家计委、财政部关于第二批降低收费标准的通知》《国家计委、财政部关于第一批降低22项收费标准的通知》等文件执行。

④缴纳办法　由捕猎者、经营利用者向县级以上人民政府林业主管部门或其委托的单位缴纳。

⑤使用范围　陆生野生动物资源保护管理费要专款专用，全部用于野生动物资源的保护管理、资源调查、检查、驯养繁殖、科学研究、宣传教育、业务培训、专业仪器及设备购置和野生动物执法管理活动经费等支出。

4.2　林业行政确认

(1)林业行政确认的概念及特征

林业行政确认，是指行政主体依法对行政相对人的法律地位，法律关系或有关的法律事实进行甄别，给予确定、认可、证明，并予以宣告的具体行政行为。林业行政确认具有以下特征：

①林业行政确认的主体是行政主体，包括有关人民政府、林业行政机关和法律、法规

授权的组织。

②林业行政确认的内容是对行政相对人的法律地位和权利、义务的确定。

③林业行政确认是一种要式行政行为,林业行政主体在作出确认行为时,必须以书面的形式作出。参加确认的有关人员还须签名,并由进行确认的行政主体加盖印鉴,或颁发证书。

(2)林业行政确认的形式

①确定　即对个人、组织的法律地位与权利义务的确定。如在颁发林权证、宅基地使用证、房屋产权证书中确定财产所有权。

②认可　又称认证,是行政主体对个人、组织已有的法律地位和权利义务以及确认事项是否符合法律要求的承认和肯定,如林木种子质量是否合格的认证、植物新品种权认证等。

③证明　即行政主体向其他人明确肯定被证明对象的法律地位、权利义务或某种情况,如国家重点保护野生动植物认定、重点公益林认定等。

④登记　即行政主体应申请人申请,在政府有关登记簿册中记载下对方的某种情况或事实,并依法予以正式确认的行为,如林权抵押登记等。

⑤行政鉴定　即行政主体对特定的法律事实或客体的性质、状态、质量等进行的客观评价,如森林火灾鉴定等。

(3)林业行政确认的作用

①实行林业行政确认有利于预防林业纠纷的发生,林业行政确认可以明确当事人的法律地位和法律关系,防止因含糊不清而使之处于不稳定状态或发生争议。

②实行林业行政确认有利于保护当事人合法权益不受侵犯,例如,在林权争议中,林业行政机关对林木、林地所有权或使用权的确认,就是对当事人合法权益的保护。

③林业行政确认可以为法院审判活动提供准确、客观的处理依据,在发生林权纠纷无法解决而起诉到法院时,法院可以以林业行政确认为审判依据。

4.3　林业行政检查

(1)林业行政检查的概念及特征

林业行政检查是林业行政主体及其工作人员依照法律授予的权限,对行政相对人是否守法的事实进行单方面强制了解的具体行政行为。林业行政检查有以下主要特征:

①林业行政检查是一种依职权的监督检查　它是经法律法规特别授权的,如《植物检疫条例》授权森林植物检疫机构对林业植物检疫对象的检疫、检查等。

②林业行政检查是一种限制性执法行为　它表现为对行政相对人权利的某种临时性限制。例如,木材检查站依法对木材运输进行检查时,必然在短时期内限制行政相对人的权利,但不是行政处罚。

③林业行政检查是一种单方面的依职权的行政执法行为　行政检查无须相对人申请或同意即可强制检查,相对人有接受检查的义务。

(2)林业行政检查的方法

①实地检查指林业行政执法人员直接进入现场或定位设点进行监督检查。

②书面检查指要求相对人提交书面材料,通过查阅书面材料进行检查。如各地开展的木材市场整顿,调阅审查木材经营、加工单位和用材单位的会计账册、报表、木材销售、

运输原始凭据等。

③特别检查指林业行政执法主体通过特殊方式进行的行政检查。

(3)林业行政检查的法律控制

林业行政检查可以间接影响相对人的权利义务，必须有一定的法律控制。目前林业法律法规对林业行政检查的法律控制规定主要有：①检查人员在执行检查任务时，应当佩戴公务标志，出示证件；②林业行政检查对物品检查时，应当通知被检查者在场，并有一定数量的检查人员参加；③林业行政检查涉及对公民住宅检查时，应当依照有关法律的特别规定进行，并取得法定的检查证件。如依法检查非法猎捕、收购野生动物涉及对公民住宅检查时，首先要取得住宅检查证。

4.4 林业行政处置

(1)林业行政处置概念及特点

林业行政处置，又称即时强制，是指林业行政执法主体对行政相对人违法标的物采取即时强制、限制措施的具体行政行为。其行为效果暂时制约相对人的权利义务。行政处置是一种特殊行政行为，目前在林业行政执法中常见的行政处置形式有两种：一是封存，如《植物检疫条例》规定，对违章调运的检疫对象，植物检疫机构有权予以封存；二是登记保存，其具有封存的性质。如《行政处罚法》规定，在证据可能灭失或者以后难以取得的情况下，经行政机关负责人批准，可以先行登记保存，并应当在7日内及时作出处理决定。由此可见，林业行政处置是林业行政执法经常采用的必不可少的临时强制手段。

(2)林业行政处置的特点

①林业行政处置具有急迫性　林业行政处置是在紧急情形下适用的。所谓紧急情形是指危害社会的事实可能发生，必须立即采取制止措施的情况。例如，调运未经检疫的检疫对象很可能带来某种危险性林木病虫害而造成巨大的损失，因此，必须采取这种临时处置措施。

②林业行政处置具有临时性和即时性　行政处置并不是对相对人权利义务的最终处分，而只是一种临时性约束或限制。在基于预防或阻止危害事实继续发生的前提下，行政处置不要求有严格的审批程序，可以由林业行政执法人员依现场情形而即时采取。

③林业行政处置有直接强制性　林业行政处置是行政主体单方面的强制性约束行为，无须行政相对人同意或申请。

(3)林业行政处置的法律控制

林业行政处置是林业行政执法必不可少的即时强制手段，但是，如果不合法地实施处置手段，会给相对人的合法权益造成损失。林业行政处置的法律控制，一是必须合法地实施处置行为，避免作出越权处置，如木材检查站只能对无运输证的木材有权暂扣，暂扣木材必须开具合法的暂扣凭证；二是要尽量控制在最小的范围内，如木材暂扣之后，应尽快立案、结案，以减少木材暂扣带来的各种损失。林业行政执法种类除了上述几种形式外，还包括林业行政许可和林业行政处罚等。

5. 林业行政执法监督

5.1 林业行政执法监督的概念

林业行政执法监督，是指国家机关、企业事业单位、社会团体和人民群众对林业行政主管部门或者法律、法规授权的组织及其工作人员实施的林业行政执法是否合法进行的监督。可分为两部分，一部分是国家机关的监督，另一部分是社会监督。国家机关监督是一种能直接产生法律效力的监督，也称权力监督，分为权力机关监督、司法机关监督、行政机关监督。在行政机关监督方面，1996年9月27日林业部发布《林业行政执法监督办法》，使林业行政执法监督有法可依，有章可循。从狭义上讲，林业执法监督是指《林业行政执法监督办法》所规定的行政机关监督。

5.2 林业行政执法监督的内容和目的

林业行政执法的国家机关监督包括内部监督和层级监督。内部监督是指各级林业主管部门内部对本部门的执法机构及其执法人员行使林业行政执法权进行监督的活动。层级监督是指上级林业主管部门对下级林业主管部门及其执法人员行使林业行政执法权进行监督的活动。

（1）林业行政执法监督的内容

林业行政执法内部监督的内容包括：执法人员是否具备执法资格，执法是否持有有效的执法证件；受委托组织是否在委托范围和权限内依法行使行政执法权；执法人员是否有超越职权、滥用职权、行贿受贿、包庇纵容、徇私舞弊、玩忽职守等违法行为；案件的事实是否清楚，证据是否确凿；适用法律、法规和规章是否正确；办案是否符合法定程序；林业行政处罚决定的执行是否符合法律、法规和规章规定；案件档案管理制度是否健全；以及其他需要进行监督的事项。

林业行政执法层级监督的内容包括：林业规范性文件是否合法；林业行政案件是否依法查处；具体行政行为是否合法、适当，包括行政执法主体是否合法，是否履行了法定职责，是否符合法定权限和程序，事实是否清楚、证据是否确凿，适用的法律、法规、规章是否正确；林业行政赔偿是否依法处理；其他需要进行监督的事项。

（2）林业行政执法监督的目的

林业行政执法监督的目的在于规范林业行政执法行为，促使林业主管部门及其执法人员认真行使林业行政执法权，保障林业行政执法活动的正常运行，保护公民、法人或其他组织的合法权益。

5.3 林业行政执法监督的方式

（1）行政复议

行政复议是目前我国采取的最普遍的一种监督方式。行政复议是指有行政复议权的行政机关，根据相对人的申请，对行政机关的具体行政行为进行复查的制度。

（2）行政听证

行政听证是林业行政主体在作出特定案件的林业行政处罚决定前，公开举行听证会以听取各方有关利害关系人意见的活动。它是由林业行政主体自行组织、进行的一种监督方式，旨在检查本单位拟作出处罚决定的合法性、适当性，是林业行政主体自律和他律相结合的监督检查的重要形式。

（3）行政执法检查

行政执法检查是指上级林业主管部门对下级林业主管部门的行政执法行为进行检查监督的活动，主要检查林业主管部门和法定授权组织及其工作人员是否正确执法。

(4)重大行政处罚案件备案制度

按照《林业行政执法监督办法》规定,地方各级林业行政主管部门对本辖区内责令停产停业,吊销许可证,没收较大数额的违法所得或者非法财物,较大数额的罚款等重大复杂的林业行政处罚,应当在作出处罚决定之日起15日内,将有关材料报送上一级林业行政主管部门备案。备案的有关材料包括:处罚案件简要介绍,主要证据材料复印件,处罚决定复印件等。通过备案对重大的行政处罚行为合法性和适当性进行审查,以保护公民、法人或其他组织的合法权益。

(5)林业行政执法过错责任追究制度

林业行政机关及其执法人员在林业行政执法中要严格依法办事,避免执法违法,更不能玩忽职守,滥用职权,徇私枉法。因执法过错并造成一定后果的,应当依法追究过错责任并且给予必要的行政处分。

(6)林业行政执法公示制度

各级林业主管部门将与人民群众密切相关的有关许可证的核发程序,收取林业税费的项目和标准,林业行政处罚的法律依据和处罚程序,在办公场所公布或者以其他方式向社会公开,接受社会监督。

任务3 模拟演练——巩固实践

【案件信息】

某公司于2011年10月,从甲省林区运输两车皮红松共180立方米到乙省A市火车站。A市林业局接到群众举报后,派执法人员到火车站检查,发现该批木材没有任何木材运输证件。该公司谎称有木材运输证,只是未随车同行。案发后的第2天,该公司向A市林业局出示了一张在甲省林区属地林业主管部门办理的木材出省运输证。后经A市林业局派人核实,这张运输证是案发后该公司托人补办的。

一、实训内容

1. 定性A市林业局的行政行为。
2. 查询林业行政执法行为种类。
3. 此案处理的基本法律依据。

二、实训目的

通过训练,引导学生充分认识林业行政执法基本要求和有效要件,对林业行政执法的概念和意义深入了解和掌握,学会判断行政执法的主体和相对人,重点掌握林业行政执法的内容和主要法律法规依据,加强对林业行政执法的认识,提高知法、懂法、守法的能力。

三、实训准备与要求

通过查找相关文献和法律书籍,明确本案件涉及的林业行政执法内容、种类和基本法律依据,能够运用所学的理论知识对提供案例进行分析、判决、处理、归纳总结。

四、实训方法及步骤

1. 准备环节。课前,以小组为单位,参加实训。课前安排学生通过查阅相关资料及书籍,了解案件背景、涉及的法律法规,对林业行政执法知识进行复习和分析。

2. 实训环节。组织学生们根据案情编排短剧,以小组为单位通过短剧表演的形式,情景再现，根据设定案件角色，从不同主体分析案例的性质。

3. 讨论环节。以小组为单位对案情进行讨论，各小组发表案件处理意见。

4. 总结环节。指导教师对各种观点进行点评，归纳、总结和分析，并对要点、易错点进行提炼。

5. 归纳环节。整理实训报告，完善案件处理方案。

五、实训时间

以 1~2 学时为宜。

六、实训作业

案件处理完毕后，要求每名同学必须撰写实训报告，实训报告要求语言流畅、文字简练，有理有据，层次清晰。实训报告样式详见附录附表1。

七、实训成绩评定标准

1. 实训成绩评定打分

本实训项目的考核成绩满分100分，占总项目考核成绩的10%。

2. 实训成绩给分点

(1) 林业行政执法基础知识点理解正确、熟悉掌握关键问题。(20分)

(2) 各组成员的团队集体意识强、团结协作、及时完成任务。(20分)

(3) 全员出勤、无迟到早退现象。(10分)

(4) 组员对待工作任务认真负责、实训结束后座椅的摆放整齐、室内卫生干净。(10分)

(5) 实训的准备充分、实训过程的记录全面。(20分)

(6) 实训报告文字结构流畅，语言组织合理，法律法规引用正确。(20分) 本项目考核评价单，详见附录附表3。

综合能力训练

(一) 名词解释

法律效力　林业法律渊源　违法行为　法律责任　林业行政执法　林业行政执法主体　林业行政执法相对人　林业行政征收　林业行政确认　林业行政检查　林业行政处置　林业行政执法监督

(二) 单项选择题

1. 根据我国的法律效力层次，下列法律中效力最高的是(　　)。
   A. 行政法规　　　　B. 地方性法规　　　　C. 政府规章　　　　D. 自治条例

2. 不属于林业执法监督作用的是(　　)。
   A. 预防作用　　　　B. 惩罚作用　　　　C. 补救作用　　　　D. 改进作用

3. 下列中的(　　)属林业行政执法主体。
   A. 县林业局　　　　B. 乡镇人民政府　　　　C. 木材检查站　　　　D. 林业工作站

4. 当事人应当自收到林业行政处罚决定书之日起(　　)内，到指定的银行缴纳罚款。
   A. 十日　　　　B. 十五日　　　　C. 三十日　　　　D. 六个月

5. 林业行政确认是一种（　　）行政行为。
   A. 命令式　　　　B. 选择式　　　　C. 非要式　　　　D. 要式
6. 下列中（　　）属于林业行政检查行为。
   A. 上级林业主管部门到林场检查工作
   B. 木材检查站工作人员对木材运输进行检查
   C. 林场的领导对本场护林防火工作进行检查
   D. 苗圃技术人员对苗木病虫害的检查
7. 下列中的（　　）属林业行政执法的范围。
   A. 城市园林植物防火　　　　　　　　B. 水生野生动物保护
   C. 林区外珍贵野生树木管理　　　　　D. 农作物和草本花卉调运检疫

(三)判断题(对的打"√"，错的打"×")
1. 林业行政执法主体必须享有林业行政执法权。（　　）
2. 野生动植物资源管理属于林业行政执法的范围。（　　）
3. 立法解释是指全国人民代表大会常务委员会根据法律的执行情况和遇到的问题，对法律有关规定的含义所作的说明和阐述。（　　）
4. 基本法律属于林业法律渊源。（　　）
5. 林业行政主体实施行政征收行为时，需要先征得相对人的同意。（　　）
6. 地方性法规和规章的效力高于行政法规。（　　）
7. 林业行政确认的内容是对行政相对人的法律地位和权利、义务的确定。（　　）
8. 林业行政执法的国家机关监督包括内部监督和外部监督。（　　）

(四)案例分析题
1. 2010年5月某县村民张某在麦积山非法猎捕2只国家二级重点保护野生动物小灵猫。该县野生动物行政主管部门执法人员接到举报后，在张某下山途中将其查获。依照《刑法》和《野生动物保护法》的规定，张某涉嫌非法猎捕珍贵、濒危野生动物罪。县野生动物保护行政主管部门将此案移送给县公安机关。
   (1)试分析犯罪嫌疑人张某是否违法？
   (2)如违法，试分析张某违法行为的构成要件？
2. 村民李某因自家盖牛棚缺少一些顶木，便在自己的自留山上擅自砍伐落叶松12株，合计立木材积2.1立方米，被人举报到该乡林业工作站。站长黄某以乡林业工作站的名义对村民李某给予处罚。该乡林业工作站未被县林业局委托执法。回答下列问题：
   (1)李某的行为是否违法？
   (2)乡林业工作站站长黄某的行为是否合法？为什么？

模块二 专项案件处理训练

- 项目二　林业行政许可
- 项目三　林业行政处罚
- 项目四　林权林地管理行政执法
- 项目五　森林采伐利用法律制度
- 项目六　森林培育行政执法
- 项目七　森林保护行政执法
- 项目八　野生动植物保护行政执法

项目二 林业行政许可

【项目描述】

行政许可是申请人通过法定的审批程序而获得从事某种社会行为或某项市场经营活动的法定资格，是对一般禁止的解除。世界各国均设定了行政许可制度，我国是首个制定《行政许可法》的国家。林业行政不仅是我国行政许可体制中的重要组成部分，同时也是林业行政执法活动的重要内容之一。林业行政许可法律制度的贯彻与落实在合理保护和利用森林资源、深化行政审批制度改革、推进林业事业可持续性发展、加快以森林为主体的生态环境建设、维护相对人合法权益等方面起到十分重要的作用。

本项目包含三个子项目，分别是林业行政许可概述、林业行政许可实施主体及林业行政许可实施程序，从林业行政许可的含义、特征、原则入手，让学习者了解我国林业行政许可的设定的主体及形式、实施的主体及程序、文书的制作与填写、案件处理的方法与相关的工作流程等业务知识。

【学习目标】

——知识目标

1. 了解我国林业行政许可的含义、特征、原则、种类、监督、费用等基本知识。
2. 掌握林业行政许可的设定、实施主体、实施程序和听证程序。
3. 掌握违反林业行政许可的法律责任。

——能力目标

4. 能根据案情拟定案件处理报告。
5. 能根据案情找出与林业行政许可相关的法律法规。
6. 会填写林业行政许可的相关文书。

——素质目标

7. 提升学生的案件分析能力及违法点的查找能力。
8. 提升学生对林业行政许可法律制度的认知能力。
9. 提升学生之间的团结协作能力和自主学习能力。

项目二　林业行政许可

子项目一　林业行政许可概述

任务1　案例导入与分析

【案件导入】

2015年8月5日，某省A县居民李某向A县林业局提出办理林木种子生产经营许可证的申请。A县林业局工作人员黄某看了李某提交的申请材料后说，还缺种子加工、包装设备、仓储设施和种子检验仪器的清单，让李某回去补材料。8月10日李某带来材料，工作人员黄某看后说，还需要一份技术人员资格证明文件，让李某回去再补。8月18日，李某到县林业局补交材料，工作人员黄某看后说材料齐了，可以接受申请，要李某交手续费50元，回去等候答复。但是，直到9月15日李某仍未接到县林业局答复，于是到林业局询问，工作人员周某说，因黄某调离，这事还未办完，让李某过几天再来。9月20日林业局派工作人员刘某到申请人李某的营业场所进行现场核查。事后，李某认为林业局已来过检查，自己又交过手续费，取得批准应该不成问题，就于9月22日开始了种子经营活动。10月15日，李某再次到林业局询问，工作人员答复，李某的申请已于9月25日得到县林业局的批准，可以发给林木种子生产经营许可证。事后县林业局没有把批准李某取得林木种子生产经营许可证的行政许可决定公开。

【问题】

1. 在办理李某林木种子生产经营许可证申请过程中，A县林业局是否有违反行政许可法规的行为？如果有，请指出。

2. 申请人李某是否有违法行为？为什么？

【案例分析】

1. 本案件存在以下违反行政许可法规的行为：

（1）A县林业局工作人员未依法一次性告诉申请人李某需要补充申请的材料。《行政许可法》第32条第4项中规定："申请材料不齐全或者不符合法定形式的，行政许可实施机关应当于当场或者在五日内一次性告知申请人需要补正的全部内容，逾期不告知的，自收到申请材料之日起即为受理。"本案中，李某经过三次提交才将申请材料交齐，A县林业局工作人员对申请人提出的林业行政许可申请，没有一次性告知申请人需要补正的全部内容，违反了《行政许可法》的规定。

（2）A县林业局指派进行现场核查的工作人员不符合规定。《行政许可法》第34条第3款规定："根据法定条件和程序，需要对申请材料的实质内容进行核实的，行政机关应当指派两名以上工作人员进行核查。"A县林业局只派工作人员刘某一人到申请人李某的营业场所进行现场核查，违反了《行政许可法》的规定。

（3）A县林业局未在法定期限内对该林业行政许可作出决定，《行政许可法》第42条规定："除可以当场作出行政许可决定之外，行政机关应当自受理行政许可申请之日起20日内作出行政许可决定。20日内不能作出决定的，经本行政机关负责人批准，可以延长10

日,并应当将延长期限的理由告知申请人。"A县林业局8月18日受理李某的申请,并已于9月25日批准了该申请,但直到10月15日李某再次到A县林业局询问时,工作人员才答复李某,这种超过法定期限作出林业行政许可决定的行为,违反了《行政许可法》的规定。

(4)A县林业局未在法定期限内向申请人颁发行政许可证件。《行政许可法》第44条规定:"行政机关作出准予行政许可的决定,应当自作出决定之日起十日内向申请人颁发、送达行政许可证件,或者加贴标签、加盖检验、检测、检疫印章。"A县林业局于9月25日作出批准该林业行政许可的决定,应当以通知形式告知申请人领取林木种子生产经营许可证,但直到10月15日李某再次到林业局时,才领到林木种子生产经营许可证。A县林业局已超过了法定期限颁发、送达行政许可证件,违反了《行政许可法》的规定。

(5)A县林业局未按规定把批准该林业行政许可的决定公开。《行政许可法》第40条规定:"行政机关作出的准予行政许可决定,应当予以公开,公众有权查阅。"A县林业局违反了《行政许可法》的规定,没将批准的林业行政许可的决定公开。

(6)A县林业局实施林业行政许可违法收取费用。《行政许可法》第58条第1款规定:"行政机关实施行政许可和对行政许可事项进行监督检查,不得收取任何费用。但是法律、行政法规另有规定的,依照其规定。"因法律、行政法规并没有规定核发林木种子生产经营许可证应当收取手续费,因此,林业局收取李某50元手续费是违法的。A县林业局实施林业行政许可擅自收费,依照《行政许可法》第75条规定,应由其上级行政机关或者监察机关责令退还非法收取的费用,对直接负责的林业局主管领导和直接责任人员依法给予行政处分。

2. 申请人李某的违法行为

依照《种子法》第31条第1、2款规定,凡从事主要农林种子生产经营的均实行许可制度。李某取得林木种子生产经营许可证的时间是10月15日,而他9月22日在未取得林木种子生产经营许可证的情况下就擅自开始了林木种子经营活动,依照《行政许可法》第81条规定,李某应依法受到行政处罚。

任务2 相关资讯

1. 林业行政许可概述

1.1 林业行政许可的概念和特征

(1)林业行政许可的概念

林业行政许可是国家行政许可的重要组成部分,是国家实施林业管理的一种重要手段和方式。具体是指林业行政主管部门,法律、法规授权的组织或者林业行政主管部门委托的行政机关,根据公民、法人或者其他组织的申请,经依法审查,准予符合法定条件的申请人从事某种活动的法律资格或实施某种行为的法律权利的一种具体行政行为。

(2)实行林业行政许可制度的意义

《行政许可法》于2003年8月27日经第十届全国人民代表大会常务委员会第四次会议通过,2004年7月1日起施行,是一部规范政府行政行为的重要法律之一。实行林业行政许可制度，有利于保护和合理开发利用森林资源，有利于促进林业生态平衡和林业产业体系的协调发展，有利于推动以森林为主体的生态环境建设，实现我国经济社会的可持续发展。

（3）林业行政许可的特征

①林业行政许可是林业行政主管部门的管理性的行政行为　林木采伐许可证和木材运输证是林业行政主管部门对林木采伐管理和木材运输管理的行为。不具有行政管理性特征的行为，即使被称为登记和审批，也不是行政许可。

②林业行政许可是对社会实施的外部管理行为　外部行政行为是行政机关对公民、法人或其他组织作出的管理行为。林业行政主管部门对内部事务的管理行为不属于行政许可。

③林业行政许可是依申请的行政行为　林业行政许可是根据公民、法人或者其他组织提出的申请而产生的行政行为，无申请即无许可。

④林业行政许可是准予相对人从事特定的林业活动的行为　取得林业行政许可表明申请人符合法定条件，可以依法从事有关林业活动。例如，申请人取得林木采伐许可证后可以按采伐许可证中的规定进行林木采伐活动，取得林木种子生产经营许可证的可以在许可证规定的范围内从事林木种子经营等。

1.2　林业行政许可的功能和种类

（1）林业行政许可的功能

①控制危险　行政监督管理方式通常分为事前监督管理和事后监督管理。行政许可属于事前监督管理方式。事前监督管理方式主要是对可能发生的危险提前设防，从源头上控制某种危险的发生。

②配置资源　在市场经济条件下，市场在资源配置方面发挥基础作用。但是，在有限资源领域，需要政府以公开、公正、公平的方法，通过行政许可的方式配置有限资源。

③证明或者提供某种信誉、信息　在经济、社会活动中，需要政府以行政许可（通常是登记）的方式，确立相对人的特定主体资格或者特定身份，使相对人获得合法从事涉及公众关系的经济、社会活动的某种能力。

（2）林业行政许可的种类

①森林资源管理类林业行政许可　如建设工程征占用林地审核，临时占用林地审批等。

②森林保护类林业行政许可　如植物产品以及植物种子、苗木和繁殖材料的植物检疫证书核发，对外省调入的植物和植物产品的检疫同意，森林防火期内林区野外生产用火许可等。

③森林利用类林业行政许可　如林木采伐许可证核发，经营、加工木材审批，国家级森林公园设立、撤销、合并、改变经营范围或变更隶属关系审批等。

④林木种苗和植物新品种管理类林业行政许可　如林木种子或者主要林木良种的种子生产经营许可证核发，采集或者采伐国家重点保护的天然林木种质资源审批，向境外提供或从境外引进林木种质资源审批，开展林木转基因工程活动审批，收购珍贵树木种子和规定限制收购的林木种子审批等。

⑤陆生野生动物管理类林业行政许可　如国家一级保护陆生野生动物特许猎捕证核

发、出售、收购、利用国家一级保护陆生野生动物或者其产品审批,外国人对国家重点保护野生动物进行野外考察、标本采集或者在野外拍摄电影、录像审批,国家一级保护野生动物驯养繁殖许可核发,陆生野生动物及其产品经营利用许可证核发,建立固定狩猎场所审批,引种地方重点保护陆生野生动物审批等。

⑥野生植物管理类林业行政许可　如采集国家一级保护野生植物审批,进出口中国参加的国际公约限制进出口野生植物审批,出口国家重点保护野生植物审批,出口珍贵树木或其制品、衍生物审批,自然保护区以外的珍贵树木和林区内具有特殊价值的植物资源采伐和采集审批等。

⑦自然保护区管理类林业行政许可　如在林业系统自然保护区建立机构和修筑设施审批,进入林业系统国家级自然保护区从事科学研究审批,在林业系统国家级自然保护区实验区开展生态旅游方案审批,外国人进入林业系统自然保护区审批等。

⑧沙化土地治理类林业行政许可　如沙化土地治理验收,在沙化土地封禁保护区范围内进行修建铁路、公路等建设活动审批等。

1.3　林业行政许可的基本原则

（1）合法原则

①设定林业行政许可必须遵循合法原则　一是应当按照《行政许可法》规定的权限范围设定林业行政许可;二是应当按照《行政许可法》规定的许可的事项范围设立林业行政许可;三是应当按照《行政许可法》确定的条件设定林业行政许可;四是应当按照《行政许可法》和其他相关法律、行政法规规定的程序设定林业行政许可。

②实施林业行政许可必须遵循合法原则　一是实施林业行政许可的主体及权限应当合法;二是实施林业行政许可应当符合《行政许可法》和其他相关法律、法规和规章规定的条件;三是实施林业行政许可应当依照《行政许可法》和其他法律、法规、规章规定的程序。

（2）公开、公平、公正原则

①设定林业行政许可必须遵循公开原则　设定林业行政许可的过程应当是开放的,从设定林业行政许可的必要性、可行性,到林业行政许可可能产生效果的评估,都要广泛听取意见,允许并鼓励公众评论。凡是有关林业行政许可的规定都必须公布,未经公布的,不得作为实施林业行政许可的依据。

②实施林业行政许可必须遵循公开原则　林业行政许可的具体实施机构应当公开;林业行政许可实施的条件应当是规范的、明确的和公开的;林业行政许可实施的程序,包括申请、受理、审查、听证、决定、检查等,都应当是具体的、明确的和公开的;林业行政许可的实施期限应当公开;林业行政主管部门做出的准予行政许可的决定,除涉及国家秘密、商业秘密和个人隐私的情况外,应当予以公开,公众有权查阅。

③设定和实施林业行政许可应当遵循公平、公正原则　林业行政许可实施机关应当平等地对待所有个人和组织,一视同仁。

（3）便民原则

便民原则是指林业行政许可实施机关在实施行政许可的过程中,应当减少环节,降低成本,提高办事效率,提供优质服务,方便人民群众,具体要求是:

①林业行政许可依法需要林业行政主管部门内设的多个机构办理的,应当确立一个机构统一受理林业行政许可申请,统一送达林业行政许可决定。

②林业行政许可实施机关应当尽量提供方便，如提供申请书格式文本，允许申请人通过信函、传真等方式提出申请；将林业行政许可的事项、依据、条件、数量、程序、期限及需要提交的全部材料的目录等在办公场所公示；创造条件在网站上公布林业行政许可事项、受理林业行政许可等。

③符合法定形式、材料齐全的申请，林业行政许可实施机关应当尽量当场受理，不应拖延。

④林业行政许可实施机关应当在法定期限内作出林业行政许可决定或者办完有关事项。

⑤林业行政许可实施机关应当为申请人提供优质服务。

（4）救济原则

救济原则是指公民、法人或者其他组织对行政机关实施的行政许可，享有陈述权、申辩权；有权依法申请行政复议或者提起行政诉讼；其合法权益因行政机关违法实施行政许可受到损害的，有权依法要求赔偿。

（5）信赖保护原则

信赖保护原则是指公民、法人或者其他组织依法取得的林业行政许可受法律保护，林业行政主管部门不得擅自改变已经生效的林业行政许可。

林业行政许可决定所依据的法律、法规、规章修改或者废止，或者准予林业行政许可所依据的客观情况发生重大变化的，为了公共利益的需要，林业行政主管部门可以依法变更或者撤回已经生效的行政许可。但是由此给公民、法人或者其他组织造成财产损失的，林业行政主管部门应当依法给予补偿。

（6）林业行政许可不得转让原则

林业行政许可不得转让原则是指依法取得的林业行政许可，除法律、法规规定依照条件和程序可以转让的以外，不得转让。如果有关法律、法规规定林业行政许可以转让的，被许可人可以按照法定的条件、程序依法转让。

（7）监督原则

监督原则是指县级以上人民政府应当建立健全对行政机关实施行政许可的监督制度，上级行政机关应当加强对下级行政机关实施行政许可的监督检查，及时纠正行政许可实施中的违法行为。同时，林业行政主管部门应当对公民、法人或者其他组织从事林业行政许可事项的活动实施有效监督，发现违法行为应当依法查处。

2. 林业行政许可的设定制度

2.1 设定林业行政许可的事项范围

按照林业行政许可事项的性质、功能、条件和适用程序的不同，可以设定林业行政许可的事项有以下几类：直接涉及公共安全和生态环境保护，需要按照法定条件予以批准的事项。主要功能是防止危险和保障安全；对有限自然资源开发利用需要赋予特定权利的事项；提供公众服务并且直接关系公共利益的职业、行业，需要确定具备特殊资格和资质的事项；直接关系公共安全、人身健康、生命财产安全的重要设备、设施、产品、物品，需要按照技术标准及规范，通过检验、检测、检疫等方式进行审定的事项；企业或者其他组织的设立等需要确定主体资格的事项。

此外，法律和行政法规规定可以设定行政许可的其他事项包括：现行法律、行政法规对其他行政许可事项的规定仍然保留和有效；以后的法律、行政法规还可以根据实际情况，在《行政许可法》明确规定的上述五类行政许可事项外设定其他行政许可事项；地方性法规、省级地方政府规章和国务院决定等都不得对上述五类许可事项以外的事项设定行政许可。

2.2 设定林业行政许可的主体和形式

（1）设定林业行政许可的主体

设定林业行政许可的主体，是指依法有权设定林业行政许可的国家机关。依照《行政许可法》的规定，有权设定林业行政许可的国家机关有：

①全国人民代表大会及其常务委员会；

②国务院；

③省、自治区、直辖市人民代表大会及其常务委员会；

④省、自治区、直辖市人民政府。

除上述国家机关外，其他国家机关无权设定林业行政许可。

（2）设定林业行政许可的形式

设定林业行政许可的形式，是指可以设定林业行政许可的规范性文件的形式。依照《行政许可法》规定，有权设定林业行政许可的规范性文件有：

①法律；

②行政法规；

③国务院决定；

④地方性法规；

⑤省、自治区、直辖市人民政府规章。

除上述规范性文件外，其他规范性文件一律不得设定行政许可。如部门规章和省级人民政府规章以外的地方各级人民政府制定的其他规范性文件等，都不得设定行政许可。

3. 林业行政许可的费用

3.1 实施林业行政许可以不收费为原则

《行政许可法》第58条规定："行政机关实施行政许可和对行政许可事项进行监督检查，不得收取任何费用。但是，法律、行政法规另有规定的，依照其规定。"因此，除法律、行政法规另有规定的以外，林业行政主管部门实施林业行政许可以及依法履行法定职责对被许可人从事林业行政许可事项活动情况进行监督检查，不得收取任何费用。

林业行政主管部门提供林业行政许可申请格式文本，不得收费。公民、法人或者其他组织从事特定活动，依法向林业行政主管部门提出申请，申请书需要采用格式文本的，林业行政主管部门应当免费向申请人提供林业行政许可申请书格式文本。

林业行政主管部门实施林业行政许可所需的经费应当列入本行政机关的预算，由本级财政予以保障，按照批准的预算予以核拨。

3.2 有关林业行政许可收费的其他规定

（1）林业行政许可收费必须由法律、行政法规作出规定

依照《行政许可法》，对有限自然资源开发利用、公共资源配置以及直接关系公共利益的特定行业的市场准入等赋予特定权利的行政许可事项，可以收取费用。但这些收费必须

由法律、行政法规来设定。

（2）收费的标准

①林业行政许可的收费标准由有关的主管机关和财政部门共同制定，并向社会公布。

②法律、行政法规规定实施林业行政许可可以收费的，林业行政许可实施机关必须公布收费项目和标准，未公布的收费项目和标准不能作为收费的依据。

③林业行政许可实施机关必须按照公布的法定项目和标准收费，不得擅自增加或者修改收费项目，也不得擅自提高收费标准。

（3）费用的管理

①林业行政许可实施机关实施行政许可所收取的费用必须全部上缴国库，任何机关或者个人不得以任何形式截留、挪用、私分或者变相私分。

②严格实行"收支两条线"管理，财政部门不得以任何形式向林业行政主管部门返还或者变相返还林业行政许可所收取的费用。

（4）林业行政许可收费的种类

目前，林业行政许可收费大致有以下几类：

①源补偿费类，如建设工程征占用林地的森林植被恢复费（依照《森林法》第37条）；

②检验费类，如森林植物检疫费（依照《植物检疫条例》第21条）；

③保护管理费类，如自然保护区管理费（依照《森林和野生动物类型自然保护区管理办法》第13条）。

任务3　模拟演练——巩固实践

【案件信息】

某县林业局在全县下发《关于加强林木、竹子采伐管理的通知》，规定农村居民采伐自留山的林木、竹子，包括采伐不是以生产竹材为主要目的的竹子，一律要向县林业局申请办理采伐许可证，违者以滥伐论处。

一、实训内容

1. 确认并定性县林业局的违法行为。

2. 案件中违法主体应当如何承担责任。

3. 设定林业行政许可的事项范围及设定行政许可的方式。

二、实训目的

通过本实训，让学生了解林业行政许可的概念、意义和特征，掌握林业行政许可的基本理论知识，会依照《行政许可法》的相关规定处理相关案件，训练学生们对林业行政许可的设定主体、设定形式、设定范围的知识掌握，从而对案件的处理更加清晰，以更好地服务于实际工作。

三、实训准备与要求

查阅相关资料，明确本案件的相关法律法规条款，明确行政许可中的设定制度，能够运用相关理论知识对背景材料进行案件处理、归纳总结及分析。

四、实训方法及步骤

第一步，案件准备。以小组为单位，全员参与，查阅相关资料和文献，了解案件背景，查找相关案例，进行归纳总结规律。围绕案件，设定角色，组织开展模拟法庭活动。对模拟法庭相关环节、审判环节有指导老师进行前期指导。做好案情分析、角色划分、法律文书准备和预演。

第二步，模拟法庭。依据模拟法庭的流程，指导教师组织学生通过模拟法庭的形式，再现案件真实场景。

第三步，案件讨论。通过法庭调查、证据交换、法庭辩论等环节，启发学生围绕案件进行讨论，通过小组讨论，对案件的判决发表意见。

第四步，指导教师对各种观点进行点评，归纳、总结和分析，并对要点、易错点进行提炼。

第五步，整理案件处理报告，完善案件处理方案。

五、实训时间

以 1~2 学时为宜。

六、实训作业

案件处理完毕后，要求以小组为单位撰写案件处理报告，制作处理视频，案件处理报告要求有理有据，依据法律条款正确，层次清晰。案件处理报告样式详见附录附表1。案件处理视频要求图像清晰，逻辑结构合理，小组成员分工明确。

七、实训成绩评定标准

1. 实训成绩评定打分

本实训项目的考核成绩满分100分，占总项目考核成绩的4%。

2. 实训成绩给分点

（1）知识掌握。考查学生对林业行政许可设定制度相关知识的掌握情况。（20分）

（2）课堂秩序。出勤率、迟到早退现象；课堂表现积极。各组成员的全员参与、分工明确。（30分）

（3）学习态度。组员对待工作任务的态度（实训结束后座椅的摆放和室内卫生的打扫）。（10分）

（4）案件处理视频效果。视频图像清晰，逻辑结构合理。（20分）

（5）案件处理报告撰写情况。案件处理合情合理，法律法规引用正确。（20分）本项目考核评价单，详见附录附表4。

子项目二　林业行政许可实施主体

任务1　案例导入与分析

【案件导入】

2004年，某市城区的铁路电器厂取得银行贷款，准备在厂区范围内兴建职工安置房。

项目二 林业行政许可

同年9月11日,铁路分局向铁路电器厂核发铁路林木采伐许可证,批准其采伐厂区内的17株树木,以便于动工建房。随后,铁路电器厂采伐了厂内的13株树木,另有4株未采伐。2005年1月12日,市园林绿化管理局以铁路电器厂"擅自采伐城区树木13株"为由,依据园林绿化管理办法的规定,决定对铁路电器厂罚款32 800元。铁路电器厂对处罚决定不服,于1月20日向市政府提出复议申请,以"伐树持有铁路分局颁发的采伐许可证,手续齐全,符合有关规定"为由,请求撤销园林绿化管理局的行政处罚决定,市政府受理本案后,经审查发现,根据省林业厅文件,铁路分局颁发林木采伐许可证的职权,是省林业厅授权铁路分局实施的(限铁路林木),铁路分局在对铁路电器厂采伐申请进行审查时,将授权管理的铁路林木解释为护路林和庭院环境保护林。铁路电器厂内的树木被铁路分局认定为庭园环境保护林,作为铁路林木(铁路沿线树木),颁发了《铁路林木采伐许可证》。

【问题】

1. 园林绿化管理局是否应该作出行政处罚?
2. 铁路分局颁发的《铁路林木采伐许可证》是否有效呢?
3. 给出正确处理本案的意见,并指出法律依据。

【案例分析】

本案是一起经过非主管部门许可采伐树木而受到主管部门处罚的行政复议案件。

《森林法》第56条第3款规定,非林地上的农田防护林、防风固沙林、护路林、护岸护堤林和城镇林木等的更新采伐,由有关主管部门按照有关规定管理。《城市绿化条例》第21条第2款规定,砍伐城市树木,必须经城市绿化主管部门批准。铁路电器厂采伐厂区内的树木,并不属于铁路护路林,其在城区内采伐树木,应取得园林绿化部门的许可,但铁路电器厂采伐树木却是持有铁路分局颁发的采伐许可证。《行政许可法》第69条规定,超越法定职权作出准予行政许可决定的,根据利害关系人的请求或者依据职权,行政机关可撤销行政许可。根据上述法律规定,铁路分局超越职权颁发给铁路电器厂的采伐许可证违反法律规定,应予撤销。同时该法第74条规定,行政机关超越法定职权作出准予行政许可决定的,上级行政机关或者检察机关责令该行政机关改正,并对直接负责的主管人员和其他直接责任人员依法给予行政处分。

《行政许可法》第76条规定,行政机关违法实施行政许可,给当事人的合法权益造成损害的,应当依照国家赔偿法的规定给予赔偿。由于事先铁路分局超越职权颁发采伐许可证,如果违法实施许可的行为损害了铁路电器厂的合法权益,铁路电器厂可以依法取得赔偿。

本案中,铁路分局不能审批城区内树木的采伐申请,其颁发的采伐许可证无效,铁路电器厂擅自采伐树木的行为已违反法律规定,园林绿化管理局作出的行政处罚应予维持。市政府决定维持园林绿化管理局作出的行政处罚;同时,由主管行政机关撤销铁路分局超越职权颁发的采伐许可证。

综上所述,行政机关超越法定职权作出准予行政许可决定,其作出的行政许可决定应当予以撤销,上级行政机关应当对直接负责的主管人员和其他直接责任人员依法给予行政处分。给当事人的合法权益造成损害的,应当依照国家赔偿法的规定给予赔偿。

任务2 相关资讯

1. 林业行政许可实施主体

1.1 林业行政主管部门

林业行政许可的实施,是指林业行政主管部门和有关组织依法为公民、法人或者其他组织具体办理林业行政许可的行为。林业行政主管部门是林业行政许可的主要实施主体。

作为林业行政许可实施主体的林业行政主管部门,主要包括以下三个层次:一是国务院林业行政主管部门,实施一些直接关系国家重大利益、不宜下放的林业行政许可;二是省级人民政府林业行政主管部门,实施一些事关重大、但又不宜全部由中央层次行政机关实施的林业行政许可;三是县级和设区的市、自治州人民政府林业行政主管部门,实施与普通公民、法人和其他组织密切相关的林业行政许可。并非所有的行政机关都自然地享有实施行政许可的权利。林业行政主管部门享有实施林业行政许可的权利,基于以下条件:

①林业行政主管部门依法享有外部行政管理职能。例如,依照《森林法》的规定,国务院林业行政主管部门主管全国林业工作,县级以上地方人民政府林业行政主管部门主管本地区的林业工作。

②林业行政主管部门依法得到法律明确授权,在一定的领域内实施行政许可。由于行政许可权是一项单行法授予的职权,外部行政机关并不当然享有行政许可权,必须经法律明确授权,才能成为行政许可的实施主体。

③林业行政主管部门实施林业行政许可的法定授权与其外部管理职能及范围相一致。

1.2 法律、法规授权的组织

法律、法规授权的具有管理公共事务职能的组织,在法定授权范围内以自己的名义实施行政许可。法律、法规授权的组织实施林业行政许可具有以下特征:

①授权的主体和方式具有特定性从授权的主体来说,可以将行政许可的实施权授予其他组织的有:全国人民代表大会及其常务委员会;国务院;各级地方人民代表大会及其常务委员会;较大的市的人民代表大会及其常务委员会。从授权的方式来说,授权必须以法律、法规(包括行政法规和地方性法规)的方式进行,除此以外的其他规范性文件不得授权其他组织实施行政许可。

②被授权的组织应当是具有管理公共事务职能的组织,具有管理公共事务职能的组织,是指承担着管理公共事务责任的组织。

③被授权的组织必须有法律、法规的授权作为依据。例如,《植物检疫条例》第3条规定:"县级以上地方各级农业主管部门、林业主管部门所属的植物检疫机构,负责执行国家的植物检疫任务。"

④被授权的组织取得林业行政许可实施主体的地位,以自己的名义独立地行使实施林业行政许可的职权和承担相应的责任。

⑤被授权的组织必须在授权范围内实施林业行政许可。例如,森林植物检疫机构应当在《植物检疫条例》授权范围内实施森林植物检疫行政许可,而不得超越范围实施其他林业行政许可。

项目二　林业行政许可

⑥被授权的组织实施林业行政许可，适用《行政许可法》中有关行政机关的规定。例如，《行政许可法》第30条第2款规定："申请人要求行政机关对公示内容予以说明、解释的，行政机关应当说明、解释，提供准确、可靠的信息。"这些对行政机关及其工作人员的规定，同样适用于被授权实施行政许可的组织及其工作人员。

1.3　林业行政主管部门委托的行政机关

林业行政主管部门在其法定职权范围内，依照法律、法规、规章的规定，可以委托其他行政机关实施林业行政许可。委托林业行政许可需遵循以下规则：

①林业行政主管部门应当遵循职权法定的原则，在其法定权限范围内依法委托。

②委托实施林业行政许可的依据是法律、法规和规章，例如，对农村居民采伐自留山和个人承包集体的林木，县级林业行政主管部门可以依照《森林法》第57条第3款规定，委托乡、镇人民政府审核发放采伐许可证。但是，县级林业行政主管部门不能将该项林业行政许可的实施权委托给乡、镇人民政府以外的其他行政机关。

③林业行政主管部门对受委托行政机关实施林业行政许可的情况，包括实施的方式和后果等，应当进行经常性的检查，确保受委托行政机关在委托权限范围内依法实施林业行政许可。

④受委托实施林业行政许可的行政机关，不得将林业行政许可实施权转委托给其他组织或者个人。

⑤林业行政主管部门应当将受委托行政机关和受委托实施林业行政许可的内容予以公告。公告应当包括下列内容：林业行政主管部门的名称、地址、联系方式、监督电话；受委托实施行政许可的行政机关的名称、地址、联系方式、监督电话；委托实施的林业行政许可的具体事项、职责权限、依据及其变动情况等。

任务3　模拟演练——巩固实践

【案件信息】

2006—2007年，某区林业局委托其所属的渔池头和太平铺木材检查站发放木材运输证。木材检查站在发证时，都是在货主没有林木采伐许可证等相关申请资料的情况下发放的。按照相关法律规定，申请木材运输证需提供林木采伐许可证等有关材料，但该林业局委托的两个木材检查站在收取育林基金后就核发了木材运输证。2006—2007年，两站在发放运输证时共收取育林基金420 504元，后被群众举报到有关纪检监察部门。零陵区纪委常委会、监察局认定渔池头木材检查站站长邹某、太平铺木材检查站站长王某负有直接责任。零陵区纪委决定给予邹、王二人党内警告处分。零陵区监察局研究决定，给予邹、王二人行政警告处分。

一、实训内容

1. 确定零陵区林业局委托木材检查站发放木材运输证是否合法。
2. 案件中违法主体应当如何承担责任。
3. 委托实施林业行政许可的特点。

二、实训目的

通过本实训任务，让学生进一步掌握林业行政许可的实施主体，林业行政主管部门实施林业行政许可的权利，法律、法规授权的组织实施林业行政许可的特征。会依照《行政许可法》的相关规定处理相关案件，本案件重点训练学生们对林业行政许可实施主体的确定并明确木材检查站的工作任务，委托主体与实施主体的区别，从而对许可实施主体更加明确，以更好地服务于实际工作。

三、实训准备与要求

查阅相关资料，明确本案件的相关法律法规条款，明确林业行政许可的实施主体，能够运用相关理论知识对背景材料进行案件处理、归纳总结及分析。

四、实训方法及步骤

第一步，实训前准备。5~6人分为一个小组，要求参加实训的同学，课前查阅相关资料及书籍，找出与案件相关的法律法规，并组织学生们课前根据案情编排短剧，有条件及相关资源的同学可以就该案件深入林业行政执法机构进行访问调查。

第二步，短剧表演，其他小组同学观看短剧。

第三步，以小组为单位进行案情讨论，各小组发表案件处理意见。

第四步，指导教师对各种观点进行点评，归纳、总结和分析，并对要点、易错点进行提炼。

第五步，整理实训报告，完善案件处理方案。

五、实训时间

以1~2学时为宜。

六、实训作业

案件处理完毕后，要求每名同学必须撰写实训报告，实训报告要求语言流畅、文字简练，有理有据，层次清晰。实训报告样式详见附录附表1。

七、实训成绩评定标准

1. 实训成绩评定打分

本实训项目的考核成绩满分100分，占总项目考核成绩的3%。

2. 实训成绩给分点

（1）学生对于林业行政许可实施主体相关知识的掌握情况。(20分)

（2）各组成员的团队协作意识及完成任务情况。(20分)

（3）出勤率、迟到早退现象。(10分)

（4）组员对待工作任务的态度（实训结束后座椅的摆放和室内卫生的打扫）。(10分)

（5）实训的准备、实训过程的记录。(20分)

（6）实训报告的完成情况，文字结构流畅，语言组织合理，法律法规引用正确。(20分)本项目考核评价单，详见附录附表4。

项目二　林业行政许可

子项目三　林业行政许可实施程序

任务1　案例导入与分析

【案件导入】

某农贸公司于2007年11月以更新采伐果树为由，向林业主管部门申请林木采伐许可证，但林业局未给出答复。2008年5月22日，该公司再次提出申请，要求对110亩果树更新，林业局同意其更新申请，并于同年5月30日决定报上级林业主管部门审批，但没有结果。2008年10月15日，经村民委员会的同意，该公司又对上述申请事项向林业主管部门递交了采伐林木申请书，同时还填写了采伐林木申请表。同年11月16日，林业主管部门经审核上述材料，签署了同意颁发许可证的意见，11月22日向该公司颁发了林木采伐许可证。至此，某农贸公司花了一年的时间才获得采伐许可。该公司遂诉至法院，认为林业主管部门在收到其要求颁发林木采伐许可证的申请后，未在规定的时间内予以答复，属于行政违法行为，侵害了其合法权益，要求法院确认该具体行政行为违法。

【问题】

1. 林业行政主管部门对于该农贸公司提出的行政许可申请，历时1个月的时间给予答复的行为是否是违法行为呢？

2. 指出本案件的处理意见，并指出法律依据。

【案情分析】

首先，林业主管部门应当在法定期限内对申请人的申请予以答复。《行政许可法》第42条规定，除可以当场作出行政许可决定的外，行政机关应当自受理行政许可申请之日起20个工作日内作出行政许可决定。20个工作日内不能作出决定的，经本行政机关负责人批准，可以延长10个工作日，并应当将延长期限的理由告知申请人。本案中，林业主管部门在上述期限内未作出任何决定，属于不履行法定职责，违反了《行政许可法》的规定。

其次，行政机关对符合法定条件的申请不在法定期限内作出准予行政许可决定的，应当承担相应的法律责任。依照《行政许可法》第74条规定，行政机关对符合法定条件的申请人不予行政许可，或者不在法定期限内作出准予行政许可决定的，由其上级行政机关或者监察机关责令改正，对直接负责的主管人员和其他直接责任人员依法给予行政处分。本案中，法院判决确认林业主管部门对某农贸公司要求颁发林木采伐许可证的申请不予答复的行为违法，并建议监察机关对直接负责的主管人员依法给予行政处分的做法是正确的。

因此，对符合法定条件的申请，行政机关应当在法定期限内作出行政许可决定。不予行政许可或者不在法定期限内作出准予行政许可决定的，由其上级行政机关或者监察机关责令改正，对直接负责的主管人员和其他直接责任人员依法给予行政处分。

任务 2　相关资讯

1. 林业行政许可实施程序

1.1　林业行政许可申请

（1）林业行政许可申请人

林业行政许可申请人是指申请林业行政许可的公民、法人或者其他组织。

（2）林业行政许可的申请方式

申请人申请林业行政许可，可以有多种方式，除书面申请外，还可以用信函、电报、电传、传真、电子数据交换和电子邮件提出，也可以由申请人委托代理人提出林业行政许可申请，但依法应当由申请人本人到办公场所提出林业行政许可申请的除外。

（3）申请人提交的材料

申请人应当如实反映有关情况并提供林业行政主管部门公示的申请林业行政许可应当提交的材料。林业行政主管部门公示的申请林业行政许可应当提交的材料目录中没有列出的材料，应视为与申请行政许可事项无关，申请人有权拒绝提供。

1.2　林业行政许可的受理

林业行政许可的受理，是指经对公民、法人或者其他组织提出的申请进行形式审查后，林业行政许可实施机关认为其申请事项依法属于本机关职责范围，申请材料齐全、符合法定形式，因而对申请予以接受的行为。林业行政许可实施机关收到行政许可申请后，应当对申请人提交的申请材料目录及材料格式进行形式审查。

形式审查的内容包括：①申请事项是否属本行政机关管辖范围；②申请事项是否属于依法需要取得林业行政许可的事项；③申请人是否按照法律、法规和规章的规定提交了符合规定数量、种类的申请材料；④申请人提供的林业行政许可申请材料是否符合规定的格式；⑤其他有关事项，如申请人是否属于不得提出林业行政许可申请的人，申请人提供的材料是否有明显的错误等。

1.3　林业行政许可的审查

林业行政许可的审查程序是指林业行政许可实施机关对已经受理的林业行政许可申请材料的实质内容进行核查的过程。

（1）林业行政许可审查的主要内容

①审查申请材料反映的申请人条件的适法性　林业行政许可实施机关应当审查申请人提交的申请材料反映的情况与法律、法规规定取得林业行政许可应当具备的条件是否一致。例如，申请人申请国家二级保护陆生野生动物特许猎捕证，如果申请人提交了书面申请报告、实施猎捕的工作方案、证明其猎捕目的有效文件和说明材料等全部申请材料，省级林业行政主管部门就应当审查申请人提供的材料是否能证明其符合《野生动物保护法》等法律、法规所规定的条件。

②审查申请材料反映的实质内容的真实性　对申请人提供的申请材料，林业行政许可实施机关应当核查其反映的情况是否真实。核查其真实性可以通过以下途径实现：由申请

人承诺声明所述情况真实,否则承担相应的不利法律后果或者予以制裁;用申请材料中反映的内容互相进行印证;用行政机关已经掌握的信息与申请材料的内容进行印证;请求其他行政机关协助核实有关申请材料反映内容的真实性;实地核查申请材料反映内容的真实性。对某些行政许可,林业行政许可实施机关必须实地核实申请材料反映的内容是否与实际情况一致。

(2)审查的方式

林业行政许可实施机关审查行政许可申请材料主要有以下几种方式:

①书面审查　书面审查是指林业行政许可实施机关审查申请人的书面申请材料反映的内容。这是审查林业行政许可申请材料最主要的方式。

②实地核查　根据法定条件和程序,需要对申请材料的实质内容进行核实的,林业行政主管部门应当指派两名以上工作人员进行核查,核查后制作调查笔录。调查笔录应经被调查人阅核后,由调查人和被调查人签名或者盖章;被调查人拒绝签名或者盖章的,由调查人在调查笔录上注明情况。林业行政主管部门工作人员实地核查有关材料,应当主动出示工作证件、表明身份。

③听取利害关系人意见　依照《行政许可法》规定,行政机关在对行政许可申请进行审查时,发现行政许可事项直接关系申请人以外的第三人重大利益以及重大公共利益的,林业行政许可实施机关在作出准予行政许可的决定前,应当告知利害关系人并听取其意见。

④其他审查方式　林业行政许可实施机关还可以通过当面询问、听证会、专家论证会等方式审查林业行政许可申请材料。

1.4　林业行政许可决定

(1)准予林业行政许可决定

林业行政许可实施机关对申请人提交的材料审查后,认为林业行政许可申请人的申请符合法定条件和标准的,林业行政许可实施机关应当在法定的期限内依法作出准予林业行政许可的决定。林业行政许可实施机关作出的准予行政许可决定,应当予以公开,公众有权查阅。

(2)不予林业行政许可决定

林业行政许可实施机关对申请人提交的材料审查后,认为林业行政许可申请人的申请不符合法定条件和标准的,林业行政许可实施机关应当依法作出不予林业行政许可的决定。

林业行政许可实施机关作出不予行政许可必须具备以下要素:作出不予行政许可的书面决定;说明不予行政许可的理由和依据;告知申请人申请行政复议、提起行政诉讼的权利。

2. 作出林业行政许可决定的期限

2.1　《行政许可法》规定的一般期限

(1)一般期限

除可以当场作出林业行政许可决定外,林业行政许可实施机关作出林业行政许可决定的一般期限为20日;林业行政许可依法由两个部门以上分别实施的,林业行政许可采用统一办理或联合办理、集中办理的,办理的时间不得超过45日。

林业行政许可实施机关作出林业行政许可决定的期限，从林业行政许可实施机关受理林业行政许可申请之日起计算；林业行政许可实施机关对申请人材料不齐全或者不符合法定形式，未依法履行告知义务的，从林业行政许可实施机关收到申请人提交的申请材料之日起计算；林业行政许可采取统一办理或者联合办理、集中办理的，从第一个行政机关受理林业行政许可申请起至最后一个林业行政机关作出林业行政许可决定止。实施行政许可的期限以工作日计算，不含法定节假日。

(2) 期限延长的规定

林业行政许可实施机关自受理林业行政许可申请之日起20日内不能作出决定的，经本行政机关负责人批准，可以延长10日。林业行政许可采取统一办理或者联合办理、集中办理，45日内不能办结的，经本级人民政府负责人批准，可以延长15日。期限的延长需有理由，林业行政许可实施机关应当将延长期限的理由告知申请人。

(3) 期限扣除的规定

林业行政许可实施机关作出行政许可决定期限中的除外事项，主要是依法需要听证、招标、拍卖、检验、检测、检疫、鉴定和专家评审的事项。这些活动所需时间不计算在林业行政许可实施机关作出行政许可决定的期限内。

2.2 法律、法规规定的其他期限

除《行政许可法》外，其他法律、法规对林业行政许可实施机关办理行政许可事项的期限另有规定的，林业行政许可实施机关应当执行该法律、法规的规定。省级地方政府规章和其他规范性文件不得规定长于20日的审查期限。

3. 林业行政许可证件的颁发、送达

(1) 林业行政许可证件的颁发

对需要颁发林业行政许可证件的，林业行政许可实施机关应当根据不同情况颁发相应的林业行政许可证件。

林业行政许可证件可以分为以下几类：①行为类许可证或者其他许可证书，如林木采伐许可证、国家重点保护野生植物采集证等；②资格类许可证或者其他合格证书，如主要林木良种的种子生产经营许可证等；③林业行政主管部门的批准文件或者证明文件，如临时占用林地审批等；④法律、法规规定的其他林业行政许可证件，如植物检疫证书等。

此外，林业行政主管部门实施检验、检测、检疫的，可以颁发检疫合格证件，也可以在检验、检测、检疫合格的设备、设施、产品、物品上加贴标签或者加盖检验、检测、检疫印章，不必颁发林业行政许可证件。

(2) 林业行政许可证件的送达

林业行政许可实施机关作出林业行政许可决定，必须自作出林业行政许可决定之日起10日内完成颁发、送达林业行政许可证件并加贴标签，加盖检验、检测、检疫印章。林业行政许可实施机关应当直接向被许可人颁发、送达林业行政许可证件；申请人指定了代理人的，也可以向代理人送达林业行政许可证件；直接送达有困难的，可以邮寄送达；受送达人下落不明或者用其他方式无法送达的，可以公告送达。

4. 林业行政许可的变更与延续

4.1 林业行政许可的变更

林业政许可的变更，是指被许可人在取得林业行政许可后，因其拟从事活动的部分内容超出准予林业行政许可决定或者林业行政许可证件规定的活动范围，而申请林业行政许可实施机关对原林业行政许可准予其从事的活动的相应内容予以改变。

变更许可是对被许可人已经取得的林业行政许可的内容进行变更，因此申请人应当在其取得的林业行政许可失效前提出，并且应当向作出准予林业行政许可的决定的林业行政许可实施机关提出申请。

对被许可人提出的变更林业行政许可的申请，林业行政许可实施机关应当依法进行审查。经审查，被许可人提出的申请符合法定条件、标准的，林业行政许可实施机关应当依法办理变更手续。

4.2 林业行政许可的延续

林业行政许可延续是指在林业行政许可的有效期届满后，延长林业行政许可的有效期限。对于需要延续林业行政许可的事项，被许可人才有必要提出延续林业行政许可的申请。没有有效期限的林业行政许可，不需要提出延续申请；对一次有效的林业行政许可不能申请延续。规定了有效期限的林业行政许可，有效期满后，被许可人拟继续从事依法需要取得林业行政许可的活动的，需要申请延续林业行政许可。

需要申请延续林业行政许可的，被许可人应当在林业行政许可有效期届满前 30 日向作出准予林业行政许可决定的林业行政许可实施机关提出延展林业行政许可的申请，法律、法规、规章对提出申请的期限另有规定的，依照其规定。

5. 林业行政许可的撤销与注销

5.1 林业行政许可的撤销

林业行政许可的撤销，是指林业行政主管部门按照依法行政、有错必纠的原则，纠正自己违法作出的林业行政许可决定的行政行为。

（1）可以撤销林业行政许可的情形

有以下情形之一的，作出林业行政许可决定的机关或者其上级林业行政主管部门，根据利害关系人的请求或者依据职权，可以撤销该林业行政许可：林业行政许可实施机关工作人员滥用职权、玩忽职守作出的准予林业行政许可决定；超越法定职权作出的准予林业行政许可决定；违反法定程序作出的准予林业行政许可决定；对不具备申请资格或者不符合法定条件的申请人准予林业行政许可；依法可以撤销的其他情形。

因林业行政许可实施机关的过错，违法许可被撤销后，造成被许可人合法权益损害的，根据信赖保护原则，林业行政主管部门应当依法予以赔偿。

（2）应当予以撤销林业行政许可的情形

被许可人以欺骗、贿赂等不正当手段取得林业行政许可的，应当予以撤销。撤销许可的责任应当由被许可人自负，被许可人基于行政许可取得的利益不受保护，林业行政主管部门不予赔偿。

(3) 是否撤销林业行政许可应当考虑的因素

撤销林业行政许可行为具有复杂性，需要林业行政主管部门结合具体情况、考虑相关因素后决定。林业行政主管部门是否撤销林业行政许可应当考虑的因素有：

①考虑撤销林业行政许可决定对相关各方利益的影响　撤销林业行政许可可能对公共利益造成重大危害的，不予撤销；撤销林业行政许可所维护的公共利益明显小于维持林业行政许可所保护的被许可人的利益及维护社会稳定的利益的，不予撤销；只有当撤销林业行政许可所保护的公共利益明显大于维持林业行政许可所体现的利益时，林业行政主管部门才可以撤销林业行政许可。

②考虑引起林业行政许可决定违法的原因　林业行政主管部门作出的林业行政许可决定违法，其原因是多样的。按照责任自负的原则，林业行政主管部门应当对其审查行为负责，而申请人应当对其申请材料、提供情况的真实性负责。对被许可人以欺骗、贿赂等不正当手段取得林业行政许可的，林业行政主管部门应当予以撤销；对因林业行政主管部门审查不严造成林业行政许可决定违法的，则要结合利益衡量原则决定是否撤销，而不应一律予以撤销。

③考虑林业行政许可决定违法的性质及程度　对程序违法不影响林业行政许可决定正确性的，如果通过事后补正能够纠正林业行政许可程序违法的，则没有必要撤销林业行政许可决定；如果申请人确实不符合条件，实体违法的，则有撤销林业行政许可的必要。

5.2　林业行政许可的注销

林业行政许可的注销，是指基于特定事实的出现，林业行政主管部门依据法定程序收回林业行政许可证件或者公告林业行政许可失去效力的行为。

(1) 注销林业行政许可适用的情形

注销林业行政许可的前提是出现了使林业行政许可失去效力的特定事实。应当注销林业行政许可的情形有：林业行政许可有效期届满未延续的；赋予公民特定资格的林业行政许可，该公民死亡或者丧失行为能力的；法人或者其他组织依法终止的；林业行政许可依法被撤销、撤回，或者林业行政许可证件依法被吊销的；因不可抗力导致林业行政许可事项无法实施的；法律、法规规定的应当注销林业行政许可的其他情形。

(2) 注销林业行政许可的有关规定

①依法办理注销林业行政许可的手续　出现依法应当注销林业行政许可的情形的，林业行政主管部门应当依法办理有关林业行政许可的注销手续，如收回颁发的林业行政许可证件；对找不到被许可人或者注销林业行政许可事项需要周知的，林业行政主管部门应当公告注销林业行政许可。

②注销林业行政许可应当作出书面决定　为了规范注销行政许可的行为和保护被许可人的合法权益，林业行政主管部门注销行政许可，应当作出书面决定，告知申请人注销林业行政许可的理由和依据。

6. 违反行政许可法规的法律责任

6.1　行政机关违法设定林业行政许可的法律责任

违法设定林业行政许可，是指除法律、行政法规、地方性法规、省级地方政府规章以及国务院决定之外的其他规范性文件设定林业行政许可。行政机关违反《行政许可法》的规定设定林业行政许可的，依照《行政许可法》第71条规定，有关机关应当责令设定该林业行政许可的机关改正，或者依法予以撤销。

6.2 林业行政许可实施机关违法实施行政许可的法律责任

(1) 违反法定程序实施林业行政许可的法律责任

林业行政许可实施机关及其工作人员违反《行政许可法》的规定，违反法定的程序实施林业行政许可，有下列情形之一的，依照《行政许可法》第72条规定，由其上级行政机关或者监察机关责令改正；情节严重的，对直接负责的主管人员和其他直接责任人员依法给予行政处分：对符合法定条件的林业行政许可申请不予受理的；不在办公场所公示依法应当公示的材料的；在受理、审查和决定林业行政许可过程中，未向申请人、利害关系人履行法定告知义务的；申请人提交的申请材料不齐全、不符合法定形式，不一次告知申请人必须补正的全部内容的；未依法说明不受理林业行政许可申请或者不予林业行政许可的理由和依据的；依法应当举行听证而不举行听证的。

(2) 违反法定条件实施林业行政许可的法律责任

林业行政许可实施机关及其工作人员违反法定条件实施林业行政许可，有下列情形之一的，依照《行政许可法》第74条规定，由其上级行政机关或者监察机关责令改正，对直接负责的主管人员和其他直接责任人员依法给予行政处分；致使公共财产、国家和人民利益遭受重大损失的，构成滥用职权罪或者玩忽职守罪，由司法机关依法追究刑事责任

(3) 林业行政许可实施机关工作人员索取或者收受他人财物的法律责任

林业行政许可实施机关工作人员办理林业行政许可、实施监督检查，索取或者收受他人财物或者谋取其他利益，尚不构成犯罪的，依照《行政许可法》第73条规定，应当给予行政处分；林业行政许可实施机关及其工作人员在办理林业行政许可、实施监督检查时，索要、收取他人财物或者谋取其他利益，情节严重的，构成受贿罪，由司法机关依法追究刑事责任。

(4) 实施林业行政许可违法收费的法律责任

违反《行政许可法》的规定，林业行政许可实施机关实施林业行政许可擅自收费或者不按照法定项目和标准收费的，依照《行政许可法》第75条第1款规定，由其上级行政机关或者监察机关责令退还非法收取的费用；对直接负责的主管人员和其他直接责任人员依法给予行政处分。

林业行政许可实施机关及其工作人员截留、挪用、私分或者变相私分实施林业行政许可依法收取的费用的，依照《行政许可法》第75条第2款规定，由财政部门或者其他有关部门予以追缴，并上缴库；对直接负责的主管人员和其他直接责任人员依法给予行政处分；截留、挪用林业行政许可收取的费用，情节严重的，构成挪用公款罪，依法追究刑事责任；私分或者变相私分林业行政许可收取的费用，数额较大的，构成贪污罪，由司法机关依法追究刑事责任。

(5) 违法实施林业行政许可给当事人的合法权益造成损害的法律责任

林业行政许可实施机关违法实施林业行政许可，给当事人的合法权益造成损害的，依照《行政许可法》第76条规定，林业行政主管部门应当依照《国家赔偿法》的规定给予赔偿。

(6)行政机关不依法履行监督职责或者监督不力的法律责任

违反《行政许可法》的规定，林业行政主管部门不依法履行监督职责或者监督不力，造成严重后果的，依照《行政许可法》第77条规定，由其上级行政机关或者监察机关责令改正，对直接负责的主管人员和其他直接责任人员给予行政处分；构成滥用职权罪或者玩忽职守罪的，由司法机关依法追究刑事责任。

7. 公民、法人或者其他组织违反行政许可法规的法律责任

(1)申请人隐瞒有关情况或者提供虚假材料申请林业行政许可的法律责任

申请人隐瞒有关情况或者提供虚假材料申请林业行政许可的，依照《行政许可法》第78条规定，林业行政许可实施机关不予受理或者不予行政许可，并给予警告；林业行政许可申请属于直接关系公共安全、人身健康、生命财产安全事项的，申请人在1年内不得再次申请该林业行政许可。

(2)被许可人以欺骗、贿赂等不正当手段取得林业行政许可的法律责任

被许可人以欺骗、贿赂等不正当手段取得林业行政许可的，依照《行政许可法》第79条规定，林业行政主管部门应当依法给予行政处罚；取得的行政许可属于直接关系公共安全、人身健康、生命财产安全事项的，申请人在3年内不得再次申请该行政许可；构成犯罪的，由司法机关依法追究刑事责任。

(3)被许可人违法从事林业行政许可活动的法律责任

依照《行政许可法》第80条规定，被许可人有以下违法从事林业行政许可活动的，林业行政主管部门应当依法给予行政处罚；构成犯罪的，依法追究刑事责任：涂改、倒卖、出租、出借林业行政许可证件，或者以其他形式非法转让林业行政许可证件的；超越林业行政许可范围进行活动的；向负责监督检查的行政机关隐瞒有关情况、提供虚假材料或者拒绝提供反映其活动情况的真实材料的；法律、法规、规章规定的其他违法行为。

(4)擅自从事依法应当取得林业行政许可的活动的法律责任

公民、法人或者其他组织未经林业行政许可实施机关准予行政许可，擅自从事依法应当取得林业行政许可的活动的，依照《行政许可法》第81条规定，林业行政主管部门应当依法采取措施予以制止，并依法给予行政处罚；构成犯罪的，由司法机关依法追究刑事责任。

任务3　模拟演练——巩固实践

【案件信息】

1996年10月28日，李某与鲜新村签订了一份《森林土地承包合同书》，该村将其位于兴凯西北沟的10公顷林地承包给了李某。1998年2月2日，甲市人民政府为李某颁发了林权证，林权证中标明造林面积为10公顷，树种为落叶松，并标明了四至界限。2010年6月20日，李某向甲市林业局申请采伐许可证，要求对其承包的5公顷落叶松用材林进行抚育采伐，并提交了申请报告及相关材料，但甲市林业局对李某的申请迟迟未作答复。

2010年10月15日，李某以甲市林业局为被告向法院提起行政诉讼，要求法院判令被

告为其颁发林木采伐许可证。甲市人民法院审理认为，被告甲市林业局具有依法履行核发林木采伐行政许可的法定职责，原告向被告提交了申请报告、林权证等材料，要求对其所有的林木颁发采伐许可证，被告作为林业行政主管部门，对原告的申请应依法进行审核，并对符合条件的申请人核发林木采伐许可证。被告称原告的林地与他人存在争议，但未提供证据证实，被告的主张依法不能成立。故判决责令被告于判决生效后 60 日内依法履行行政许可的法定职责。

一、实训内容

1. 甲市林业局收到李某的林木采伐申请材料应如何处理。
2. 行政许可法对行政许可决定期限的规定。
3. 案件中违法主体应当如何承担责任。

二、实训目的

通过本实训，进一步提高学生们对《森林病虫害防治条例》《植物检疫条例》这类关于植物检疫的相关法律法规掌握与运用的熟练程度，明确植物检疫机构的施检范围，使学生能够找出违法行为人违法行为的构成要件，并对其违法行为进行正确定性，以更好地服务于林业行政许可工作。

三、实训准备与要求

查阅相关资料，明确本案件的相关法律法规条款，明确擅自调运应施检疫森林植物及产品违法行为的构成要件，能够运用相关理论知识对背景材料进行案件处理、归纳总结及分析。

四、实训方法及步骤

第一步，实训前准备。5~6 人分为一个小组，要求参加实训的同学，课前查阅相关资料及书籍，找出与案件相关的法律法规，并组织学生们课前根据案情编排短剧，有条件及相关资源的同学可以就该案件深入林业行政执法机构进行访问调查。

第二步，短剧表演，其他小组同学观看短剧。

第三步，以小组为单位进行案情讨论，各小组发表案件处理意见。

第四步，指导教师对各种观点进行点评，归纳、总结和分析，并对要点、易错点进行提炼。

第五步，整理实训报告，完善案件处理方案。

五、实训时间

以 1~2 学时为宜。

六、实训作业

案件处理完毕后，要求每名同学必须撰写实训报告，实训报告要求语言流畅、文字简练，有理有据，层次清晰。实训报告样式详见附录附表 1。

七、实训成绩评定标准

1. 实训成绩评定打分

本实训项目的考核成绩满分 100 分，占总项目考核成绩的 3%。

2. 实训成绩给分点

(1) 学生对于林业行政许可的监督和责任制度的知识点掌握情况。(20 分)

(2) 各组成员的团队协作意识及完成任务情况。(20 分)

(3) 出勤率、迟到早退现象。(10 分)

(4)组员对待工作任务的态度(实训结束后座椅的摆放和室内卫生的打扫)。(10分)

(5)实训的准备、实训过程的记录。(20分)

(6)实训报告的完成情况,文字结构流畅,语言组织合理,法律法规引用正确。(20分)本项目考核评价单,详见附录附表4。

综合能力训练

(一)名词解释

林业行政许可　救济原则　信赖保护原则　林业行政许可实施程序　林业行政许可的变更　林业行政许可的延续　林业行政许可的撤销　林业行政许可的注销

(二)单项选择题

1. 林业行政许可申请人、利害关系人要求听证的,应当在收到听证告知书之日起(　　)内以书面形式提出听证申请。

A. 5日　　　　　B. 7日　　　　　C. 10日　　　　　D. 15日

2. 被许可人以欺骗、贿赂等不正当手段取得林业行政许可的,依照《行政许可法》第79条规定,林业行政主管部门应当依法给予行政处罚;取得的行政许可属于直接关系公共安全、人身健康、生命财产安全事项的,申请人在(　　)年内不得再次申请该行政许可。

A. 1年　　　　　B. 2年　　　　　C. 3年　　　　　D. 5年

3. 实施林业行政许可必须遵循合法原则,是指(　　)

A. 实施林业行政许可的主体及权限应当合法

B. 实施林业行政许可应当符合《行政许可法》和其他相关法律、法规和规章规定的条件

C. 实施林业行政许可应当依照《行政许可法》和其他法律、法规和规章规定的程序

D. 以上都选

4. 可以不设林业行政许可的情形有(　　)。

A. 公民、法人或者其他组织能够自主决定的事项

B. 通过市场竞争机制能够有效调节的事项

C. 行业组织或者中介机构能够自行管理的事项

D. 林业行政主管部门采用事后监督等其他行政管理方式能够解决的事项

E. 以上都选

5. 地方性法规在设定行政许可和省级地方人民政府规章在设定临时性行政许可时受到以下限制(　　)

A. 不得设定应当由国家统一确定的公民、法人或者其他组织的资格、资质的林业行政许可

B. 不得设定企业或者其他组织的设立登记及其前置性林业行政许可

C. 不得限制其他地区的个人或者企业到本地区开展生产经营活动或者限制其他地区的商品进入本地区市场

D. 以上都选

6. 林业行政主管部门在其法定职权范围内，依照法律、法规、规章的规定，可以委托其他( )实施林业行政许可。

A 行政机关　　　　B. 事业组织　　　　C. 国有企业单位　　　　D. 以上都选

7. 除可以当场作出林业行政许可决定外，林业行政许可实施机关作出林业行政许可决定的一般期限为( )。

A. 15 日　　　　B. 20 日　　　　C. 30 日　　　　D. 45 日

8. 林业行政许可依法由两个部门以上分别实施的，林业行政许可采用统一办理或联合办理、集中办理的，办理的时间不得超过( )。

A. 30 日　　　　B. 40 日　　　　C. 45 日　　　　D. 60 日

9. 林业行政许可实施机关自受理林业行政许可申请之日起 20 日内不能作出决定的，经本行政机关负责人批准，可以延长( )。

A. 7 日　　　　B. 10 日　　　　C. 15 日　　　　D. 20 日

10. 林业行政许可采取统一办理或者联合办理、集中办理，45 日不能办结的，经本级人民政府负责人批准，可以延长( )。

A. 7 日　　　　B. 10 日　　　　C. 15 日　　　　D. 20 日

(三) **多项选择题**

1. 设定林业行政许可必须遵循( )原则。

A. 合法原则　　　　　　　　　　B. 公开、公平、公正原则
C. 便民原则　　　　　　　　　　D. 救济原则
E. 信赖保护原则

2. 可以不设定林业行政许可的情形是( )。

A. 公民、法人或者其他组织能够自主决定的事项
B. 通过市场竞争机制能够有效调节的事项
C. 行业组织或者中介机构能够自行管理的事项
D. 采用事后监督等其他行政管理方式能够解决的事项

3. 作为林业行政许可实施主体的林业行政主管部门，主要包括三个层次，分别是( )。

A. 国务院林业行政主管部门
B. 省级人民政府林业行政主管部门
C. 县级和设区的市、自治州人民政府林业行政主管部门
D. 社区林业行政主管部门

4. 林业行政许可审查的方式有( )。

A. 书面审查　　　　　　　　　　B. 实地审查
C. 听取利害关系人意见　　　　　D. 其他审查方式

(四) **判断题**(对的打"√"，错的打"×")

1. 如果有关法律、法规规定林业行政许可以转让的，被许可人可以按照法定的条件、程序依法转让。( )

2. 国务院林业行政主管部门制定的部门规章可以设定林业行政许可。( )

3. 公民、法人或者其他组织可以向林业行政许可的设定机关和实施机关就林业行政许可的设定和实施提出意见和建议。（　　）

4. 法律、法规和规章可以授权具有管理公共事务职能的组织，在授权范围内以自己的名义实施行政许可。（　　）

5. 法律、法规可以对行政许可决定作出长于 20 日的审查期限规定，省级地方政府规章和其他规范性文件不得长于 20 日的审查期限。（　　）

（五）简答题

1. 什么是林业行政许可？林业行政许可有哪些特征？
2. 设定和实施林业行政许可应当遵循哪些原则？
3. 林业行政许可的实施主体有哪些？
4. 违反法定程序实施林业行政许可的情形主要有哪些？分别应承担什么法律责任？
5. 被许可人违法从事林业行政许可活动主要有哪些情形？应当承担什么法律责任？

（六）案例分析题

某市市政工程公司在对国道 206 线拓宽改造时，需采伐护路林，向某省交通厅申请采伐许可证。省交通厅经审查后向其核发了护路林采伐许可证。市政工程公司在采伐护路林时，被该市林业局执法人员以违反《森林法》，未经林业行政主管部门批准采伐为由，对其处以罚款 2 万元，并责令其恢复植被。市政工程公司不服，向法院起诉，要求市林业局撤销其行政处罚决定。回答下列问题：

(1) 公路护路林的采伐许可权依法应由什么行政机关实施？依据是什么？
(2) 市政工程公司采伐公路护路林依法应向哪个行政机关申请采伐许可证？
(3) 你认为法院应如何处理？

项目三 林业行政处罚

【项目描述】

　　林业行政处罚是林业行政执法种类之一,是林业行政主管部门等执法主体针对违反现行法律规定,侵害我国所保护的社会关系,尚未构成犯罪的违法者而进行的惩戒性的行政制裁。我国幅员辽阔,自然环境复杂多样,森林资源种类繁多,但随之而来的破坏森林资源及野生动植物资源的违法犯罪行为仍屡见不鲜,日益猖獗,不容忽视。根据各类林业违法案件发生原因的分析,主要集中于以非法牟利为目的、法律意识淡薄等原因。为了让更多林业执法者、相对人及森林经营单位知法、懂法、守法,并会利用法律的武器保护国家、集体、个人的合法权益,故设定本项目的学习,同时也警示林业从业者及更广大的学习者在工作岗位中、社会行为中、市场经营活动中要遵守法律法规等规章制度,不得触碰法律的底线。

　　本项目包含三个子项目,分别是林业行政处罚概述、林业行政处罚证据及林业行政处罚的执行,让学习者掌握我国林业行政处罚的含义、特征、原则、实施主体、实施程序等基础知识,并在此基础上能够掌握林业行政处罚的证据、执行、案件处理流程及文书的制作与填写等业务知识。

【学习目标】

——知识目标

1. 掌握林业行政处罚的概念、特征、原则和林业行政强制执行的方式。
2. 掌握林业行政处罚证据的种类、特征,证据的收集、制作和运用及证据的证明力。
3. 掌握林业行政处罚的种类、实施主体、实施条件、管辖类型。
4. 掌握林业行政处罚的简易程序、一般程序、听证程序。

——能力目标

5. 能根据案情拟定案件处理报告。
6. 能根据案情找出与林业行政处罚相关的法律法规。
7. 会制作和填写林业行政处罚的相关文书。

——素质目标

8. 提升学生们的案件分析能力及违法点的查找能力。
9. 提升学生们对林业行政处罚法律制度的认知能力。
10. 提升学生们之间的团结协作能力和自主学习能力。

子项目一 林业行政处罚概述

任务1 案例导入与分析

【案件导入】

2005年5月的一个星期天,A县林业局办公室值班人员王某接到一个匿名举报电话称:某村村民赵某及其13岁的儿子在A县林场5分区盗伐大约30余株树木,县林业局值班人员对举报内容作了录音。因周日该局其他工作人员休息,王某即叫上本局值班司机刘某(工人,未取得行政执法证)前往案发地勘察调查,但情急之中未向分管局长汇报。王某和刘某在采伐现场查明被盗伐树木新伐桩20个,随即又找到赵某对其进行询问,但未做笔录。赵某承认和其儿子盗伐县林场15株树木,藏在自家后院柴草堆中。

王某和刘某合计后,口头决定没收赵某盗伐的木材,并对赵某及其儿子没收罚款2 000元。并当场对赵某称:不接受处理就移送县森林公安分局逮捕、判刑。赵某为免牢狱之灾,当场交给王某4 000元罚款。王某和刘某雇车拉走了该木材,但没有出具任何手续。事后,县林业局查明赵某盗伐县林场林木计5立方米,并让林政资源机构补办了处罚的有关手续、材料,但未将该案移送公安机关。

【问题】

1. 本案中A县林业局及其工作人员在查处赵某及其儿子盗伐林木过程中,有哪些违法行为?

2. 本案依法应如何处理?

【案件评析】

1. 司机刘某执法资格不合法

刘某系A县林业局的司机,不具有公务员身份,也未取得行政执法证。刘某参加执法活动,一是违反了《林业行政执法证件管理办法》关于在林业行政执法活动中,应当持有并按规定出示《林业行政执法证》的规定;二是违反了《林业行政处罚程序规定》关于调查处理林业行政处罚案件不得少于2人的规定。本案具有执法资格的执法人员仅王某1人。

2. 执法程序上存在多处违法行为

(1)执法人员王某未履行先登记、报批立案,后进行案件调查的执法程序,违反了《林业行政处罚程序规定》第24条关于"凡发现或者接到举报……应当填写《林业行政处罚登记表》,报行政负责人审批"的规定。适用当场处罚程序处理本案错误。

(2)本案明显不属于适用简易程序处理的林业行政处罚案件,而执法人员却适用了当场处罚程序。

(3)王某勘查案发现场,未依法制作现场勘验、检查笔录,违反了《林业行政处罚程序规定》第29条"勘验、检查应当制作《林业行政处罚勘验、检查笔录》"的规定。询问行为人赵某未出示执法证件和制作询问笔录,违反了《林业行政执法证件管理办法》第3条和《林业行政处罚程序规定》第28条关于"林业行政执法人员必须亮明身份、应当依法制作询问笔录"的规定。

（4）未依法责令赵某补种林木并赔偿县林场林木损失，违反了《森林法》第 76 条"盗伐林木的，由县级以上人民政府林业主管部门责令限期在原地或者异地补种盗伐株数 1 倍以上 5 倍以下的树木，并处盗伐林木价值 5 倍以上 10 倍以下的罚款"。

（5）未制作任何行政处罚文书收缴 4 000 元罚款，未出具法定罚没票据，分别违反了《林业行政处罚程序规定》第 31 条、第 40 条规定的作出林业行政处罚决定的程序，以及决定罚款和收缴罚款相分离的制度。

（6）案件执行后补办案件材料的行为，违反了先裁决后处罚的执法原则和程序。

（7）对涉嫌犯罪的案件，未依法移送公安机关处理。本案行为人赵某盗伐县林场 5 立方米木材，已涉嫌盗伐林木罪。A 县林业局未移送本县公安机关处理，以行政处罚代替刑事处罚，违反了《行政处罚法》第 8 条以及《行政执法机关移送涉嫌犯罪案件的规定》的规定。

3. 适用法律存在明显错误

（1）对赵某未满 14 周岁的儿子罚款 2 000 元，不符合《行政处罚法》第 30 条关于"不满十四周岁的人有违法行为的，不予行政处罚"的规定。

（2）未依法责令赵某赔偿县林场林木损失，违反了《森林法》第 76 条"盗伐森林或者其他林木，依法赔偿损失"的规定。

4. 案件事实调查不清

本案案发现场遗留 20 个被伐树木的新伐桩，但执法机关仅查明了 15 株树木系赵某所为。其余 5 个被伐树木的伐桩尚未查明违法行为人。

任务 2　相关资讯

1. 林业行政处罚基本知识

1.1　林业行政处罚的概念及特征

林业行政处罚是指县级以上林业主管部门、法律法规授权的组织，对违反林业行政管理秩序，尚未构成犯罪的公民、法人或者其他组织依法实施的一种行政制裁。

《行政处罚法》于 1996 年 3 月 17 日第八届全国人民代表大会第四次会议通过，自 1996 年 10 月 1 日起施行。后由中华人民共和国第十三届全国人民代表大会常务委员会第二十五次会议于 2021 年 1 月 22 日修订通过，自 2021 年 7 月 15 日起施行。

林业行政处罚具有以下基本特征。

（1）主体法定性

实施林业行政处罚的主体是县级以上林业主管部门、法律、法规授权的组织以及县级以上林业主管部门依法委托的组织（如森林公安机关、森林植物检疫机构、自然保护区管理机构等）。除此之外，其他任何单位和个人不拥有林业行政处罚权。

（2）对象特定性

林业行政处罚的对象，是指违反了林业行政管理秩序，而尚未构成犯罪的公民、法人或者其他组织。公民包括中国公民、外国公民和无国籍人；法人包括企业法人、机关法人、事业单位法人和社会团体法人等；其他组织包括基层群众自治组织，不具有法人资格的法人分支机构、经济实体及外国组织等。

（3）性质惩戒制裁性

林业行政处罚的性质是一种惩戒制裁性的具体行政行为。惩戒制裁性包括对管理相对人的权益予以限制（如暂扣许可证）、剥夺（如吊销许可证、没收财物等）或科以新的义务（如罚款等）。这一特征使林业行政处罚既区别于行政处分、刑事制裁和民事制裁，又区别于授益性的行政奖励行为和赋权性的行政许可行为。

（4）行为要式性

林业行政处罚是一种要式行政法律行为。实施林业行政处罚必须具备法律要求的特定形式并履行一定的法定程序才能有效。如对违反林业行政管理秩序的相对人作出处罚决定，必须制作统一格式的行政处罚决定书，处以罚款和没收财物必须使用法定部门制发的罚没票据等，否则，该处罚行为依法不成立和无效。

1.2 林业行政处罚的基本原则

林业行政处罚的基本原则是指对林业行政处罚的设定和实施具有普遍指导意义的准则。依照《行政处罚法》和《林业行政处罚程序规定》的有关规定，林业行政处罚应遵循以下原则。

（1）合法性原则

合法性原则是指作出林业行政处罚的主体合法、权限合法、内容合法、程序合法、形式合法等。一切行政处罚活动都必须有法律依据，并且严格按照法律、法规、规章等规范性文件规定的程序进行，即做到"实体合法"与"程序合法"，二者同时兼备，缺一不可。

（2）合理性原则

合理性原则是指在合法的基础上，行政主体行使行政自由裁量权必须控制在合理的限度内。实施行政处罚的形式、幅度应当与违法行为人的违法行为的事实、性质、情节及社会危害度相当，不可畸轻畸重。如林业行政主管部门对案件处理过程中滥用行政自由裁量权或不区别具体案情，不考虑相关因素，一律从轻或从重处罚的做法，均违背了合理性原则。

（3）公正、公开、及时原则

设定和实施行政处罚必须以事实为依据，与违法行为的事实、性质、情节以及社会危害程度相当。对违法行为给予行政处罚的规定必须公布；未经公布的，不得作为行政处罚的依据；查处林业行政处罚案件必须遵守法定时限，必须在法定期限内办结，不得久拖不决。

（4）教育与处罚相结合原则

实施林业行政处罚，纠正林业违法行为，应当坚持处罚与教育相结合原则，教育应贯穿于林业行政处罚的全过程，处罚少数，教育多数，教育为主，处罚为辅，区别对待。不得以行政处罚作为执法目的，不得不教而罚、一罚了之，而应通过行政处罚这一手段达到教育违法行为人，使人民群众知法和守法。

（5）处罚救济原则

该原则是指公民、法人或者其他组织因实体法、程序法上的权利受到损害，有权请求法律救济。相对人获得法律救济的途径有：申请行政复议、提起行政诉讼等；其法定权利主要包括：知情权、陈述权、申辩权、要求听证权、申请行政复议权、提起行政诉讼权、控告权、获得行政赔偿权等。

(6) 一事不再罚原则

一事不再罚源于《行政处罚法》，是指对违法当事人的同一个违法行为，不得以同一事实和同一理由给予两次以上的罚款处罚。对行为人的一个违法行为，同时违反了不同的法律规范，应当根据不同的法律规范分别予以处罚。但如果是罚款，则只能处罚一次；另一次处罚可以依法是其他种类的行政处罚，如吊销许可证、责令停产停业，也可以是没收财物等，就是不能再罚款。

1.3 林业行政处罚的种类和实施主体

1.3.1 林业行政处罚种类

(1) 声誉罚

声誉罚，又称申诫罚、精神罚，是指行政主体对违法行为人予以谴责和告诫，使其名誉、荣誉、信誉或其精神上的利益受到一定损害的处罚措施，属于较轻微的行政处罚，如警告、通报批评，一般适用于情节轻微或者实际危害程度不大的违法行为。

(2) 财产罚

财产罚是指林业行政处罚主体对违法者的财产权予以剥夺或课以财产给付义务的处罚形式。财产罚的具体形式主要有罚款、没收财物（没收违法所得、没收非法财物）、加收滞纳金、承担相关费用等，这里主要介绍罚款和没收财物。

①罚款　是违法者承担金钱给付义务的处罚形式。林业行政执法主体对行政违法行为人强制收取一定数量金钱，剥夺一定财产权利的制裁方法，适用于对多种行政违法行为的制裁。它是行政处罚中适用范围较为广泛的一种处罚形式。罚款只能由法律、行政法规、地方性法规和行政规章设定，但部门规章和地方政府规章设定的罚款限额，依法分别受到国务院和省级人民代表大会常务委员会规定的限制。

罚款不同于罚金。罚金是刑罚的一种附加刑。罚款与罚金在法律依据、法律性质、适用机关、适用对象和目的等方面均不相同。

②没收财物　是指林业行政主体对违法所得和非法财物（违禁品、赃款、赃物、非法使用的工具等）强制收归国有的处罚方法。如《陆生野生动物保护实施条例》第33条规定，对非法捕杀国家重点保护的野生动物其情节轻微危害不大的，或者犯罪情节轻微不需要判处刑罚的，由野生动物行政主管部门没收猎获物、猎捕工具和违法所得。

没收财物不同于刑罚中的没收财产。后者是刑罚的一种附加刑，它是以人民法院生效判决为执行依据，把犯罪分子个人合法的所有财产的一部分或全部无偿收归国有，两者在法律性质、适用对象和适用范围等方面均不相同。

(3) 行为罚

也称能力罚，是林业行政处罚主体限制或剥夺违法行为人特定的行为能力或资格的一种处罚。限制或剥夺违法行为人某一方面的行为能力或资格，实质上是限制或剥夺了违法行为人从事某一方面活动的权利。行为罚的主要形式有责令停产停业、暂扣或吊销许可证和执照等。

①限制开展生产经营活动、责令停产停业、责令关闭、限制从业　是指林业行政主体依法强制违法者在一定期限内停止或限制生产经营活动的处罚形式。

②暂扣许可证件、降低资质等级、吊销许可证件　暂扣许可证和吊销许可证的严厉程度不同。暂扣许可证和执照是暂时中止相对人从事某种活动的资格，待其改正违法行为或经过整顿符合有关规定后，再返还许可证和执照；吊销许可证和执照则是取消相对人从事某种活动的法定资格或权利。

(4) 人身自由罚

人身自由罚，即在一定期限内对违法行为人的人身自由进行限制或剥夺的行政处罚措施，如行政拘留。在林业行政主体中，除了森林公安机关依法拥有行政拘留的处罚权外，其他行政主体不拥有行政拘留权。行政拘留的期限为1日以上15日以下。行为人有两种以上违反治安管理行为的，依法分别决定，合并执行。但行政拘留处罚合并执行的，最长不超过20日。

依照《治安管理处罚法》第21条规定，对违反治安管理行为人有下列情形之一的，依法应当给予行政拘留处罚的，不执行行政拘留处罚：①已满14周岁不满16周岁的；②已满16周岁不满18周岁，初次违反治安管理的；③70周岁以上的；④怀孕或者哺乳自己不满1周岁婴儿的。

行政拘留又称治安拘留，它与刑事拘留、司法拘留在法律性质、法律依据、适用对象、适用目的、适用机关以及拘留期限等方面均不相同，见表3.1。

表3.1　行政拘留、刑事拘留、司法拘留的比较

区别	刑事拘留	司法拘留	行政拘留
法律性质	保障刑事诉讼顺利进行的强制措施，本身不具有惩罚性	是对妨害民事诉讼行为人采取具有惩罚性质的措施	对违反治安管理处罚法的人采取的，具有处罚性质
法律依据	《刑事诉讼法》	《民事诉讼法》	《治安管理处罚法》《行政处罚法》等行政法规
适用对象	触犯刑法的现行犯或者重大犯罪嫌疑分子	实施了妨害民事诉讼行为的人，包括民事诉讼参与人和案外人	违反治安管理处罚法，尚未构成犯罪的违法者
适用目的	防止犯罪嫌疑人逃跑、自杀或者继续危害社会，保证刑事诉讼的顺利进行	保障民事诉讼的顺利进行	惩罚一般的行政违法者
适用机关	公安机关、人民检察院决定。公安机关执行	人民法院决定，司法警察执行，交公安机关有关场所看管	公安机关
拘留期限	一般案件的最长期限为14日，对流窜作案、多次作案、结伙作案的重大嫌疑分子的最长拘留期限为37日	15日以下	15日，多个处罚合并执行不超过20日

据统计，我国现行法律中规定的行政处罚有30多种，行政法规中规定的行政处罚有70余种，而地方性法规和规章的行政处罚种类则更多。在一些林业法律法规中，还规定了对相对人科以某种义务，如责令限期更新造林、责令限期除治森林病虫害、责令恢复植被等法律措施。这类规定属于林业行政强制措施，而不属于林业行政处罚范畴。此外，对于行政处罚、执行罚、刑罚及行政处分一定要区分开，见表3.2。

表 3.2 行政处罚、执行罚、刑罚、行政处分的比较

区别	行政处罚	执行罚	刑罚	行政处分
法律性质	以林业行政管理尚未构成犯罪的相对方违法行为为前提的事后制裁	督促林业行政管理相对方履行尚未履行的法定义务	是人民法院对需要追究刑事责任的犯罪分子依法适用的强制方法	行政机关工作人员因违纪、失职或轻微违法而由其所属行政机关或检察机关依职权对其作出的行政制裁
法律依据	《行政处罚法》《林业行政处罚程序规定》	《行政强制法》	《刑事诉讼法》《刑法》	《公务员法》《行政机关公务员条例》
适用对象	违反行政处罚法,尚未构成犯罪的违法者	行政处罚后,未履行法定义务的林业行政管理相对人	触犯刑法的现行犯或者重大犯罪嫌疑分子	因违纪、失职或轻微违法的行政机关工作人员
制裁机关	林业行政主管部门或法律、法规授权的组织	行政机关、人民法院	公安机关、人民法院、人民检察院决定。公安机关执行	当事人所属的行政机关或监察机关

1.3.2 林业行政处罚的实施主体

林业行政处罚的实施主体,又称实施行政处罚主体,是指依法拥有或合法取得实施林业行政处罚权的行政主体或受委托组织。根据当前我国林业行政机构设置的现状,有权实施林业行政处罚权的主体主要有县级以上林业行政主管部门、法律法规授权组织和依法受委托的组织。

(1)行政机关

行政机关是指国家为行使其行政管理职能,实现其行政目标和任务而依法设置的承担不同行政管理权的国家机关。一般而言,不同行政机关行使着不同的行政管理职权,但拥有行政管理权并不意味着自然拥有林业行政处罚权。行政机关要取得林业行政处罚权并实施行政处罚的主体资格,必须有法律规范的明确赋权。

(2)法律法规授权组织

法律法规授权组织,是指法律、法规授权其行使一定的行政管理权的国家机关或其他组织。行政授权是一项特定的国家权力,其实质是使被授权的组织取得被授权范围内的行政主体资格,能够以自己的名义实施一定范围的行政管理权,并独立承担相应的行政责任,如各级森林公安局(分局)、森林警察(公安)大队,森林植物检疫机构,自然保护区管理机构等。

(3)受委托组织

受委托组织是指根据行政机关依法委托的,具有管理公共事务的非行政主体的组织。行政机关可以依照法律、法规和规章的规定,将自己拥有的一定的行政处罚权委托给具有管理公共事务职能的事业组织行使。依照《行政处罚法》的规定,委托必须符合以下条件。

①委托必须具有法律、法规和规章依据即当法律、法规和行政规章规定可以进行委托处罚时,行政机关方可以委托处罚。没有法律、法规和规章的规定,行政机关不得自行委托。

②行政机关必须在自己的法定权限内进行委托即行政机关在委托处罚时,必须是自己拥有实施某项行政处罚的权力。

③受委托组织必须是依法成立的且具有管理公共事务职能,不能是行政机关,也不能

是企业单位,更不能是个人;具有熟悉有关法律、法规、规章和业务并具有行政执法资格的人员;对违法行为需要进行技术检查或者技术鉴定的,应当有条件组织进行相应的技术检查或者技术鉴定。

行政委托与行政授权是不同的。行政授权中被授予的权力,来源于法律法规的赋权,而受委托组织的行政处罚实施权,来源于行政主体的依法委托行为。林业执法实践中,林业主管部门、森林公安机关委托归属其管理的林业工作站、林业派出所等非行政主体实施一定范围的行政处罚权,属于行政委托而非行政授权。

1.4 实施林业行政处罚的条件

实施林业行政处罚的条件,是指实施林业行政处罚的主体实施林业行政处罚必须具备的法定条件。它是衡量林业行政处罚是否合法的重要标准之一。

从构成行政法律责任的要件上看,相对人违反林业法规行为的成立并应给予行政处罚,必须同时具备以下4个要件:相对人负有法定义务;相对人具有不履行法定义务的事实;行为人具有行政责任能力;行为人主观上有过错。

依照《行政处罚法》《林业行政处罚程序规定》等有关规定,实施林业行政处罚必须同时具备以下法定条件:

(1)实施林业行政处罚的主体资格合法

实施林业行政处罚的主体,必须是县级以上林业主管部门,法律、法规授权的组织以及县级以上林业主管部门依法委托的组织。这里的"法规"是指行政法规和地方性法规,这里的"依法委托"是指依照法律、法规和规章的委托。

受委托的组织在实施林业行政处罚时,必须持有委托机关的书面委托书,并以委托机关的名义在委托的范围内实施处罚行为。受委托的组织依法不得再委托其他组织或个人实施处罚行为。委托机关对被委托组织负有监督职责。

省、自治区、直辖市根据当地实际情况,可以决定将基层管理迫切需要的县级人民政府部门的行政处罚权交由能够有效承接的乡镇人民政府、街道办事处行使,并定期组织评估。决定应当公布。

(2)被处罚人的具体违法事实已查证属实

这一条件有以下两层含义:一是违法行为人明确。违法行为人是指实施了违反林业行政管理秩序的公民、法人或其他组织。违法行为人必须是特定的,即明白准确。二是认定违法行为人违法活动的证据充分确实,主要事实清楚。证据充分,是对证据量的方面要求,对违法行为人实施违法活动的具体时间、地点、方式方法、使用工具、后果等主要事实都有相应的证据逐一证明;证据确实,是对证据质的方面要求,必须达到据以认定违法活动的单个证据真实可靠,全案证据之间相互印证、协调一致,得出的结论具有唯一性和排他性。

(3)法律、法规和规章规定应当给予林业行政处罚

对违法行为人实施处罚,必须有具体的法律、法规和规章的法定依据。法无明文规定不得处罚,是依法行政的基本要求。依照《行政处罚法》的有关规定,对下列情形依法不予处罚:未满14周岁的人实施违法行为的;精神病人、智力残疾人在不能辨认或者不能控制其行为时实施违法行为的;违法行为轻微并及时纠正,未造成危害后果的;违法行为在2年内未被发现的;涉及公民生命健康安全、金融安全且有危害后果的,上述期限延长至

5年，但法律另有规定的除外。

（4）属于查处的机关或组织管辖

林业行政案件的查处权，由林业行政主体的法定管辖权所决定。林业行政执法主体行使行政处罚权必须在法定的管辖范围内才有效。

1.5 林业行政处罚的管辖

林业行政处罚的管辖是指实施林业行政处罚的主体在查处林业行政处罚案件上的分工和权限，它是衡量处罚主体是否依职权处罚或越权处罚的标准。依照《林业行政处罚程序规定》的规定，林业行政处罚管辖主要有以下类型。

（1）职能管辖

又称立案管辖，是指林业行政主体和有关组织处理行政处罚案件的权限划分。它决定行政处罚案件由林业行政机关还是由其他行政机关管辖的界线。

（2）地域管辖

地域管辖是指同级林业行政主体之间在实施行政处罚方面的地域分工。行政处罚的地域管辖主要包括一般地域管辖和共同管辖两种。

①一般地域管辖是指根据违法行为地确定管辖权的一种管辖。依照《行政处罚法》和《林业行政处罚程序规定》第9条规定，林业行政处罚由违法行为地的林业行政主管部门管辖，违法行为地是指违法行为人实施违法活动的地点，包括违法行为实施地和违法行为结果地。依照《林业行政处罚程序规定》第11条规定，违法行为人实施违法活动涉及多处地点，并且该多处地点又不在同一行政区域的，则由主要违法行为地的林业行政主管部门管辖。

②共同管辖是指两个或两个以上行政主体依法对同一违法行为都有管辖权的情形。依照《林业行政处罚程序规定》第11条规定，几个同级林业行政主管部门都有管辖权的林业行政处罚案件，由最初受理的林业行政主管部门管辖。

（3）级别管辖

级别管辖又称层级管辖，是根据林业行政主管部门的级别确定的管辖，是划分上、下级行政机关或组织之间实施行政处罚的分工和权限。依照《林业行政处罚程序规定》第7、8条规定，县级林业行政主管部门管辖本辖区内的林业行政处罚案件；地州级和省级林业行政主管部门管辖本辖区内重大、复杂的林业行政处罚案件；国务院林业行政主管部门管辖全国重大、复杂的林业行政处罚案件。

（4）指定管辖、移送管辖和管辖权的转移

①指定管辖　是指上级行政机关以决定的方式指定下一级行政机关对某一行政处罚案件行使管辖权。依照《林业行政处罚程序规定》第12条规定，林业行政处罚管辖权发生争议的，报请共同上一级林业行政主管部门指定管辖。执法实践中，遇有管辖权不明的，也由其共同上一级林业行政主管部门指定管辖。

②移送管辖　是指本无行政处罚管辖权的行政机关，将因故已经受理的行政案件移送给有管辖权的行政机关管辖的情形。受移送的行政机关或组织认为自己也无权管辖的，不得拒绝接收，也不得再次移送，而只能依照《行政处罚法》第25条规定报请共同上一级行政机关指定管辖。

③管辖权的转移　是指上级行政机关将原本属于下一级行政机关管辖的处罚案件决定

由自己管辖，或者下级行政机关对自己所管辖的案件，认为需要由上一级行政机关管辖的，可报请上级行政机关管辖，依照《林业行政处罚程序规定》第10条规定。

1.6 涉嫌林业犯罪案件的移送

依照《行政处罚法》第27条规定，涉嫌林业犯罪案件应当依法移送公安机关或司法机关依法处理，不能先作出行政处罚再移送，更不能以罚代刑。

根据国务院发布的《行政执法机关移送涉嫌犯罪案件的规定》，移送具体程序如下：

(1)组成专案组及提出移送报告

林业执法主体对涉嫌犯罪的案件，应当立即指定2名或2名以上行政执法人员组成专案组专门负责。在核实情况后提出移送涉嫌犯罪案件的书面报告，并报经本机关正职负责人或者主持工作的负责人审批。

(2)做出移送决定

林业行政执法机关的正职负责人或者主持工作的负责人，应当自接到报告之日起3日内作出批准移送或者不批准移送的决定。决定批准的，应当在24小时内向同级公安机关移送；决定不批准的，应当将不予批准的理由记录在案。

(3)移送案件材料

林业行政执法机关向公安机关移送涉嫌犯罪案件，应当附有下列材料：①涉嫌犯罪案件移送书；②涉嫌犯罪案件情况的调查报告；③涉案物品清单；④有关检验报告或者鉴定结论；⑤其他有关涉嫌犯罪的材料。

(4)受移送机关处理涉嫌犯罪案件

公安机关对林业行政执法机关移送的涉嫌犯罪案件，应当在涉嫌犯罪案件移送书的回执上签字。公安机关认为不属于本机关管辖的，应当在24小时内转送有管辖权的机关，并书面告知移送案件的林业行政执法机关。

公安机关应当自接受林业行政执法机关移送的涉嫌犯罪案件之日起3日内，对所移送的案件依法进行审查。认为有犯罪事实，需要追究刑事责任的，依法决定立案，书面通知移送案件的林业行政执法机关；认为没有犯罪事实，或者犯罪事实显著轻微，不需要追究刑事责任的，依法不予立案，同时说明理由，并书面通知移送案件的林业行政执法机关，退回案卷材料。

(5)移送监督

林业行政执法机关移送涉嫌犯罪案件，应当接受人民检察院和监察机关依法实施的监督。任何单位和个人对行政执法机关违反本规定，应当向公安机关移送涉嫌犯罪案件而不移送的，有权向人民检察院、监察机关或者上级行政执法机关举报。

2. 林业行政处罚程序

2.1 简易程序

(1)简易程序及其适用条件

简易程序，又称当场处罚程序。适用简易程序必须同时具备三个条件。

①违法事实确凿　执法人员当场能够有充分的证据确认违法事实，无须进一步调查取证。

②有法定依据　对于违法行为，法律、法规或规章明确规定了有关处罚内容，执法人

员当场可以指出具体的法律、法规或规章依据。

③处罚程度较轻　该程序仅限于警告和罚款这两种处罚形式,并且罚款幅度限定在对个人处 20 元以下,对法人或组织处 3 000 元以下。

(2)适用简易程序的步骤、内容

①表明执法身份　这要求执法人员必须出示林业行政执法证件。

②告知违法事实、认定依据和当事人依法享有的权利　执法的人员要当场指出行为人的违法行为的违法事实,说明要给予林业行政处罚的理由及有关依据,并告知当事人有进行陈述和申辩的权利,同时还要听取当事人的陈述和申辩。依照《行政处罚法》的规定,行政执法人员没有告知当事人拟作出的行政处罚的事实、理由和依据的,不得作出行政处罚决定。

③当场填写处罚决定书,送达给被处罚人并告知相关权利　执法人员当场制作行政处罚决定书并直接送达当事人,告知当事人对行政处罚决定不服的,可以申请复议或者依法提起行政诉讼。

④执行并备案　当场作出行政处罚决定的,如果是 10 元以下的罚款或者不当场收缴事后难以执行的罚款,执法人员可以当场收缴。不符合当场收缴的,按有关规定执行。

执法人员当场作出的行政处罚决定,必须报所属行政机关备案。

2.2　一般程序

行政处罚的一般程序,是指除法律特别规定应当适用简易程序和听证程序以外,行政处罚通常所适用的程序。一般程序是适用最广的程序。

(1)立案

立案,是指行政主体对公民、法人和其他组织的控告、检查或者本机关在例行检查、执勤和其他工作中发现的违法情况(包括重大违法嫌疑),认为需要调查处理而作出开始进行查处决定的行为。立案是行政处罚程序的开始。

依照《林业行政处罚程序规定》第 24 条第 2 款规定,立案须同时具备以下条件:

实质条件。有违法行为发生并且违法行为是应受处罚的行为;

程序条件。属于立案机关管辖;属于一般程序适用范围(简易程序案件不必立案);填写《林业行政处罚立案登记表》,并报行政负责人审批;在 7 天内立案。

对认为不需要给予林业行政处罚的,不予立案。实际执法中,不予立案的情形主要包括:

不属于林业行政违法行为。无论当事人的行为是否违法,只要没有触犯林业行政法律法规,就不应确立为林业行政案件。在某些情况下,即使当事人的行为违反了林业行政法律规范,但如果同时又触犯刑法并应受刑罚处罚的程度,对当事人应依法追究刑事责任,而不应作为林业行政案件立案查处;

当事人实施了林业行政违法行为,但具有依法不予林业行政处罚的情形,也不能立案。依照《行政处罚法》有关规定,不满 14 周岁的未成年人实施林业行政违法行为的;精神病人、智力残疾人在不能辨认或不能控制自己行为时实施林业行政违法行为的;违反林业法律、法规和规章的行为轻微并能及时改正,没有造成危害后果的;违反林业法律、法规和规章的行为超出法律追究时效的;其他不应予以林业行政处罚的情形;

不属于本机关管辖的案件。林业行政主管部门或法律、法规授权的组织对不属于本机关管辖的林业行政案件，应将其移送至有管辖权的机关处理，本机关无权利立案。

对公民、法人举报、控告的案件不予立案的，应说明理由。不属于自己管辖的，依法移送有关主管部门处理。

(2) 调查

调查是指案件调查人员依法全面、客观、公正地收集、调取各种证据，查明案件真实情况的活动。调查的主要目的是为了获得证据，所以也称为调查取证。

①调查的原则　依照《行政处罚法》第54条、《林业行政处罚程序规定》第27条规定，调查要遵循以下原则：调查要全面、公正、客观；调查要及时、合法；调查要将专门机关调查与依靠群众相结合。

②调查行为规则　调查必须遵守以下行为规则：与本案有法律上利害关系的执法人员，必须依法回避；执行调查的执法人员不能少于2人；执法人员应当向被调查人出示证件，表明身份；询问当事人、证人或者其他人员，必须依法制作询问笔录；实施勘验、检查，必须依法制作勘验、检查笔录等；不得使用非法手段和方法获取证据。

③证据保全规则　证据保全是指通过采取必要的强制措施，防止证据隐匿、转移、销毁或者防止易于灭失的证据灭失的行为。证据保全方式依照《行政处罚法》的相关规定。

(3) 决定

①审查　在案件送交行政负责人审查或集体讨论前，办案人员提出的案件处理建议，应交由本机关的法制工作机构初步审查。这是加强执法监管，确保办案质量的一项重要制度。

②审批　法制工作机构审查后的案件处理意见，须经本机关行政负责人审批。行政负责人可以是该行政机关的法定代表人，也可以是该行政机关主管林业行政执法工作的领导。

③重大案件交行政负责人集体讨论　《行政处罚法》规定，对情节复杂或者重大违法行为给予较重的行政处罚，行政机关的负责人应当集体讨论决定。实行集体讨论决定的案件应当符合两个条件：一是情节复杂或者有重大违法行为；二是需要给予的处罚是较重的处罚。较重的行政处罚一般是指较大数额的罚款、责令停产停业、没收较大价值违法所得或者非法财物、吊销许可证或者执照及行政拘留等。

(4) 制作处罚决定书

决定给予行政处罚的案件，必须制作处罚决定书。处罚决定书是整个行政执法程序中最重要的一项法律文书，处罚决定书的内容包括：①当事人的基本情况；②违反法律、法规或规章的事实和证据；③行政处罚的种类和依据；④行政处罚的履行方式和期限；⑤不服行政处罚决定，申请行政复议或者提起行政诉讼的途径和期限；⑥作出处罚决定的行政机关的名称和作出处罚决定的日期。行政处罚决定书必须盖有作出行政处罚决定的行政机关的印章。

(5) 送达

行政处罚中的送达，是指行政主体依照法定的时间和方式将有关法律文书送交当事人的一种法律行为。它是行政处罚决定发生法律效力的基本前提，未经送达的文书，对当事人没有约束力，当事人有权拒绝履行。

①送达期间　《行政处罚法》规定，行政处罚决定应当在宣告后当场交付当事人；当事

人不在场的，行政机关应当在 7 日内依照《民事诉讼法》的有关规定，将行政处罚决定书送达当事人。

②送达方式　送达方式主要包括五种：一是直接送达，又称交付送达，是由作出处罚决定的单位派专人将林业行政处罚决定书送交给被处罚人；二是转交送达，被处罚人不在时，作出处罚决定的单位将林业行政处罚决定书，交被处罚人所在单位负责人或者其成年家属代收后转交给被处罚人；三是留置送达，是指被处罚人或者代收人拒绝接收林业行政处罚决定书时，送达人依法将处罚决定书留在受送达人的住处的送达方式；四是委托送达。被处罚人不在本地的，作出处罚决定的单位可以委托被处罚人所在地的林业行政主管部门代为送达；五是邮寄送达。被处罚人不在本地的，作出处罚决定的单位将处罚决定书采用附有邮件回执的邮寄方式邮寄给被处罚人。

在以上送达方式中，除邮寄送达方式外，其余四种送达方式均以送达回证上签名或者盖章的日期为送达日期。送达回证是证明受送达人收到处罚决定书的凭证。采用这四种送达方式送达处罚决定书时，应当附有送达回证。

送达林业行政处罚决定书，是一种能够产生法律后果的行为。这种法律后果表现为：被处罚人服从处罚的应自觉履行处罚决定；被处罚人不服处罚的，可依法申请行政复议或者提起行政诉讼。如果被处罚人在法定期限内没有申请行政复议或提起行政诉讼，又不履行法定义务的，林业行政主管部门可以申请人民法院强制执行或者依法强制执行。

2.3 听证程序

（1）听证程序及其适用条件

①听证程序的含义　听证程序是指行政机关依法在作出行政处罚决定前公开举行听证会，以听取各方有关利害关系人意见的活动。听证程序不是与简易程序、一般程序并立的独立程序，它是一般程序中的特殊程序。

②适用听证程序必须具备以下条件　一是林业行政主体对当事人拟作出降低资质等级、吊销许可证件、较大数额罚款、没收较大数额违法所得、责令停产停业、责令关闭、限制从业等较重的行政处罚决定，才有可能适用听证程序；二是必须是当事人在收到林业行政主体的听证权利告知书后 5 日内提出口头或书面听证申请，要求听证。

（2）听证程序的步骤

①申请与受理　林业行政主体依法作出责令停产停业、吊销许可证或者执照、较大数额罚款等林业行政处罚决定之前，应当告知当事人有要求举行听证的权利，并制作、送达林业行政处罚听证权利告知书。

②确定听证主持人　林业行政主管部门应当指定 1~3 人担任听证主持人。听证主持人为两人以上的，应当指定其中一人为首席听证主持人。听证由听证主持人主持，设有首席听证主持人的，由首席听证主持人主持。听证主持人应当指定本部门的 1 名工作人员作为书记员，具体承担听证准备和听证记录工作。听证主持人是参与本案调查取证的人员、与本案当事人或者与当事人的近亲属有利害关系的或者与案件处理结果有利害关系，可能影响案件公正的，应当回避。听证主持人的回避由林业行政主管部门行政负责人决定。书记员、翻译人员、鉴定人的回避由听证主持人或者首席听证主持人决定。

③听证准备　林业行政主管部门应当自决定受理听证申请之日起 3 日内，确定听证主持人或者首席听证主持人。案件调查人员应当按照听证主持人的要求在 3 日内将案卷移送

听证主持人。听证主持人应当自接到案件调查人员移送的案卷之日起5日内确定听证的时间、地点,并应当在举行听证7日前,将举行听证的时间、地点通知当事人和案件调查人员。通知案件调查人员时,应当同时退回案卷。听证应当在受理听证申请之日起20日内举行。除涉及国家秘密、商业秘密或者个人隐私外,听证应当公开举行。公开举行听证的,应当公开当事人姓名或者名称、案由以及举行听证的时间和地点。

④听证会的进行 听证由听证主持人主持,设有首席听证主持人的,由首席听证主持人主持。听证会应当按照下列顺序进行:由听证主持人宣布听证开始,宣布听证纪律,核对听证参加人身份,宣布案由,宣布听证主持人、书记员、翻译人员名单;告知听证参加人在听证中的权利和义务,询问当事人是否申请回避;案件调查人员提出当事人违法的事实、证据,适用的法律、法规或者规章,以及拟作出的林业行政处罚决定;当事人或者其代理人就案件事实进行申辩,并提交证据材料;第三人或者其代理人进行陈述;询问当事人或者其代理人、案件调查人员、证人和其他有关人员,并对有关证据材料进行质证;当事人或者其代理人和案件调查人员就本案的事实和法律问题进行辩论;当事人最后陈述;听证主持人宣布听证结束。

所有与认定案件事实相关的证据都必须在听证中出示,并通过质证进行认定。未经质证的证据不得作为认定案件事实的依据。当事人无正当理由拒不到场,又未委托代理人到场参加听证的,或者未经听证主持人允许中途退场的,视为放弃听证权。案件调查人员无正当理由拒不到场参加听证的,或者未经听证主持人允许中途退场的,听证主持人有权责令其到场参加听证;案件调查人员拒不到场参加听证的,不得对当事人作出林业行政处罚决定。

⑤听证笔录 听证应当制作林业行政处罚听证笔录,并交由听证参加人审核无误或者补正后,由听证参加人当场签字或者盖章。拒绝签字或者盖章的,由听证主持人记明情况,在听证笔录中予以载明。

⑥制作听证报告 听证结束后,听证主持人应当根据听证确定的事实和证据,依照有关法律、法规、规章对原拟作出的处罚决定及其事实、理由和依据进行复核,并制作听证报告。林业行政主体应当根据听证报告确定的事实和证据作为处罚的事实依据。

⑦送达 依照《林业行政处罚听证规则》,林业行政处罚听证文书的送达,依照《民事诉讼法》的有关规定办理。即视具体情况依次分别采用直接送达、留置送达、委托送达、邮寄送达、公告送达等。

任务3 模拟演练——巩固实践

【案件信息】

2005年4月,李某在其自留山上无证砍松树20株,准备制成板材运往市场出售,被当地乡政府发现。乡政府工作人员以乱砍滥伐为由,将板材全部扣留,运往乡政府院内,并于2005年5月20日由乡政府作出处罚决定,将板材全部没收。李某不服,向县人民法院起诉,法院以"超越职权"为由,判决撤销乡政府的具体行政行为。5月28日,县森林公安分局对此案进行了查处。森林公安分局将乡政府交给李某的这批松木板材连同乡政府变卖的部分板材的价款予以扣留,并于5月30日以李某滥伐为由,作出补种树木100株,罚款 800 元的行政处罚决定。李某不服，向县人民法院提起行政诉讼，认为同一违法行为法院已判决，县森林公安分局不能再查处，而且依照《森林法》的规定，森林公安分局对此案无行政处罚权。

一、实训内容
1. 确定并定性李某的违法行为。
2. 总结林业行政处罚的概念及特征。
3. 案件中违法主体应当如何承担责任。
4. 分析案件中县人民法院判决是否正确，说明原因。

二、实训目的
通过本实训，将理论与法律实训相结合，巩固知识，发现不足，培养学生独立发现问题、分析问题和解决问题的能力，加强学生对《森林法》《行政处罚法》中关于林业行政处罚的相关法律法规知识的认识，提高个人能力。

三、实训准备与要求
查阅相关资料，明确本案件的相关法律法规条款，明确林业行政处罚的相关规定，能够运用相关理论知识对背景材料进行案件处理、归纳总结及分析。

四、实训方法及步骤
第一步，实训准备。以小组为单位，分工协作，要求参加实训的同学，课前查阅相关资料及书籍，了解林业行政处罚程序规定。

第二步，组织开展案件讨论。各小组选派负责人，围绕案情，综合小组成员关于案情分析、处理的意见，开展案情讨论。

第三步，教师点评指导。指导教师对各种观点进行点评，归纳、总结和分析，并对要点、易错点进行提炼。

第四步，整理实训报告，完善案件处理方案。

五、实训时间
以 1~2 学时为宜。

六、实训作业
案件处理完毕后，要求每名同学必须撰写实训报告，实训报告要求语言流畅、文字简练，有理有据，层次清晰。实训报告样式详见附录附表1。

七、实训成绩评定标准
1. 实训成绩评定打分

本实训项目的考核成绩满分 100 分，占总项目考核成绩的 8%。

2. 实训成绩给分点

(1)学生对于林业行政处罚的程序、实施主体的知识点掌握情况。(20 分)

(2)各组成员的团队协作意识及完成任务情况。(20 分)

(3)出勤率、迟到早退现象。(10 分)

(4)组员对待工作任务的态度(实训结束后座椅的摆放和室内卫生的打扫)。(10 分)

(5)实训的准备、实训过程的记录。(20 分)

(6)实训报告的完成情况，文字结构流畅，语言组织合理，法律法规引用正确。(20 分)本项目考核评价单，详见附录附表5。

子项目二 林业行政处罚证据

任务1 案例导入与分析

【案件导入】

2009年10月22日,某县森林公安分局接到报案人举报,称其承包林地上的近300株杨树被人毁坏。该局随后迅速派出两名警察开展侦查工作。经查访案发现场周围住户等证人,王某及其妻子分别证明,21日晚23时许,两人外出回家路过被害人林地东侧时,见到一个人手持镰刀正在毁坏该林地上的杨树,这个人像是同村的张某。该局随即对张某采取了刑拘措施。经对张某询问,张某拒不承认是自己所为。

一周后,张某被释放。张某被释放后的第五天,王某及其妻子到该局称,原作证中只是从远处(约50米)看像是张某,但因夜间看不太清楚,不能肯定是张某。之后,张某四处上访,控告该局非法侵犯其人身自由,要求赔偿。由于该局在侦查中未及时在案发现场提取犯罪嫌疑人的脚印和指纹等客观性证据,致使本案长期悬而未决,造成十分被动的局面。

【问题】

1. 该森林公安分局在现场调取证据过程中有哪些不当之处导致证据不全呢?
2. 森林公安分局调查人员在取证过程中违背了证据调取的什么原则呢?
3. 张某在证据不全的情况下被刑拘,是否应得到赔偿?由哪个部门给予赔偿?什么是证据?

【案例评析】

本案中,该林业公安分局的行为有以下违法之处。

1. 违背了证据的客观性特征

证据的客观性,是指证据事实必须是伴随着案件的发生、发展的过程而遗留下来的,不以人们的主观意志为转移。它是证据最基本的因素和特征,它要求作为证明案件事实的证据,应该是对案件事实的客观反映和真实描述,因此办案人员不能把个人主观臆断、凭空猜测以及没有正确来源的小道消息、马路新闻、道听途说等,作为真凭实据使用。

在本案中,该林业公安分局的办案人员对张某实施刑拘的主要证据是王某及其妻的证人证言。与案件无关的内容,或者是证人的估计、猜测、想象,不能作为证据的内容。本案办案人员仅凭王某及其妻在晚上12时看见毁坏杨树的人"像是"张某的证言,在无其他相关证据印证或佐证的情况下,对其实施刑拘,显然不符合采取刑事拘留的法定条件。

2. 违背了证据收集的主动、及时原则

所谓主动、及时,是指案发后,办案人员必须在第一时间赶赴现场,在保护好案发现场现状的情况下,运用各种取证技能立即着手收集、固定证据,快速进行深入调查,以免失去收集、固定证据的最佳时机。特别是刑事证据,如果现场遭受有意无意的破坏,与案件有关的痕迹、物品就很难被发现和提取。本案中,该局在侦查中未及时在案发现场提取犯罪嫌疑人的脚印和指纹等客观性证据,违反了收集证据必须客观、全面、细致、及时、主动的基本原则。

最后，被该林业公安分局实施刑拘的张某有权向其要求国家赔偿。依照《国家赔偿法》第15条规定，行使侦查、检察、审判、监狱管理职权的机关及其工作人员在行使职权时，对没有犯罪事实或者没有事实证明有犯罪重大嫌疑的人错误拘留的，受害人有取得赔偿的权利。

任务2 相关资讯

1. 证据特征和种类

1.1 证据特征

林业行政处罚证据，是指林业行政主体在林业行政处罚案件程序中收集调取的，用于证明违法行为人违法事实的根据。它是用已知的证据事实来证明未知案件事实的证明方式或手段。证据具有下列特征：

①证据的客观性　证据的客观性是指作为证据事实是客观存在的，即证据事实必须真实可靠，而不是主观想象、猜测和杜撰的。证据的客观性有以下两层含义：证据的形式是客观的实体，无论是何种证据都是客观存在物；证据的内容是真实的，伪造、篡改的证据材料依法不能作为定案的根据。

②证据的关联性　证据的关联性是指作为证据内容的事实与案件的待证事实之间存在法律上的联系。其有以下三层含义：第一，证据事实与案件事实具有法律上的内在联系；第二，关联性表现形式的多样性。如时间联系、空间联系、因果联系、偶然联系和必然联系、直接联系和间接联系、肯定联系和否定联系等；第三，证据事实与案件事实的关联性需要借助于执法人员法律思维的过滤和整合。运用社会经验法则、逻辑判断、逻辑推理和逻辑论证等法律方法将自然的和社会生活中杂乱无序的事实转化为案件的法律事实。

③证据的合法性　证据的合法性有以下四层含义：第一，收集、调取证据的主体须合法。未取得行政执法主体资格的组织和个人，收集、调取的证据不具有合法性；第二，收集、调取证据的程序须合法。违反法定程序采取非法手段收集、调取的行政处罚证据，不具有合法性；第三，证据的形式须合法。算命占卜的说辞、测谎结果等不具有法定形式的所谓证据材料，不具有合法性；第四，证据的内容须合法。违反法律法规的强制性规定和社会公共利益的证据不具有合法性。如根据伪造林业证件的承揽加工合同、买卖林业证件的合同所取得的收入，依法不得作为其收入合法的证据。

1.2 证据种类

①物证　物证是指以查明案件真实情况的一切物品和痕迹。物证具有客观性、不可替代性、证明作用的间接性、使用时通常须借助科技手段等特点。物证主要包括：违法犯罪使用的工具，违法犯罪遗留下来的物质痕迹，违法或犯罪行为侵犯的客体物，违法、犯罪现场留下的其他物品等。

②书证　书证是指能够根据其表达的思想和记载的内容证明案件真实情况的一切物品。书证具有较强的稳定性、内容较明确性、证明力的直接性等特点。书证包括：文字书证（如信函、合同、涂改的林业行政许可证、林业票据等），符号书证（如身份证号码、存单存折号码、电话号码、数字等），图形书证（如林地规划图、林权证附图、森林防火区域图）等。

③证人证言　证人证言是指知道案件真实情况的人,向办案人员所作的有关案件部分或全部事实的陈述。证人证言具有内容的明确性、证明方式的直接性、较强的主观性、易变性和不稳定性等特点。

证人证言依据不同的标准,可分为不同的种类。以表现形式为标准,可以把证人证言分为口头证言和书面证言;以证人证言与案件或者当事人有无利害关系为标准,可以把证人证言分为有利害关系的证人证言和无利害关系的证人证言。

证人资格条件有：第一,证人必须是了解案件情况的人。这是证人的基本特征,不了解案件情况的人不能成为证人;第二,证人必须是能够辨别是非、能够正确表达意思的人。由于生理上、精神上有缺陷或者年幼等原因,以至于不能辨别是非,不能正确表达的人,不能作证人;如果是能辨别是非,能正确表达的,则可以作为证人,如盲人、聋哑人和年幼的人能够辨别是非,能正确表达的,都可以作为证人;第三,证人必须是自然人。法人和非法人组织不具有证人资格,以单位名义出具证明或者对案件有证明力的文件属于书证而非证人证言。

④当事人的陈述　当事人陈述是指当事人就案件事实向行政机关所作的叙述。当事人陈述具有以下特点:一是真假双重性,一方面,当事人作为案件的经历者,他们最了解案件的客观情况;另一方面,作为案件的当事人,他们与案件的处理结果有着直接的利害关系,一些当事人在对案件情况进行陈述时,可能有完全或者部分虚假的一面。二是事后性,即它形成于案件立案后或诉讼过程中,因此,当事人不是在行政执政人员和审判者面前所作的陈述,即使与案件事实有关,也不构成当事人陈述。

⑤鉴定结论　鉴定结论是指鉴定人运用自己的专门知识和技能对案件中需要解决的专门性问题进行鉴定后所作出的结论性判断。鉴定结论的特点：第一,必须是合法鉴定机构的鉴定人依法受托、受聘而作出。鉴定机构必须是经司法行政主管部门批准建立的非官方鉴定机构(公安机关依法设立的鉴定机构除外);鉴定人须是合法鉴定机构中具有相关专业技术资格的人。鉴定结论作为法定证据形式之一,必须依照法律规定办理鉴定的委托或聘请手续。没有行政主体、司法机关等办案单位的委托或聘请,鉴定结论不能被采纳;第二,鉴定结论属于"科学证据"。但它与鉴定机构的权威程度、鉴定人的专业知识或技能等必备因素密切相关;第三,鉴定结论属于"意见证据"。鉴定人鉴定的对象应当是案件有关的专门问题,鉴定结论只能对涉案的某些专门性问题作出理性的分析和判断,依法不得涉及案件的法律问题。

林业执法实践中常见的鉴定有种苗品种鉴定、林木品种鉴定、假劣种子鉴定、野生动物属种鉴定、火灾等级鉴定以及林业有害生物鉴定等。鉴定结论对正确认识和准确处理案件具有重要的意义。

⑥勘验、检查、现场笔录　勘验是指行政执法主体、公安司法机关的有关人员,对与案件有关的现场、物品进行调查和检验的行为。行政执法主体、公安司法机关的有关人员对勘验的过程和结果所作的客观记录,就是勘验笔录。检查是指行政执法主体、公安司法机关的有关人员,基于查明案件事实的需要,而对有关人员的身体进行检验和观察的行为。行政执法主体、公安司法机关的有关人员对检查的过程和结果所作的客观记录,就是检查笔录。现场笔录,是指行政执法主体调查案件事实的过程中,办案人员对涉案现场的位置、状况等有关事项和情形所做出的笔录。现场笔录是行政执法主体在办理行政案件中

常用的法定证据形式之一,公安司法机关则不使用这种证据形式。

⑦视听资料 视听资料是指以录像、录音、计算机等电磁方式记录、储存的音像信息来证明案件待证事实的证据。它有如下特点:一是直观、逼真性。视听资料能生动地、直观地、逼真地展现违法行为人的声音、形象、所处位置、动作、周围事物背景等,是其他证据形式无法替代的;二是便利、高效性。视听资料的载体具有体积小,储藏信息多,方便携带、使用、保管等特点,其便利性、高效性显而易见;三是利弊双重性。如上所述,视听资料较之其他形式的证据具有较多的优势,但其制作需要科技含量较高的专用设备和技术,在某些智能化违法犯罪中常被行为人作伪,对其检验的技术难度相对较大。

1.3 证据的调查

(1)调查证据的原则

调查证据应遵循以下原则:第一,客观、全面原则。客观、全面地收集证据是林业行政程序规范和三大诉讼法共同规定的调查证据的重要原则。客观性要求执法人员在调查收集证据时,应当实事求是,不能弄虚作假,制造假证据。全面性要求执法机关应当调查收集可能与本案有关的证据材料,包括对当事人有利的和不利的各种证据,而不能凭个人偏见任意取舍或隐瞒;第二,合法、公正原则。证据调查必须依法进行,应严格遵守法定权限和程序;第三,及时、细致原则。及时,是对调查收集证据时间方面的要求。我国三大诉讼法和有关行政法律、法规都规定了行政机关和司法机关办案的期限。这些期限实际上是最低限度的要求。细致,是指执法机关在调查收集证据时,应当培养和保持敏锐的洞察力、观察力、分析能力,不轻信现有证据材料的表面现象,更不能被假象所迷惑;应当保持耐心和信心,善于做艰苦细致的调查取证工作,不放过任何疑点。

(2)调查证据的步骤

调查证据主要包括以下步骤:第一,围绕案件"七何"构成要素明确调查范围、任务。任何案件事实要素和证明对象,都有"何事、何时、何地、何情、何故、何物、何人"七个内容,人们简称为"七何"。何事,是指什么性质的事件;何时,指的是案件的时间特征;何地,指的是案件的空间特征;何情,是指案件在何种情况下发生的,是如何发生的,案件发生的方式和过程;何故,指的是案件发生的客观原因和主观原因;何物,是指与案件有关的是什么物体,根据这些物体与案件的关系、在案件中的地位,可将案件中的物分为标的物、使用物和关联物;何人是指案件当事人、关系人和知情人;第二,分析、判断已知证据,确定调查方向。证据调查人员在明确调查任务后,不应仓促开始调查,而应首先分析已知的证据;第三,构思、拟定调查重点、顺序、方式提纲。证据调查人员在进行证据调查之前,应当制作一份案件证据调查提纲,即用简单扼要的形式把已知的案件情况、证据及各种设想列举出来,确定调查的重点、顺序和方式。

2. 林业行政处罚文书

2.1 林业行政处罚文书的概念和性质

林业行政处罚文书是指林业行政执法部门在查处林业行政违法案件过程中,依照《行政处罚法》和《林业行政处罚程序规定》规定,所制作与认可的具有法律效力或法律意义的林业行政公文的统称。

为了正确实施林业行政处罚,保障公民、法人和其他组织的合法权益,国家林业局

2005年5月27日通过《林业行政处罚案件文书制作管理规定》，规范了林业行政处罚案件文书的制作。2000年，国家林业局在《关于发布重新修订的林业行政处罚文书格式的通知》中确定了16种林业行政处罚文书格式。2012年11月27日，国家林业局印发了《关于发布新修订的(林业行政处罚文书)格式的通知》，重新颁布了25种林业行政处罚文书。2014年3月21日，国家林业局印发了《林业行政处罚文书制作填写规范》。新修订的林业行政处罚文书及制作填写规范，比较切合林业行政执法工作实际，为林业行政执法活动提供了便利，也将使基层林业行政执法部门的行为更加规范。

林业行政处罚文书具有以下几个要素：①林业行政处罚文书的制作者必须是林业行政主管部门，包括享有行使林业行政职权的其他组织；②林业行政处罚文书的适用范围仅限于处理各类林业行政违法案件；③林业行政处罚文书制作必须遵守行政法规定，既要依林业行政处罚程序法，又要依有关的林业实体法；④林业行政处罚文书既包括具有法律效力的文书，如林业行政处罚决定书；又包括具有一定的法律意义，对法律的执行有着积极意义和保证作用的文书，如林业行政处罚立案登记表等。

2.2 林业行政处罚典型文书的制作

2.2.1 林业行政当场处罚决定书

林业行政当场处罚决定书，是适用于案情简单、违法事实清楚、证据确凿、依法可以当场作出林业行政处罚决定的违法案件的文书。其样式见表3.3。

表3.3 《林业行政当场处罚决定书》样式

_____林当罚决字〔   〕第   号

处罚地点：_____

处罚时间：_____

被处罚人姓名：_____ 性别：_____ 出生日期：_____

身份证号码：_____ 联系方式：_____

工作单位：_____ 现住址：_____

被处罚单位名称：_____

营业执照注册号(或组织机构代码证代码)：_____

法定代表人：_____ 职务：_____ 联系方式：_____

单位地址：_____

你(你单位)于_____年_____月_____日_____时_____分，在_____因_____的行为，违反了_____的规定。本机关执法人员当场向你(你单位)告知了违法事实、理由，依据和依法享有的权利，□听取了你(你单位)的陈述和申辩；□你(你单位)未作陈述申辩(前两项可打√选择)。现依据_____的规定，本机关决定对你(你单位)处以下行政处罚：_____。

罚款的履行方式和期限(见打√处)：□当场缴纳；□收到本决定书之日起十五日内到_____(账号：_____)缴纳罚款款项。到期不缴纳罚款，依照《中华人民共和国行政处罚法》第五十一条第(一)项的规定，每日按罚款数额的百分之三加处罚款。

如对本林业行政处罚决定不服，可于接到本决定书之日起六十日内向_____或者_____申请行政复议，也可以于三个月内直接向_____人民法院提起诉讼。逾期不申请行政复议或者不提起行政诉讼，又不履行处罚决定的，本机关将依法申请人民法院强制执行或者依法强制执行。

行政机关(印章)

年 月 日

执法人员(签名)：_____

林业行政执法证件号码：_____

2.2.2 林业行政处罚立案登记表

(1)林业行政处罚立案登记表的样式

《林业行政处罚立案登记表》是林业主管部门依据法律、法规、规章的规定,对涉嫌违法行为是否立案报送行政机关负责人审批的文书。林业主管部门对林业行政违法行为是否立案查处,使用此文书呈报审批。其样式见表3.4。

表3.4 《林业行政处罚立案登记表》样式

林罚立字〔 〕第 号

案由				
案件来源			受案时间	
违法嫌疑人	姓名		性别	出生日期
	工作单位			住址
	单位名称			地址
	法定代表人			职务
简要案情(时间、地点、人员、事实经过等):				
承办人意见			承办人(签名):	年 月 日
承办部门负责人意见			负责人(签名):	年 月 日
行政机关负责人意见			负责人(签名):	年 月 日
备注				

(2)林业行政处罚立案登记表的作用

林业行政处罚立案登记表的作用是确认林业行政违法案件的成立,是林业行政处罚活动开始的文字凭据,证明承办单位的工作是合法的;立案报告对案情进行了初步分析判断,对确定调查方向具有指导意义。

2.2.3 询问笔录

(1)询问笔录的样式

《询问笔录》是林业行政执法部门为了查明案件事实,收集证据,向案件当事人、证人或者其他有关人员调查了解有关情况时所作记录的文书。林业行政执法人员询问相关人员,记载询问内容时应当使用统一规范的《询问笔录》首页纸和笔录续页纸。其样式见表3.5。

表3.5 《询问笔录》样式

第_____次询问

共_____页第_____页

询问时间:_____年_____月_____日_____时_____分至_____年_____月_____日_____时_____分

询问地点:_____

询问人姓名:_____ 工作单位:_____ 林业行政执法证件号码:_____

记录人姓名:_____ 工作单位:_____ 林业行政执法证件号码:_____

被询问人姓名:_____ 性别:_____ 出生日期:_____

民族:_____ 文化程度:_____ 身份证号码:_____

户籍所在地:_____ 联系电话:_____

现住址：_____
问：_____
答：_____
被询问人(签名)：　　　　　　　执法人员(签名)：

共_____页　第_____页

被询问人(签名)：　　　　　　　执法人员(签名)：

（2）询问笔录的作用

《询问笔录》是一种具有法律效力的文书，一经核实和被询问人认可，就成为林业行政执法部门裁决林业行政案件证据之一。

2.2.4　勘验、检查笔录

勘验、检查是案件调查的重要手段。"勘验"是办案人员对与违法行为有关的场所、物品观察、检验、测量、拍照、绘图等，以发现和固定违法活动所遗留下来的各种痕迹和物证的活动。勘验现场的任务是查明违法行为发生现场的情况，发现和收集证据，判断案件性质，确定调查方向和范围。"检查"是办案人员依法对违法嫌疑人及其携带的物品或可能隐藏违法嫌疑人及证据的房屋、车辆等场所进行观察、检验的活动。检查的目的在于收集违法行为的证据、查获违法嫌疑人。

《勘验、检查笔录》是林业行政执法人员对与案件有关的场所、物品等进行勘验或者检查所作文字记载的文书。其样式见表3.6。

表3.6　《勘验、检查笔录》样式

第_____页　共_____页

时间：____年____月____日____时____分至____年____月____日____时____分

勘验、检查地点：_____

勘验、检查人员：

姓　名	工作单位	职业/职务/职称	林业行政执法证件号码

记录人员：

姓　名	工作单位	职业/职务/职称	林业行政执法证件号码

当事人：

姓　名	有效身份证件及号码	联系地址及方式

见证人：

姓　名	有效身份证件及号码	联系地址及方式

勘验、检查事项及结果：_____

项目三 林业行政处罚

第_____页 共_____页

勘验检查人员(签名)
记录人员(签名)：
当事人(签名)：
见证人(签名)：

年　　月　　日

勘验检查人员(签名)
记录人员(签名)：

2.2.5 林业行政处罚先行告知书

《林业行政处罚先行告知书》是指林业行政执法部门以一般程序办理林业行政处罚案件时，对尚未达到听证标准的行政处罚，在作出行政处罚决定前，按照法定程序，以书面形式告知当事人拟作出行政处罚决定的事实、理由、依据以及当事人依法享有陈述和申辩权利的文书。其样式见表 3.7。

表 3.7 《林业行政处罚先行告知书》样式

_____林罚权告字〔　〕第　号

被告知人：_____

依照《中华人民共和国行政处罚法》第 44 条规定，现将拟作出行政处罚决定的事实、理由及依据等告知如下：

事实：_____

理由：_____

依据：_____

依照《中华人民共和国行政处罚法》第 45 条规定，对上述告知事项，你(你单位)依法有权进行陈述和申辩。

行政机关(印章)

年　　月　　日

2.2.6 林业行政处罚听证权利告知书

《林业行政处罚听证权利告知书》是对适用听证程序的林业行政处罚案件作出行政处罚决定前，向当事人告知有权要求举行听证的文书。其样式见表 3.8。

表 3.8 《林业行政处罚听证权利告知书》样式

_____林罚听权告字〔　〕第　号

被告知人：_____

你(你单位)于_____年_____月_____日因_____

违反了_____

根据_____

规定，拟对你(你单位)给予如下行政处罚：_____

依照《中华人民共和国行政处罚法》第 63 条_____的规定，对上述处罚，你(你单位)有申请听证的权利。如需要听证，请在接到本通知之日起 3 日内向_____提出听证申请。逾期不申请听证的，视为放弃听证权利。

特此告知。

行政机关(印章)

年　　月　　日

告知书应当写明违法行为、违反的法律、法规、规章条款，拟作出的行政处罚决定的法律依据、行政处罚的种类和数额、听证机关的地址、邮政编码、联系电话、联系人等。

2.2.7　林业行政处罚决定书

(1)林业行政处罚决定书的作用和样式

林业行政处罚决定书，是林业主管部门对调查终结的行政违法案件，依据法律、法规和规章，确认当事人已构成违法行为，依法作出行政处罚决定并送达违法行为人的文书。其样式见表3.9。

表3.9　《林业行政处罚决定书》样式

```
                                                  _____林罚决字〔     〕第    号
被处罚人姓名：_____ 性别_____ 出生日期_____
身份证号码：_____
工作单位：_____ 现住址：_____
被处罚单位名称：_____
营业执照注册号(或组织机构代码证代码)：_____
法定代表人：_____ 职务：_____
单位地址：_____
经依法查明，你(你单位)_____
_____。
上述行为及事实有_____等证据为证，违反了_____的规定，已构
成违法。依据_____的规定，本机关决定对你(你单位)处以下行政处罚：
1._____
2._____
3._____
本决定书中的罚款，限你(你单位)于收到本决定书之日起，十五日内到_____银行(账号：_____)
缴纳。到期不缴纳罚款的，每日按罚款数额的百分之三加处罚款。
如对本林业行政处罚决定不服，可于接到本决定书之日起六十日内，向_____或者_____申请行政复议，也
可以于三个月内直接向_____人民法院提起诉讼。逾期不申请行政复议或者不提起行政诉讼，又不履行处罚决定的，
本机关将依法强制执行或者依法申请人民法院强制执行。
                                                             行政机关(印章)
                                                              年    月    日
```

任务3　模拟演练——巩固实践

【案件信息】

2012年3月7日8时，某森林公安派出所接到辖区村民王某报案称：自家苹果园20株盛果期的苹果树在昨天夜里被人毁坏，价值约4 000元，并怀疑是与他刚打过架的同组村民陈某干的，还称其妹妹昨天晚上曾看见陈某在被毁苹果园周围来回转。

2012年3月7日12时派出所传唤陈某到所里接受询问时，称王某妹妹见陈某昨天晚上去过案发现场，陈某否认是其所为。办案民警称："传你来你肯定'有事'，你没'犯事'就不会传你。你说不是你干的，谁能证明？你拿出证据来！"陈某称他昨天晚上一直在家，他妻子和女儿可以证明。办案民警称："你家里人不能作证。"陈某辩解道："那王某妹妹为啥能作证？"办案人员称："人家是受害人一方，你是违法嫌疑人一方，你凭啥跟人家比。"陈某不知所措。

2012年3月8日，派出所分别询问了王某妹妹、陈某妻子和女儿，并作了笔录，但未让他们阅读笔录，也未向他们宣读，即让3人在笔录上签字。随后对案发现场录了像，并绘制了现场图。又委托县价格事务所对王某被毁苹果树作价，价值为1 800元，但该作价单上未加盖价格事务所的公章。

派出所根据收集到的上述证据，采信了王某报案和其妹妹的证言，最后推定本案是陈某所为，并对陈某口头作出罚款5 400元的处罚决定。

一、实训内容

1. 森林公安派出所是否有权以其名义对外实施行政处罚，说明原因。
2. 森林公安机关及其派出机构办理林业行政案件，能否适用公安机关办理治安案件的程序规定。
3. 找出案件中派出所调查取证的程序存在的不合法之处。
4. 根据本案的处理结果，制作一份处罚决定书。

二、实训目的

通过本实训，进一步提高学生们对《森林法》《行政处罚法》关于林业行政处罚证据的制作、调查的掌握与运用的熟练程度，明确林业行政处罚中证据的种类，使学生能够客观地分析问题，找出违法行为的有利证明，并对案件中违法行为进行正确定性，同时学会制作林业行政处罚的相关文书，以更好地服务于林业行政处罚工作。

三、实训准备与要求

查阅相关资料，明确本案件的相关法律法规条款，明确林业行政处罚的相关规定，能够运用相关理论知识对背景材料进行案件处理、归纳总结及分析。

四、实训方法及步骤

第一步，实训前准备。5~6人分为一个小组，要求参加实训的同学，课前查阅相关资料及书籍，找出与案件相关的法律法规，并组织学生们课前根据案情编排短剧，有条件及相关资源的同学可以就该案件深入林业行政执法机构进行访问调查。

第二步，短剧表演，其他小组同学观看短剧。

第三步，以小组为单位进行案情讨论，各小组发表案件处理意见。

第四步，指导教师对各种观点进行点评，归纳、总结和分析，并对要点、易错点进行提炼。

第五步，整理实训报告，完善案件处理方案。

五、实训时间

以1~2学时为宜。

六、实训作业

案件处理完毕后，要求每名同学必须撰写实训报告，实训报告要求语言流畅、文字简练，有理有据，层次清晰。实训报告样式详见附录附表1。

七、实训成绩评定标准

1. 实训成绩评定打分

本实训项目的考核成绩满分100分，占总项目考核成绩的6%。

2. 实训成绩给分点

(1)学生对于林业行政处罚的证据基础知识掌握情况。(20分)

(2)各组成员的团队协作意识及完成任务情况。(20分)

(3)出勤率、迟到早退现象。(10分)

(4)组员对待工作任务的态度(实训结束后座椅的摆放和室内卫生的打扫)。(10分)

(5)实训的准备、实训过程的记录。(20分)

(6)实训报告的完成情况,文字结构流畅,语言组织合理,法律法规引用正确。(20分)本项目考核评价单,详见附录附表5。

子项目三 林业行政处罚的执行

任务1 案例导入与分析

【案件导入】

2016年3月,汪某未经泾县林业局审核同意,擅自雇请挖掘机将其经营的坐落在泾县汀溪乡苏红村青龙组泥坑"甘基"防护林山场挖掘平整,铺垫石块建造潦草滩,用于晾晒宣纸原料,毁坏林地植被,林业种植条件被破坏,改变林地用途达773.2平方米(1.16亩),其行为严重违反了《森林法》及其实施条例的相关规定。根据相关法律规定,泾县林业局于2016年6月8日作出林业行政处罚决定,对汪某非法改变用途林地773.2平方米,处以每平方米20元罚款,共计罚款15 464元,逾期未缴纳罚款,加处15 464元罚款。林业局实施处罚前后,依法履行了告知、催告义务。但汪某在法定期限内既不申请行政复议或者提起行政诉讼,又不履行义务,林业局遂申请强制执行。法院通过审查,认为泾县林业局作出的林业行政处罚决定书,认定事实清楚,适用法律正确,程序合法,遂裁定准予强制执行。

【问题】

1. 汪某逾期不履行行政处罚决定,泾县林业局是否可以自行强制执行?

2. 泾县林业局申请人民法院强制执行有哪些注意事项?

【案件评析】

1.《行政处罚法》第66条规定,行政处罚决定依法作出后,当事人应当在行政处罚决定书载明的期限内,予以履行。《行政处罚法》第72条规定,当事人逾期不履行行政处罚决定的,作出行政处罚决定的行政机关可以采取下列措施:①到期不缴纳罚款的,每日按罚款数额的百分之三加处罚款,加处罚款的数额不得超出罚款的数额;②根据法律规定,将查封、扣押的财物拍卖、依法处理或者将冻结的存款、汇款划拨抵缴罚款;③根据法律规定,采取其他行政强制执行方式;④依照《行政强制法》的规定申请人民法院强制执行。因此,法律没有规定林业主管部门可以自行强制执行,汪某逾期不履行行政处罚决定,泾县林业局不可以自行强制执行。

2. 依照《行政诉讼法》和《最高人民法院关于执行〈中华人民共和国行政诉讼法〉若干问题的解释》的规定,公民、法人或者其他组织对具体行政行为在法定期间不提起诉讼又不履行的,行政机关可以申请人民法院强制执行,或者依法强制执行;法律、法规没有赋予行政机关强制执行权，行政机关申请人民法院强制执行的，人民法院应当依法受理。申请人民法院强制执行应注意以下事项：

(1)行政机关申请人民法院强制执行其具体行政行为，应当自被执行人的法定申请复议或起诉期限届满之日起180日内提出。逾期申请的，除有正当理由外，人民法院不予受理。

(2)行政机关申请人民法院强制执行其具体行政行为，应当提交申请执行书、据以执行的行政法律文书、证明该具体行政行为合法的材料和被执行人财产状况以及其他必须提交的材料。

(3)人民法院受理行政机关申请执行其具体行政行为的案件后，在30日内对具体行政行为的合法性进行审查，并就是否准予强制执行作出裁定。合法性审查包括事实根据、法律依据、是否明显违法并损害被执行人合法权益及程序是否合法等方面的审查。

任务2 相关资讯

1. 林业行政处罚的执行及其方式

为了规范行政强制的设定和实施，保障和监督行政机关依法履行职责，维护公共利益和社会秩序，保护公民、法人和其他组织的合法权益，2011年6月30日，第十一届全国人民代表大会常务委员会第二十一次会议通过《行政强制法》，并于2012年1月1日起施行。林业行政处罚强制执行是本法的重要内容。

(1)林业行政处罚强制执行的概念和特征

林业行政处罚强制执行，是指具有法定执行权的林业主管部门或其申请的人民法院，依照法定条件和程序采取的强制义务人履行义务或实现与履行义务相同状态的行为。

林业行政处罚强制执行具有以下特征：执行的主体是依法享有强制执行权的林业行政主体或人民法院；执行的根据必须是生效的林业行政处罚决定；执行的前提是行政管理相对人逾期不履行生效的林业行政处罚决定所确定的义务；执行的内容是行政处罚决定书所确定的义务。

林业行政处罚强制执行是林业行政处罚不可分割的组成部分。通过执行林业行政处罚，不仅使林业行政处罚决定落到实处，而且使林业行政违法行为得到制裁，从而保护林业法律、法规和规章的权威性，确保林业行政处罚目的的实现。

(2)林业行政强制执行的方式

①直接强制执行 直接强制执行是指义务人逾期不履行义务时，由执行主体直接采取强制性手段，迫使其履行义务或达到与义务人履行义务相同的状态。由于直接强制执行对义务人的人身和财产权益将产生最直接的影响，所以，我国现行法律、法规对其实施条件和程序规定了严格的限制。在林业行政主体中，除了森林公安机关在办理林区治安案件可以依照《治安管理处罚法》的有关规定对违法行为人的人身和财产采用直接强制执行措施外，其他林业行政主体依法不拥有直接强制执行权。

②间接强制执行 间接强制执行是指执行主体通过某种间接的强制手段迫使义务人履行义务或达到与履行义务相同的状态。它又可以分为代履行和执行罚两种。

对林业行政机关依法作出要求当事人履行补种树木、恢复原状等义务的行政决定，当事人逾期不履行，经催告仍不履行，其后果已经或者将破坏自然资源的，林业行政机关可以代履行，或者委托没有利害关系的第三人代履行。代履行的费用按照成本合理确定，由当事人承担，但是，法律另有规定的除外。代履行不得采用暴力、胁迫以及其他非法方式。

代履行应当遵守下列规定：一是代履行前送达决定书，代履行决定书应当载明当事人的姓名或者名称、地址，代履行的理由和依据、方式和时间、标的、费用预算以及代履行人；二是代履行 3 日前，催告当事人履行，当事人履行的，停止代履行；三是代履行时，作出决定的行政机关应当派工作人员到场监督；四是代履行完毕，行政机关到场监督的工作人员、代履行人和当事人或者见证人应当在执行文书上签名或者盖章。

执行罚（又称滞纳金）是指行政机关依法作出金钱给付义务的行政决定，当事人逾期不履行的，行政机关可以依法加处罚款或者滞纳金。加处罚款或者滞纳金的标准应当告知当事人。加处罚款或者滞纳金的数额不得超出金钱给付义务的数额。行政机关依照《行政强制法》第 45 条规定实施加处罚款或者滞纳金超过 30 日，经催告当事人仍不履行的，具有行政强制执行权的行政机关可以强制执行。

③申请人民法院强制执行　当事人在法定期限内不申请行政复议或者提起行政诉讼，又不履行行政决定的，没有行政强制执行权的行政机关可以自期限届满之日起 3 个月内，依照《行政强制法》第五章规定申请人民法院强制执行。

行政机关申请人民法院强制执行前，应当催告当事人履行义务。催告书送达 10 日后当事人仍未履行义务的，行政机关可以向所在地有管辖权的人民法院申请强制执行；执行对象是不动产的，向不动产所在地有管辖权的人民法院申请强制执行。

行政机关向人民法院申请强制执行，应当提供的材料有：一是强制执行申请书；二是行政决定书及作出决定的事实、理由和依据；三是当事人的意见及行政机关催告情况；四是申请强制执行标的情况；五是法律、行政法规规定的其他材料。强制执行申请书应当由行政机关负责人签名，加盖行政机关的印章，并注明日期。

人民法院接到行政机关强制执行的申请，应当在 5 日内受理。行政机关对人民法院不予受理的裁定有异议的，可以在 15 日内向上一级人民法院申请复议，上一级人民法院应当自收到复议申请之日起 15 日内作出是否受理的裁定。

人民法院对行政机关强制执行的申请进行书面审查，对行政机关所提供材料符合《行政强制法》第 55 条规定的，且行政决定具备法定执行效力的，除《行政强制法》第 58 条规定的三种情形外，人民法院应当自受理之日起 7 日内作出执行裁定。

因情况紧急，为保障公共安全，行政机关可以申请人民法院立即执行。经人民法院院长批准，人民法院应当自作出执行裁定之日起 5 日内执行。

行政机关申请人民法院强制执行，不缴纳申请费。强制执行的费用由被执行人承担。人民法院以划拨、拍卖方式强制执行的，可以在划拨、拍卖后将强制执行的费用扣除。依法拍卖财物，由人民法院委托拍卖机构依照《拍卖法》的规定办理。划拨的存款、汇款以及拍卖和依法处理所得的款项应当上缴国库或者划入财政专户，不得以任何形式截留、私分或者变相私分。

2. 林业行政处罚执行制度和程序

(1) 罚缴分离制度及执行程序

依照《行政处罚法》第 67 条规定，作出罚款决定的行政机关应当与收缴罚款的机构分离。除依照本法第 68 条、第 69 条规定当场收缴的罚款外，作出行政处罚决定的行政机关及其执法人员不得自行收缴罚款。当事人应当自收到行政处罚决定书之日起十五日内，到指定的银行或者通过电子支付系统缴纳罚款。银行应当收受罚款，并将罚款直接上缴国库。

①签订代收罚款协议　林业行政主体应当依照国家有关规定同代收机构签订代收罚款协议。

②通知执行　被处罚人接到处罚决定书后 15 日内，应持该决定书主动到指定机构缴纳罚款。

③催缴　代收银行在接到行政主体的处罚决定书后，经核被处罚人没有及时缴纳罚款的，应及时通知作出罚款决定的行政主体。行政主体应向当事人发出催缴通知书，以督促当事人按期主动缴纳罚款。

④收受罚款　当事人向代收银行缴纳罚款的，代收机构应当开具法定的统一罚款收据；当事人逾期缴纳的，专门机构还应按每日 3% 加收滞纳金。

⑤通知行政机关　代收机构应当在被处罚人缴纳罚款之后，及时将这一情况告知林业行政主体。

⑥上交国库　代收罚款的机构应当及时将代收罚款上交国库。

(2) 当场收缴罚款的执行规定

①当场收缴罚款的法定情形　依照《行政处罚法》的规定，有以下情形之一的，执法人员可以当场收缴罚款：依法给予一百元以下罚款的；不当场收缴事后难以执行的。在边远、水上、交通不便地区，行政机关及其执法人员依照本法第 51 条、第 57 条规定作出罚款决定后，当事人到指定的银行或者通过电子支付系统缴纳罚款确有困难，经当事人提出，行政机关及其执法人员可以当场收缴罚款。

②当场收缴罚款的执行　林业执法机关及其执法人员当场收缴罚款的，必须向当事人出具国务院财政部门或者省、自治区、直辖市人民政府财政部门统一制发的专用收据；不出具财政部门统一制发的专用收据的，当事人有权拒绝缴纳罚款。

执法人员当场收缴的罚款应当自收缴罚款之日起 2 日内，交至林业行政主管部门；在水上当场收缴的罚款，应当自抵岸之日起 2 日内交至林业行政主管部门；林业行政主管部门应当在 2 日内将罚款缴付指定的银行。

(3) 不依法缴纳罚款的处理制度

在林业行政处罚决定缴款期限届满时，当事人仍未向指定银行缴纳罚款的，受委托银行应及时通知作出林业行政处罚决定的林业主管部门或法律、法规授权的组织，由该处罚机关根据不同情况分别处理：

当事人逾期不履行林业行政处罚决定的，处罚机关可以依照《行政处罚法》第 72 条规定采取下列措施：①到期不缴纳罚款的，每日按罚款数额的百分之三加处罚款，加处罚款的数额不得超出罚款的数额；②根据法律规定，将查封、扣押的财物拍卖、依法处理或者将冻结的存款、汇款划拨抵缴罚款;③根据法律规定,采取其他行政强制执行方式;④依照《行政强制法》的规定申请人民法院强制执行。行政机关批准延期、分期缴纳罚款的,申请人民法院强制执行的期限,自暂缓或者分期缴纳罚款期限结束之日起计算。

3. 违反林业行政处罚法规的法律责任

3.1 违反林业行政处罚法规的行政责任

(1)违反规定实施林业行政处罚的法律责任

依照《行政处罚法》第76条规定,行政机关实施行政处罚,有下列情形之一,由上级行政机关或者有关机关责令改正,对直接负责的主管人员和其他直接责任人员依法给予处分:①没有法定的行政处罚依据的;②擅自改变行政处罚种类、幅度的;③违反法定的行政处罚程序的;④违反本法第二十条关于委托处罚的规定的;⑤执法人员未取得执法证件的。行政机关对符合立案标准的案件不及时立案的,依照前款规定予以处理。

(2)行政机关进行处罚不使用法定的罚款、没收财物单据的法律责任

依照《行政处罚法》第77条规定,行政机关对当事人进行处罚不使用罚款、没收财物单据或者使用非法定部门制发的罚款、没收财物单据的,当事人有权拒绝,并有权予以检举,由上级行政机关或者有关机关对使用的非法单据予以收缴销毁,对直接负责的主管人员和其他直接责任人员依法给予处分。

(3)行政机关违反规定自行收缴罚款的法律责任

依照《行政处罚法》第78条规定,行政机关违反本法第67条规定自行收缴罚款的,财政部门违反本法第74条规定向行政机关返还罚款、没收的违法所得或者拍卖款项的,由上级行政机关或者有关机关责令改正,对直接负责的主管人员和其他直接责任人员依法给予处分。

(4)行政机关截留、私分或变相私分罚没款物的法律责任

依照《行政处罚法》第79条第1款规定,行政机关截留、私分或者变相私分罚款、没收的违法所得或者财物的,由财政部门或者有关机关予以追缴,对直接负责的主管人员和其他直接责任人员依法给予处分;情节严重构成犯罪的,依法追究刑事责任。

(5)执法人员利用职务便利索取或收受他人财物的法律责任

依照《行政处罚法》第79条第2款规定,执法人员利用职务上的便利,索取或者收受他人财物、收缴罚款据为己有,构成犯罪的,依法追究刑事责任;情节轻微不构成犯罪的,依法给予处分。

(6)行政机关使用或者损毁扣押的财物的法律责任

行政机关使用或者损毁扣押的财物,对当事人造成损失的,依照《行政处罚法》第80条规定,应当依法予以赔偿,对直接负责的主管人员和其他直接责任人员依法给予处分。

(7)行政机关违法实行检查措施或者执行措施的法律责任

行政机关违法实行检查措施或者执行措施,给公民人身或者财产造成损害、给法人或者其他组织造成损失的,依照《行政处罚法》第81条规定,应当依法予以赔偿,对直接负责的主管人员和其他直接责任人员依法给予处分;情节严重构成犯罪的,依法追究刑事责任。

（8）不按规定移送涉嫌犯罪案件的法律责任

行政机关为牟取本单位私利，对应当依法移交司法机关追究刑事责任的不移交，以行政处罚代替刑事处罚的，依照《行政处罚法》第82条规定，由上级行政机关或者有关机关责令改正，对直接负责的主管人员和其他直接责任人员依法给予处分；情节严重构成犯罪的，依法追究刑事责任。徇私舞弊、包庇纵容违法行为的，构成徇私舞弊不移交刑事案件罪，由司法机关依照《刑法》第402条规定追究刑事责任。

根据国务院《行政执法机关移送涉嫌犯罪案件的规定》第16条规定，行政执法机关对应当向公安机关移送的案件不移送，或者以行政处罚代替移送的，或者逾期不将案件移送公安机关的，由本级或者上级人民政府或者实行垂直管理的上级行政执法机关，责令限期移送，并对其正职负责人或者主持工作的负责人、直接负责的主管人员和其他直接责任人员，根据情节轻重，给予记过以上的行政处分；构成犯罪的，依法追究刑事责任。

3.2 违反林业行政处罚法规的行政赔偿责任

林业行政主体违法实施罚款、吊销许可证和执照、责令停产停业、没收财物等行政处罚，或者违法对财产采取查封、扣押、冻结等行政强制措施，或者使用或损毁扣押的财物，或者违法实行行政检查措施等，给相对人造成人身伤害或者财产损害的，构成行政侵权行为，依照《国家赔偿法》第3条、第4条规定，由林业行政主体依法给予被侵权人行政赔偿。

林业行政主体承担行政赔偿责任后，依法可以责令具有故意和重大过失的责任人承担全部或部分赔偿责任。

3.3 违反林业行政处罚法规的刑事责任

（1）私分罚没财物罪

依照《行政处罚法》第79条和《刑法》第396条规定，林业行政机关、森林公安机关等行政机关将应当上缴国家的罚没财物，以单位名义集体私分给个人，累计数额在10万元以上的，构成私分罚没财物罪，由司法机关对其直接负责的主管人员和其他直接责任人员，处3年以下有期徒刑或者拘役，并处或者单处罚金。

（2）受贿罪

依照《行政处罚法》第79条和《刑法》第385条规定，林业执法人员等国家工作人员利用职务上的便利，索取他人财物或者非法收受他人财物数额不满5 000元，但因受贿行为而使国家或社会遭受重大损失的，或者故意刁难、要挟有关单位、个人造成恶劣影响的，或者强行索取财物的，构成受贿罪，由司法机关处2年以下有期徒刑或者拘役；受贿数额在5 000元以上不满5万元的，处1年以上7年以下有期徒刑；情节严重的，处7年以上10年以下有期徒刑。

（3）滥用职权罪

依照《行政处罚法》第82条、《刑法》第397条和《最高人民检察院关于渎职侵权犯罪案件立案标准的规定》的规定，滥用职权罪是指国家机关工作人员超越职权，违法决定、处理其无权决定、处理的事项，或者违反规定处理公务，致使公共财产、国家和人民利益遭受重大损失的行为。行为人涉嫌下列情形之一的，应予立案：①造成死亡1人以上，或者重伤2人以上，或者重伤1人、轻伤3人以上，或者轻伤5人以上的；②导致10人以上严重中毒的；③造成个人财产直接经济损失10万元以上，或者直接经济损失不满10万元，但间接经济损失50万元以上的；④造成公共财产或者法人、其他组织财产直接经济损失 20 万元以上，或者直接经济损失不满 20 万元，但间接经济损失 100 万元以上的；⑤虽未达到 3、4 两项数额标准，但 3、4 两项合计直接经济损失 20 万元以上，或者合计直接经济损失不满 20 万元，但合计间接经济损失 100 万元以上的；⑥造成公司、企业等单位停业、停产 6 个月以上，或者破产的；⑦弄虚作假，不报、缓报、谎报或者授意、指使、强令他人不报、缓报、谎报情况，导致重特大事故危害结果继续、扩大，或者致使抢救、调查、处理工作延误的；⑧严重损害国家声誉，或者造成恶劣社会影响的；⑨其他致使公共财产、国家和人民利益遭受重大损失的情形。

国家机关工作人员滥用职权，符合《刑法》第九章所规定的特殊渎职罪构成要件的，按照该特殊规定追究刑事责任；主体不符合《刑法》第九章所规定的特殊渎职罪的主体要件，但滥用职权涉嫌前款第①~⑨项规定情形之一的，按照《刑法》第 397 条规定以滥用职权罪追究刑事责任。

构成本罪的，由司法机关处 3 年以下有期徒刑或者拘役；情节特别严重的，处 3 年以上 7 年以下有期徒刑。

(4) 玩忽职守罪

依照《刑法》第 397 条和《最高人民检察院关于渎职侵权犯罪案件立案标准的规定》的规定，玩忽职守罪是指国家机关工作人员严重不负责任，不履行或者不认真履行职责，致使公共财产、国家和人民利益遭受重大损失的行为。涉嫌下列情形之一的，应予立案：①造成死亡 1 人以上，或者重伤 3 人以上，或者重伤 2 人、轻伤 4 人以上，或者重伤 1 人、轻伤 7 人以上，或者轻伤 10 人以上的；②导致 20 人以上严重中毒的；③造成个人财产直接经济损失 15 万元以上，或者直接经济损失不满 15 万元，但间接经济损失 75 万元以上的；④造成公共财产或者法人、其他组织财产直接经济损失 30 万元以上，或者直接经济损失不满 30 万元，但间接经济损失 150 万元以上的；⑤虽未达到 3、4 两项数额标准，但 3、4 两项合计直接经济损失 30 万元以上，或者合计直接经济损失不满 30 万元，但合计间接经济损失 150 万元以上的；⑥造成公司、企业等单位停业、停产 1 年以上，或者破产的；⑦海关、外汇管理部门的工作人员严重不负责任，造成 100 万美元以上外汇被骗购或逃汇 1 000 万美元以上的；⑧严重损害国家声誉，或者造成恶劣社会影响的；⑨其他致使公共财产、国家和人民利益遭受重大损失的情形。

国家机关工作人员玩忽职守，符合《刑法》第九章所规定的特殊渎职罪构成要件的，按照该特殊规定追究刑事责任；主体不符合《刑法》第九章所规定的特殊渎职罪的主体要件，但玩忽职守涉嫌前款第①~⑨项规定情形之一的，按照《刑法》第 397 条规定以玩忽职守罪追究刑事责任。

构成本罪的，由司法机关处 3 年以下有期徒刑或者拘役；情节特别严重的，处 3 年以上 17 年以下有期徒刑。

任务 3　模拟演练——巩固实践

【案件信息】

2014 年，某县化纤厂为扩大生产，需修建新厂房，于是向国土资源部门申请办理了有关土地占用征用手续，总占用土地面积 100 亩。施工过程中，施工单位的推土机铲掉了大量的幼林。接到举报后，县林业局派执法人员进行调查。执法人员在调查中发现，某县化纤厂占用的 100 亩土地中有 9 亩是林地，但在办理土地占用征用手续时未经林业主管部门审核同意。县林业局依照《森林法实施条例》第 43 条规定，做出限期恢复原状，并处非法改变用途林地每平方米 20 元罚款的处罚决定。化纤厂拿出国土资源部门批准的有关土地占用征用手续，拒绝履行县林业局的处罚。县林业局向县人民法院申请强制执行。最后，县人民法院做出了强制执行的决定。

一、实训内容

1. 林业行政处罚强制执行的方式。
2. 县林业局申请县人民法院强制执行前，某县化纤厂应履行的义务。
3. 县林业局向县人民法院申请强制执行应提供的材料。
4. 县人民法院接到县林业局强制执行申请后的办理方式。
5. 化纤厂如果不服县林业局的处罚决定，他可以获得哪些法律救济。

二、实训目的

通过本实训，进一步提高学生们对《行政处罚法》相关法条的掌握与运用的熟练程度，明确林业行政处罚执行的前提条件及申请流程，使学生能够根据案件找出违法行为人的涉法点，并对其违法行为进行正确定性，以更好地服务于林业行政处罚工作。

三、实训准备与要求

查阅相关资料，明确本案件的相关法律法规条款，熟练掌握林业行政处罚执行的前提、申请方式、提交材料和办理流程，能够运用相关理论知识对背景材料进行案件处理、归纳总结及分析。

四、实训方法及步骤

第一步，实训前准备。5~6 人分为一个小组，要求参加实训的同学，课前查阅相关资料及书籍，找出与案件相关的法律法规，并组织学生们课前根据案情编排短剧，有条件及相关资源的同学可以就该案件深入林业行政执法机构进行访问调查。

第二步，短剧表演，其他小组同学观看短剧。

第三步，以小组为单位进行案情讨论，各小组发表案件处理意见。

第四步，指导教师对各种观点进行点评，归纳、总结和分析，并对要点、易错点进行提炼。

第五步，整理实训报告，完善案件处理方案。

五、实训时间

以 1~2 学时为宜。

六、实训作业

案件处理完毕后，要求每名同学必须撰写实训报告，实训报告要求语言流畅、文字简练，有理有据，层次清晰。实训报告样式详见附录附表 1。

七、实训成绩评定标准

1. 实训成绩评定打分

本实训项目的考核成绩满分 100 分，占总项目考核成绩的 6%。

2. 实训成绩给分点

(1) 学生对于林业行政处罚执行的知识点掌握情况。(20 分)

(2)各组成员的团队协作意识及完成任务情况。(20分)
(3)出勤率、迟到早退现象。(10分)
(4)组员对待工作任务的态度(实训结束后座椅的摆放和室内卫生的打扫)。(10分)
(5)实训的准备、实训过程的记录。(20分)
(6)实训报告的完成情况,文字结构流畅,语言组织合理,法律法规引用正确。(20分)本项目考核评价单,详见附录附表5。

综合能力训练

(一) 名词解释
林业行政处罚　处罚法定原则　地域管辖　证据　证据保全　听证程序　代履行

(二) 单项选择题
1. 违反林业行政处罚的刑事责任中,构成玩忽职守罪的,由司法机关处(　　)以下有期徒刑或者拘役。情节特别严重的,处以(　　)以上17年以下有期徒刑。
　A. 1年　　　　　B. 3年　　　　　C. 5年　　　　　D. 7年
2. 甲县王某使用假运输证在乙县收购无证采伐的林木后,途经丙县欲运抵丁县销售。根据地域管辖原则,本案可由(　　)林业主管部门管辖。
　A. 甲县　　　　　B. 乙县　　　　　C. 丙县　　　　　D. 丁县
3. 林业行政处罚实施主体包括(　　)
　A. 行政机关　　　B. 法律法规授权组织　C. 受委托组织　　D. 以上全选
4. 林业行政处罚的证据,应具有(　　)特征
　A. 证据的客观性　B. 证据的关联性　　C. 证据的合法性　　D. 以上全选
5. 下列不是林业行政处罚形式的是(　　)。
　A. 罚款　　　　　B. 吊销证件　　　　C. 加收滞纳金　　　D. 恢复植被
6. 关于行政处罚中的简易程序,下列表述中较为准确的一项是(　　)。
　A. 简易程序是可随意简化步骤的程序　　B. 简易程序是当场处罚的适用程序
　C. 简易程序仅适用于罚款　　　　　　　D. 简易程序不得2人执法
7. 林业行政处罚简易程序仅限于警告和罚款两种处罚形式,并且罚款幅度限定在对个人处(　　)以下。
　A. 30元　　　　　B. 50元　　　　　C. 80元　　　　　D. 100元
8. 林业行政处罚案件自立案之日起,应当在1个月内办理完毕,经行政负责人批准可以延长,但不得超过(　　)。
　A. 30日　　　　　B. 60日　　　　　C. 3个月　　　　　D. 4个月
9. 适用林业听证程序的处罚案件,下列说法中不准确的是(　　)。
　A. 并不是所有的案件都必须适用听证程序
　B. 较大数额罚款案件的标准全国统一为达到或超过10万元
　C. 听证主持人不得是本案的调查工作人员
　D. 林业行政处罚案件的当事人不需承担行政机关组织听证的费用,当事人要求听证

的,应当在行政机关告知后三日内提出

10. 行政机关申请人民法院强制执行前,应当催告当事人履行义务。催告书送达( )后当事人仍未履行义务的,行政机关可以向所在地有管辖权的人民法院申请强制执行。

A. 10 日　　　　　B. 15 日　　　　　C. 1 个月　　　　　D. 2 个月

(三)判断题(对的打"√",错的打"×")

1. 对当事人决定给予 50 元以下罚款的,可以当场收缴罚款。( )
2. 林业行政处罚是一种惩戒性的具体行政行为。( )
3. 林业行政主管部门对违法相对人可以实施限制人身自由的处罚。( )
4. 林业行政处罚中的罚款与刑事处罚中的罚金法律性质、适用对象不同。( )
5. 同一行政违法行为不能根据同一法律规定由几个行政机关分别处罚。( )
6. 上级林业行政机关对原本属于下一级林业行政机关管辖的案件可以决定由自己管辖。( )

(四)简答题

1. 简述行政处罚合理性原则的含义和要求。
2. 简述林业行政处罚的种类。
3. 简述制作询问笔录的法定规则。
4. 简述听证程序适用的范围。
5. 简述林业行政执法人员违反行政处罚法规的主要法律责任。

(五)案例分析题

某较大城市一所中学为规划校园绿化,未经有关主管部门批准取得采伐许可证,即对校园内的部分树木进行更新采伐。该校所在地郊区农林局以滥伐树木为由,对该校实施罚款。该市园林局得知后,也派人对该校实施了罚款。由于市园林局罚款高于郊区农林局,中学不服市园林局的处罚,以市园林局违反一事不再罚原则重复罚款为由,向市政府申请行政复议。市法制局经复议后以市政府的名义作出复议决定:撤销郊区农林局的处罚决定,维持市园林局的处罚决定。

回答下列问题:

(1)依照《森林法》第 56 条第 1 款,《林业行政处罚程序规定》中关于地域管辖的分工,本案依法应当由哪个部门管辖?为什么?

(2)本案中市政府作出的行政复议决定是否正确?为什么?

项目四　林权林地管理行政执法

【项目描述】

　　我国的森林资源种类丰富，但仍属于一个少林的国家，人均森林面积0.145公顷，不足世界人均占有量的1/4，同时，我国的生态环境也较为脆弱，易因人为和自然因素干扰而受到不可逆转的破坏。近年来，我国林业生产实践中常出现非法征占用林地、非法侵占国有、集体及个人森林、林木、林地权属以及林权争议等问题，为了保障我国建筑用地的需要，合理开发与利用林地资源在社会建设、经济建设及生态文明建设中尤为重要，因此，我国进一步完善林权林地管理制度，增强林业工作者和相对人的法治意识，为森林、林木、林地的合理合法开发利用铸就坚实的法治保障。

　　本项目包含三个子项目，分别是占用征用林地管理，森林、林木、林地流转及林权纠纷处理，本项目内容涉及林业生产实践中常见的林权管理及流转、林权争议等方面的案件处理问题，让学习者掌握我国现行的林权林地管理相关业务知识。

【学习目标】

——知识目标

　　1. 掌握林权和林权登记的种类，林权证及其法律效力，林权流转的原则。

　　2. 掌握林权、林权权利人、林权流转和林权纠纷的概念，受理林权登记申请和核发林权证，林权流转的管理。

　　3. 掌握调处林权纠纷的依据、凭证、方法和程序。

　　4. 掌握森林、林木、林地流转的方式、程序、范围。

　　5. 掌握征占用林地的条件和范围以及其审核审批的程序、违反林权管理法规的法律责任。

——能力目标

　　6. 能根据林权林地管理的相关案件拟定案件处理报告。

　　7. 能根据案情找出与林权林地管理制度相关案件的法律法规。

　　8. 会填写林权林地管理的相关文书。

——素质目标

　　9. 提升学生们的案件分析能力及违法点的查找能力。

　　10. 提升学生们对林权林地管理相关法律制度的认知能力。

　　11. 提升学生们之间的团结协作能力和自主学习能力。

子项目一　占用征用林地管理

任务1　案例导入与分析

【案件导入】

2002年5月，某省高等级公路建设工程公司承建一高等级公路，公路通过林区，根据勘测，需要使用林地38公顷，其中：水源涵养林12公顷，集体经济林6公顷，国有林场用材林10公顷，其他林地10公顷。该公司向当地县林业局提出使用林地申请，县林业局工作人员看了该公司提交的材料后，要求其补交与被占用征用林地单位签订的补偿协议。在该公司补交材料后，县林业局受理了申请。县林业局经过审查，要求该公司按规定标准预交森林植被恢复费，然后发放了《使用林地审核同意书》。该公司为了赶工程进度，在未取得建设用地批准手续前，施工负责人组织工人先行采伐该林地上的林木。省林业厅接到当地村民报告后，指示市林业局进行调查处理。

【问题】

1. 该公司向当地县林业局提出使用林地的申请应当提交哪些资料？县林业局受理公司的申请后，应当做哪些工作？

2. 林业局为什么要该公司预交森林植被恢复费？森林植被恢复费如何使用、管理？

3. 该建设用地申请依法应最后取得哪一级林业主管部门的审核和哪一级政府的批准？该公司有无违法行为？

【案例评析】

这是建设工程征、占用林地的一个典型案例。

1. 某公司应当向当地县林业局提交以下申请材料：占用征用林地的建设单位法人证明；建设项目的批准文件；林地权属证明；某公司与被占用征用林地单位或个人签订的林地补偿、林木补偿和安置补助协议；项目使用林地可行性报告；《使用林地申请表》和其他证明材料。

2. 县林业局受理某公司使用林地申请后，应进行审查并提出审查意见，包括：①审核申请材料。②制定恢复森林植被措施。③组织有资质的设计单位进行现场查验。④提出审查意见。县林业局应从受理申请之日起15个工作日内在《占用征用林地申请表》上签署具体明确的审查意见。经审核同意的，报上一级林业主管部门审核；经审核不予同意的，在《使用林地申请表》中明确记载不同意的理由，并将申请材料退还申请用地单位。

3. 依照《森林法》和《森林法实施条例》的规定，对审核同意的占用征用林地项目，申请用地的建设单位必须依照国家规定的标准预交森林植被恢复费。森林植被恢复费由林业主管部门依照有关规定统一安排植树造林，恢复森林植被，植树造林面积不得少于因占用或者征用林地而减少的森林植被面积。森林植被恢复费纳入财政预算管理，实行专款专用。森林植被恢复费的征收、使用和管理应当接受财政、审计部门和上级林业主管部门的监督检查。

4. 该项工程申请使用林地共 38 公顷，其中：水源涵养林 12 公顷，集体经济林 6 公顷，国有林场用材林 10 公顷，其他林地 10 公顷。依照《森林法》和《森林法实施条例》关于各级林业主管部门审核权限的规定，该使用林地申请依法应经国务院林业主管部门审核。依照《土地管理法》的有关规定，该项建设用地申请依法应最后由国务院批准。

5. 某公司虽取得县林业局对其使用林地申请的审核同意，但还没有取得建设用地的批准。某公司在未取得建设用地批准手续前擅自采伐林地上的林木，是违法的，属于滥伐林木行为，应依法追究法律责任。

任务 2　相关资讯

1. 林权概述

1.1　林权的概念

林权是森林、林木、林地权属的简称，是指森林、林木、林地的所有权或者使用权。

森林、林木、林地的所有权是指所有人依法对森林、林木、林地享有占有、使用、收益和处分的权利。使用权是指根据合同或有关规定，使用国家、集体或者他人的森林、林木、林地的权利。使用权是所有权中的主要内容，使用权可以由所有人行使，也可以由非所有人行使。

1.2　林权的种类

（1）森林、林木、林地所有权的主要形式

①国家的森林、林木、林地所有权　《宪法》规定，矿藏、水流、森林、山岭、草原、荒地、滩涂等自然资源，都属于国家所有，即全民所有；由法律规定属于集体所有的森林和山岭、草原、荒地、滩涂除外。《森林法》规定，森林资源属于国家所有，由法律规定属于集体所有的除外。国家所有的森林、林木、林地在整个国家财产中占有十分重要的地位，是发展我国林业的主要物质基础。

②集体的森林、林木、林地所有权　按照《宪法》《森林法》的规定，法律规定属于集体所有的森林、林木、林地，属于集体所有。其产生的途径主要包括以下几种：依照《土地改革法》分给农民个人所有后经过农业合作化时期转化为集体所有的森林、林木和林地；在集体所有的土地上由农村集体经济组织组织农民种植、培育的林木；农村集体组织与国有单位合作在国有土地上种植的林木（如公路、铁路两旁的护路林，江河两岸的护岸林等）按合同规定属于集体所有的林木。

③公民个人的林木所有权和林地使用权　依照《森林法》的规定，公民个人享有林木的所有权和林地的使用权，但不享有森林和林地的所有权。

（2）森林、林木、林地使用权的主要形式

依照《宪法》《民法典》《土地管理法》和《森林法》的有关规定，森林、林木、林地使用权的形式多种多样，主要有以下几种：

①国家所有的森林、林木、林地由国有单位使用，该单位依法享有对所使用的森林、林木、林地的占有、使用、收益和部分处分的权利，但不拥有所有权。例如，国务院确定的重点国有林区的森林、林木、林地，由国有企业事业单位经营，由国务院林业主管部门

监督管理。

②国家所有的森林、林木、林地由集体以合法形式(如联营、承包、租赁等形式)取得森林、林木、林地的使用权。

③集体所有的林地由国有林业单位使用，该单位没有所有权，但依法拥有使用权。

④公民、法人或者其他组织以承包、租赁、转让等形式依法取得国家所有或者集体所有林地的使用权，但不拥有所有权。

随着林地制度改革的深入和土地利用形式的多样化，森林、林木、林地使用权的形式也将趋于多样化。

2. 林权登记与确认发证

(1) 林权证及其法律效力

中华人民共和国林权证(以下简称林权证)是依照《森林法》或《农村土地承包法》的有关规定，按照有关程序，对国家所有和集体所有的森林、林木和林地，个人所有的林木和使用的林地，确认所有权或者使用权，并登记造册而发放的证书，是森林、林木和林地唯一合法的权属证书。依照《森林法》第15条规定，林地和林地上的森林、林木的所有权、使用权，由不动产登记机构统一登记造册，核发证书。国务院确定的国家重点林区的森林、林木和林地，由国务院自然资源主管部门负责登记。"

依照《森林法实施条例》和《林木和林地权属登记管理办法》的规定，森林、林木和林地的权属证书式样由国务院林业主管部门规定。自2000年4月18日起，启用全国统一式样和编号的林权证。并在此之前已经颁发的林权证(山林权证、自留山证等)仍然有效。同时，依照自然资源部办公厅、国家林业和草原局办公室《关于进一步规范林权类不动产登记做好林权登记与林业管理衔接的通知》的要求，各地不动产登记机构(以下简称"登记机构")要将林权登记纳入不动产登记一窗受理。2020年7月1日前，原有权机关依法颁发的林权证书继续有效，不变不换。

依照《宪法》《土地管理法》和《农村土地承包法》等法律的规定，我国林地实行社会主义公有制，即全民所有制和集体所有制，林地不得买卖。国家依法将国有林地、林木无偿划拨或者有偿出让给企事业单位、个人或者其他组织，企业事业单位、个人或者其他组织的使用权是有限的，只有依法经营管理和收益权，不得将使用权转让。确需转让的，应当先办理国有森林、林木、林地的出让手续并交纳出让金。经依法转让后，受让方可以在受让期内将部分或全部使用权依法转让给第三方。

(2) 林权登记的种类

申请人申请林权登记，按登记种类不同分为初始登记、变更登记和注销登记。

①初始登记　是指林权权利人对某一块森林、林木和林地所有权或使用权第一次提出登记申请，按照规定的程序到登记机构办理的林权登记。

②变更登记　即初始登记之后，因某种原因导致林权权利人或林权权利内容，如面积、林种或林木状况等主要因子发生变化后，林权权利人应当持原林权证向登记机构提出变更相关登记因子的变更登记。

③注销登记　已登记发证的森林、林木、林地，由于某种原因，如被依法占用征用，或因遭受无法抗拒的自然灾害等致使林权权利人完全失去原有林权时，林权权利人应到登记机构进行注销登记。

(3) 林权登记的申请人

依照《林木和林地权属登记管理办法》的规定，林权权利人为个人的，由本人或者其法定代理人、委托代理人提出林权登记申请；林权权利人为法人或者其他组织的，由其法定代表人、负责人或者委托的代理人提出林权登记申请。

(4) 林权权利人提出林权登记申请需要提交的材料

①初始登记应当提交以下材料：林权登记申请表；个人身份证明、法人或者其他组织的资格证明、法定代表人或者负责人的身份证明、法定代理人或者委托代理人的身份证明和载明委托事项和委托权限的委托书；申请登记的森林、林木和林地权属证明文件；附图界线清楚、标志明显，与毗邻单位的认界协议或者划拨书；省、自治区、直辖市人民政府林业主管部门规定要求提交的其他有关文件。

②林权变更应当到初始登记机构申请变更登记。应当提交下列文件：林权登记申请表；林权证；林权依法变更或者灭失的有关证明文件。

(5) 林权登记机构及办理程序

县级以上不动产登记机构依法履行林权登记职责。

①受理　对申请登记的材料进行初步审查。登记机构认为符合《森林法》《森林法实施条例》以及《林木和林地权属登记管理办法》规定的，应当予以受理；认为不符合规定的，应当说明不受理的理由或者要求林权权利人补充材料。

②公告　进行登记申请的公告。登记机构对已经受理的登记申请，应当自受理之日起10个工作日内，在森林、林木、林地所在地进行公告，公告期为30天。

③审核　公告期满后，需要进一步调查核实的，申请受理机关应组织有资质的林业调查队伍进行现场核实。经现场核实后，数据准确、权属合法有效、图件符合实际的，申请受理机关应当自申请之日起3个月内，报请同级不动产登记机构予以登记并核发林权证书。对不符合条件的，申请受理机关应当以书面形式向提出登记申请人告知不予登记的理由。

④林权证核发　地方各级不动产登记机构应对同级林业主管部门报请予以登记并核发林权证的请示进行审查、核准，防止出现重复或重叠登记情况。经审查、核准无误的，准予登记并及时核发林权证。

林权证必须有县级以上地方人民政府或者国务院林业主管部门的盖章才能生效，使用其他印章是无效的。

3. 占用征用林地概述

(1) 林地

是指包括郁闭度0.2以上的乔木林地以及竹林地、灌木林地、疏林地、采伐迹地、火烧迹地、未成林造林地、苗圃地和县级以上人民政府规划的宜林地。在保证国家建设用地需要的同时，为了避免非法侵占、破坏林地，法律对占用征用林地作了严格的规定，进行勘查、开采矿藏和各项建设工程(以下简称建设项目)，应当不占或者少占林地。必须占用或者征用林地的，应当经林业主管部门审核同意后，依照有关土地管理的法律、行政法规办理建设用地审批手续。

(2) 占用林地

是指国有企业事业单位、机关、团体、部队等单位因建设项目的需要，依法使用国家所有的林地，林地的所有权没有改变，而是林地的使用权发生改变，归依法占用林地的单位享有。

(3) 征用林地

是指国有企业事业单位、机关、团体、部队等单位因建设项目的需要，依法使用集体所有的林地，林地的所有权由集体所有改变为国家所有，林地使用权依法归征用林地的单位享有。

4. 建设项目占用征用林地的条件和范围

依照《森林法》《森林法实施条例》以及国家林业和草原局《占用征用林地审核审批管理办法》《占用征用林地审核审批管理规范》等规定，确需占用或者征用林地的建设项目条件和范围如下：

①国务院批准或者同意的建设项目，国家和省级重点建设项目，国务院有关部门、国家计划单列企业、省级人民政府批准的国防、交通、能源、水利、农业、林业、矿山、科技、教育、通信、广播电视、公检法、城镇等基础设施（以下简称基础设施）建设项目，原则上可以占用征用（含临时占用）各类林地。

②国务院有关部门、国家计划单列企业、省级人民政府批准的非基础设施建设项目，省级人民政府有关部门批准的基础设施建设项目，原则上可以占用征用除国家级自然保护区核心区和缓冲区、国家级森林公园和风景名胜区范围以外的林地。

③省级人民政府有关部门批准的非基础设施建设项目，省级以下（不含省级）、县级以上（含县级）人民政府及其有关部门批准的基础设施建设项目，原则上可以占用征用除国家级自然保护区、省级自然保护区核心区和缓冲区、国家和省级森林公园和风景名胜区范围以外的林地。

④省级以下（不含省级）、县级以上（含县级）人民政府及其有关部门批准的非基础设施建设项目，原则上可以占用征用除国家和省级自然保护区、森林公园、风景名胜区（以下简称保护区）范围以外的用材林林地、经济林林地、薪炭林林地和农田防护林、护路林林地，以及县级以上人民政府规划的宜林地。

⑤经批准的乡镇企业、乡（镇）村公共设施、公益事业、农村村民住宅等乡（镇）村建设，原则上可以使用除自然保护区范围以外的农民集体所有的用材林林地、经济林林地、薪炭林林地和农田防护林、护路林林地，以及县级以上人民政府规划的宜林地。

⑥地方人民政府及其有关部门批准的采石、采沙、取土、基本农田建设等，原则上可以占用征用县级以上人民政府规划的宜林地；因对石质、沙质、土质有特殊要求的，原则上可以占用征用除保护区范围以外的用材林林地、经济林林地、薪炭林林地和农田防护林、护路林林地，以及县级以上人民政府规划的宜林地。

⑦其他特殊项目确需占用征用林地的，应将具体情况报国家林业局审查同意后，按规定权限办理占用征用林地审核审批手续。

5. 占用或征用林地的审批程序

依照《森林法》和《森林法实施条例》的规定，勘查、开采矿藏和修筑道路、水利、电力、通信等工程，需要占用或者征用林地的，用地单位须进行以下办理程序。

5.1 建设单位向县级以上林业主管部门提出申请

占用征用非国家重点林区林地的，建设单位向被占用征用林地所在地的县级林业主管部门申请；跨县级行政区的，分别向各县级林业主管部门申请。占用国家重点林区林地的，建设单位向被占用林地所在地的国有林业局申请；跨国有林业局经营区的，分别向各国有林业局申请。

申请用地的建设单位应当提交以下申请材料：

(1) 占用征用林地的建设单位法人证明

建设单位或其法人代表变更的，要有变更证明。

(2) 建设项目的批准文件

①大中型建设项目，要有可行性研究报告批复和初步设计批复。水电建设项目，按有关规定将可行性研究报告和初步设计两阶段合并的，要有可行性研究报告批复。

②小型建设项目，要有选址和用地规模的批准文件。

③勘查、开采矿藏项目，要有勘查许可证、采矿许可证和其他相关批准文件。

④因建设项目勘测设计需要临时占用林地的，要有建设项目可行性研究报告的批复。

⑤森林经营单位在所经营的林地范围内修筑直接为林业生产服务的工程设施占用林地的，要有县级以上林业(森工)主管部门的批准文件。

根据建设项目批准文件，一个项目占用征用的全部林地，建设单位应当一次申请，不得分为若干段或若干个子项目进行申请。

(3) 林地权属证明

申请占用征用的林地，已发放林权证的，要提交林权证复印件；未发放林权证的，要提交县级以上人民政府出具的权属清楚的证明；有林权纠纷的，要提交县级以上人民政府依法处理的决定。

(4) 补偿协议

建设单位与被占用征用林地单位或个人签订的林地补偿、林木补偿和安置补助协议。由县级上地方人民政府统一制订补偿、补助方案的，要有该人民政府制订的方案。

(5) 项目使用林地可行性报告

作出项目使用林地可行性报告的应是符合国家林业和草原局《关于印发〈使用林地可行性报告编写规范〉的通知》中规定的资质条件的设计单位。

(6) 其他证明材料

(7)《使用林地申请表》

《使用林地申请表》样式见表 4.1。

5.2　林业主管部门受理申请和提出审查意见

(1) 审核申请材料

县级林业主管部门或重点林区国有林业局应当严格核对申请材料的复印件与原件，凡二者一致的，在复印件上加盖县级林业主管部门或重点林区国有林业局印章后退回原件；不一致的，将申请材料退回；申请材料不齐全的，告知建设单位重新申请。

(2) 制定恢复森林植被措施

申请材料齐全、合格的，应当组织制定在当年或次年内恢复不少于被占用征用林地面积的森林植被措施(包括造林地点、面积、树种、林种、作业设计、造林及管护经费预算，以及森林资源保护管理措施等)。国务院林业主管部门委托的单位和县级林业主管部门对建设项目类型、林地地类、面积、权属、树种、林种和补偿标准进行初步审查同意后，应

表 4.1 使用林地申请表

项目名称										
用　途										
项目批准机关						批准文号				
使用林地面积						使用期限				
林地现状	权属＼地类		总计	防护林林地	特用林林地	用材林林地	经济林林地	薪炭林林地	苗圃地	其他林地
	面积（公顷）	计								
		国有								
		集体								
	蓄积（立方米）	计								
		国有								
		集体								
被用地单位										
林权证号										
补偿费用（万元）			合计		林地补偿费		林木补偿费	森林植被恢复费		安置补助费

备注：

县级林业主管部门意见	负责人　　　　　　　　　　　　　　（林地管理专用章） 　　　　　　　　　　　　　　年　月　日
设区的林业主管部门意见	负责人　　　　　　　　　　　　　　（林地管理专用章） 　　　　　　　　　　　　　　年　月　日
省级林业主管部门意见	负责人　　　　　　　　　　　　　　（林地管理专用章） 　　　　　　　　　　　　　　年　月　日
国家林业局意见	负责人　　　　　　　　　　　　　　（林地管理专用章） 　　　　　　　　　　　　　　年　月　日

注：用材林林地、经济林林地、薪炭林林地均包含其采伐迹地。

填报说明：1. 本表由用地单位填写，并加盖单位公章。2. 用钢笔或签字笔填写，字体要端正。3. 应分别不同的被用地单位填写，不得将几个被用地单位的林地面积相加后填写在一份申请表中。4. 一项工程使用林地，应一次性提出用地申请，不得化整为零。5. 各级林业主管部门必须在本级意见栏中签署明确的意见，负责人签批后，加盖印章。

当在10个工作日内制定植树造林、恢复森林植被的措施。

（3）组织有资质的设计单位进行现场查验并提交《使用林地现场查验表》

占用征用非国家重点林区林地的，地方林业主管部门要组织力量对申请占用征用的林地进行现场查验，承担现场查验的人员或单位，查验后要按照规定向有关林业主管部门提交《使用林地现场查验表》，样式见表4.2。现场查验意见中要说明占用征用林地的面积、位置、地貌等基本情况，地类、权属等森林资源现状，是否在保护区范围内等内容。查验人员或单位必须对查验表的真实性负责。

表4.2 使用林地现场查验表

项目名称										
项目批准机关					负责人					
					批准文号					
林地现状	权属	地类	总计	防护林林地	特用林林地	用材林林地	经济林林地	薪炭林林地	苗圃地	其他林地
	面积（公顷）	计								
		国有								
		集体								
	蓄积（立方米）	计								
		国有								
		集体								
被用地单位										
林权证号										
现场示意图（可另外附图）										
现场查验意见：										
								查验人： 年　月　日		

注：用材林林地、经济林林地、薪炭林林地均包含其采伐迹地。

（4）提出审查意见

林业主管部门应从受理占用征用林地的申请之日起15个工作日内在《使用林地申请表》上签署具体明确的审查意见，留存一套申请材料后，报上一级林业主管部门审核。需组织制定恢复森林植被措施或现场查验的，林业主管部门应在25个工作日内将具体明确的审查意见与恢复森林植被措施和现场查验报告一并报上一级林业主管部门。占用征用林地应由国家林业和草原局审核的，省级林业主管部门的审查意见要用正式文件上报，并附具一套申请材料和恢复森林植被措施、现场查验报告。

占用征用实施森林生态效益补偿的防护林林地、特种用途林林地和实施天然林资源保护工程的天然林林地的，有审核权的林业主管部门应将审核同意书抄送相关部门。

5.3　建设单位预交森林植被恢复费

依照《森林法》和《森林法实施条例》的规定，对审核同意的占用征用林地项目，申请用地的建设单位必须依照国家规定的标准预交森林植被恢复费。

（1）森林植被恢复费的具体征收标准

依照《森林植被恢复费征收使用管理暂行办法》的规定，森林植被恢复费的具体征收标准是：①用材林林地、经济林林地、薪炭林林地、苗圃地，每平方米收取 6 元；②未成林造林地，每平方米收取 4 元；③防护林和特种用途林林地，每平方米收取 8 元；④国家重点防护林和特种用途林林地，每平方米收取 10 元；⑤疏林地、灌木林地，每平方米收取 3 元；⑥宜林地、采伐迹地、火烧迹地，每平方米收取 2 元。

(2)森林植被恢复费的收取、管理与使用

占用或者征用非国家重点林区林地的，由省、自治区、直辖市林业主管部门负责预收。占用国家重点林区林地的，由国务院林业主管部门或其委托的单位负责预收。

森林植被恢复费属于政府性基金，纳入财政预算管理，实行就地缴库办法。县级以上林业主管部门收取森林植被恢复费后，在规定的时间内就地缴入同级国库。

森林植被恢复费实行专款专用，专项用于林业主管部门组织的植树造林，恢复森林植被，包括调查规划设计、整地、造林、抚育、病虫害防治和森林资源管护等开支。

森林植被恢复费的征收、使用和管理接受财政、审计部门和上级林业主管部门的监督检查。

5.4 核发《使用林地审核同意书》

(1)各级林业主管部门对占用、征用林地的审核权限

①占用或者征用防护林林地或特种用途林林地面积 10 公顷以上的，用材林、经济林、薪炭林林地及其采伐迹地面积 35 公顷以上的，其他林地面积 70 公顷以上的，由国务院林业主管部门审核。

②占用或者征用林地面积低于上述数量的，由省级人民政府林业主管部门审核。

③占用或者征用国家重点林区的林地的，由国务院林业主管部门审核。

《森林法实施条例》规定，占用或者征用林地未经林业主管部门审核同意的，土地行政主管部门不得受理建设用地申请。

(2)核发《使用林地审核同意书》

县级以上人民政府林业主管部门按照规定审核同意占用征用林地申请，并按照规定预收森林植被恢复费后，向用地申请单位发放《使用林地审核同意书》(样式见表 4.3)，同时将签署意见的《使用林地申请表》等材料移交被占用征用林地所在地的林业主管部门或者国务院林业主管部门委托的单位存档。

5.5 用地单位凭《使用林地审核同意书》依法办理建设用地审批手续

(1)林地转为建设用地的批准权限

依照《土地管理法》的规定，林地转为建设用地的批准权限如下：

①省、自治区、直辖市人民政府批准的道路、管线工程和大型基础设施建设项目、国务院批准的建设项目，占用征用林地的，由国务院批准。

②在土地利用总体规划确定的城市和村庄、集镇建设用地规模范围内，为实施该规划需要占用征用林地的，按土地利用年度计划分批次由原批准土地利用总体规划的机关批准，在已批准的林地转用范围内，具体建设项目用地可以由市、县人民政府批准。

③其他的建设项目占用征用林地，由省、自治区、直辖市人民政府批准。

(2)建设用地审批

用地单位取得有关林业主管部门核发的《使用林地审核同意书》后，依照国家土地管理的有关法律、行政法规办理建设用地审批手续。

表4.3 使用林地审核同意书

国家林业和草原局

准 予 行 政 许 可 决 定 书

林资许准〔　　　〕

使 用 林 地 审 核 同 意 书

_____：

依照《森林法》和《森林法实施条例》的规定，经审核，同意_____建设项目，你单位要按照有关规定办理建设用地审批手续，依法缴纳有关占用征用林地的补偿费用。建设用地批准后，需要采伐林木的，要依法办理林木采伐许可手续。

审核机关(印)

年　　月　　日

（此证一式五联，第一联存根，第二联用地单位，第三联省级林业主管部门，第四联森林资源监督机构，第五联国家林业和草原局行政许百办公室）

注：各省、自治区、直辖市使用的《使用林地审核同意书》由各林业厅(局)参照国家林业和草原局版本自行制定和印刷。

（3）其他有关规定

①如果占用征用林地未被法定的人民政府批准，有关林业主管部门应当自接到不予批准通知之日起7日内将收取的森林植被恢复费如数退还。

②用地单位依照有关规定取得建设用地的批准并兑现补偿、补助费后，林业主管部门才能依法办理林地移交和变更林权登记手续。

③需要采伐林木的，应当依法办理林木采伐许可手续。

5.6 占用征用林地的补偿制度

占用或者征用林地的用地单位应当按规定支付林地补偿费、林木补偿费和安置补助费。林地补偿费、林木补偿费和安置补助费的具体征收办法和标准按照各省、自治区、直辖市的具体规定执行。所收取的各项补偿费用，除按规定付给个人的部分以外，应纳入森林经营单位的造林营林资金，用于造林营林。

6. 农村居民占用林地建住宅

农村居民按照规定标准修建自用住宅需要占用林地的，应当以行政村为单位编制规划，落实地块，按照年度向县级人民政府林业主管部门提出申请，经县级人民政府林业主管部门依法审查，在逐级上报省(自治区、直辖市)人民政府林业主管部门审核同意后，由行政村依照有关土地管理的法律、法规办理用地审批手续。

任务3　岗位对接——技能提升

1. 占用征用林地申办流程及操作规范

以某县(市、区、旗)建设项目占用征用林地行政审批操作规范为例说明。

(1) 行政审批项目名称及性质

①名称　建设项目占用征用林地行政审批。

②性质　行政许可。

(2) 项目设定法律依据

依照《森林法》第37条，矿藏勘查、开采以及其他各类工程建设，应当不占或者少占林地；确需占用林地的，应当经县级以上人民政府林业主管部门审核同意，依法办理建设用地审批手续。占用林地的单位应当缴纳森林植被恢复费。森林植被恢复费征收使用管理办法由国务院财政部门会同林业主管部门制定。

(3) 项目实施主体及权限范围

依照《森林法》及《森林法实施条例》的规定，占用或者征用防护林林地或特种用途林林地面积10公顷以上的，用材林、经济林、薪炭林林地及其采伐迹地面积35公顷以上的，其他林地面积70公顷以上的，由国务院林业主管部门审核；占用或者征用林地面积低于上述数量的，由省级人民政府林业主管部门审核；占用或者征用国家重点林区的林地的，由国务院林业主管部门审核。

(4) 项目审批条件

依照《森林法》《森林法实施条例》以及《建设项目使用林地审核审批管理办法》之规定，建设单位需要办理占用征用林地审批手续的，应当符合下列条件：

①具有明确权属及法律地位的企业和法人。

②具有项目有关批准文件。

③所提交的证件及法定材料齐全。

④属于本级林业主管部门管辖范围。

⑤符合国家和地方建设项目占用征用林地有关政策及规定。

(5) 项目实施对象和范围

依照《森林法》及《森林法实施条例》规定，符合建设项目占用征用林地办理条件的相对人。

(6) 项目办理申请材料

①填写《使用林地申请表》并提供用地单位的资质证明或者个人的身份证明。

②建设项目有关批准文件。包括：可行性研究报告批复、核准批复、备案确认文件、勘查许可证、采矿许可证、项目初步设计等批准文件；属于批次用地项目，提供经有关人民政府同意的批次用地说明书并附规划图。

③拟使用林地的有关材料。包括：林地权属证书、林地权属证书明细表或者林地证明；属于临时占用林地的，提供用地单位与被使用林地的单位、农村集体经济组织或者个人签订的使用林地补偿协议或者其他补偿证明材料；涉及使用国有林场等国有林业企事业单位经营的国有林地，提供其所属主管部门的意见材料及用地单位与其签订的使用林地补偿协议；属于符合自然保护区、森林公园、湿地公园、风景名胜区等规划的建设项目，提供相关规划或者相关管理部门出具的符合规划的证明材料，其中，涉及自然保护区和森林公园的林地，提供其主管部门或者机构的意见材料。

④具有相应资质的单位作出的建设项目使用林地可行性报告或者林地现状调查表。

(7) 项目办理程序

① 建设单位向县级林业行政主管部门提出申请。

② 州(市)、县(区、市)两级林业行政主管部门提出具体明确的审查意见与恢复森林植被措施和现场查验报告一并逐级上报省级林业行政主管部门。

③ 依照《建设项目使用林地审核审批管理办法》的规定，根据占用或者征用林种及林地面积，经由相应级别林业行政主管部门同意后向申请人核发《使用林地审核同意书》。

(8) 项目办结时限

① 法定办结时限　20个工作日。

② 承诺办结时限　县(市、区、旗)的承诺办结时限由各县(市、区、旗)确定。

(9) 项目收费标准及其依据

用地单位依照国务院有关规定缴纳森林植被恢复费。森林植被恢复费专款专用，由林业主管部门依照有关规定统一安排植树造林，恢复森林植被。根据财政部、国家林业局《森林植被恢复费征收使用管理暂行办法》以及各地方性法规规章的规定制定适合本地区的森林植被恢复费征收依据与制度。

(10) 项目办理咨询方式

各县(市、区、旗)咨询、投诉电话由各县(市、区、旗)自行公布。

(11) 项目办理申请表(见表4.4)。

任务4　模拟演练——巩固实践

【案件信息】

2014年，某药品厂为扩大生产，需修建新厂房，于是向当地国土资源部门申请办理了有关土地征占手续，总占用土地面积100亩。施工过程中，施工单位的推土机铲掉了大量的幼林。接到举报后，林业局派执法人员进行调查。执法人员在调查中发现，某药品厂占用的100亩土地中9亩是林地，但在办理土地征占手续时未经林业局审核同意。

一、实训内容

1. 国土资源局能否受理征占用林地的申请。

2. 案件中违法主体应当如何承担责任。

3. 列出本案中所涉及的法条。

二、实训目的

通过本实训，让学生进一步掌握征占用林地的基本理论知识，会依照《森林法》《农村土地承包法》《土地管理法》《占用征用林地审核审批管理办法》的相关规定处理相关案件，本案件重点训练学生们对征占用林地的审批流程、申请方式和提交材料等相关知识的掌握情况，从而对案件的处理更加清晰，以更好地服务于实际工作。

三、实训准备与要求

查阅相关资料，明确本案件的相关法律法规条款，明确林权证的格式及征占用林地的相关法律制度，能够运用相关理论知识对背景材料进行案件处理、归纳总结及分析。

四、实训方法及步骤

第一步，实训前准备。5~6人分为一个小组，要求参加实训的同学，课前查阅相关资料及书籍,找出与案件相关的法律法规,并组织学生们课前根据案情编排短剧,有条件及相关资源的同学可以就该案件深入林业行政执法机构进行访问调查。

第二步,短剧表演,其他小组同学观看短剧。

第三步,以小组为单位进行案情讨论,各小组发表案件处理意见。

第四步,指导教师对各种观点进行点评,归纳、总结和分析,并对要点、易错点进行提炼。

第五步,整理实训报告,完善案件处理方案。

五、实训时间

以 1~2 学时为宜。

六、实训作业

案件处理完毕后,要求每名同学必须撰写实训报告,实训报告要求语言流畅、文字简练,有理有据,层次清晰。实训报告样式详见附录附表1。

七、实训成绩评定标准

1. 实训成绩评定打分

本实训项目的考核成绩满分 100 分,占总项目考核成绩的 4%。

2. 实训成绩给分点

(1)学生对于林权制度、林权林地管理相关知识的掌握情况。(20 分)

(2)各组成员的团队协作意识及完成任务情况。(20 分)

(3)出勤率、迟到早退现象。(10 分)

(4)组员对待工作任务的态度(实训结束后座椅的摆放和室内卫生的打扫)。(10 分)

(5)实训的准备、实训过程的记录。(20 分)

(6)实训报告的完成情况,文字结构流畅,语言组织合理,法律法规引用正确。(20 分)本项目考核评价单,详见附录附表6。

子项目二 森林、林木、林地流转

任务1 案例导入与分析

【案件导入】

2013 年冬的一天,某县莲花村的村民到县林业局报案,称该村的 15 棵杨树被人盗伐。原来,2005 年莲花村曾与相邻的张村经协商,进行了宜林荒地交换。莲花村将一块"飞地"(指土地属于莲花村所有,但为张村的土地所包围的地块)换给了张村,张村以一块同样大小的宜林荒地交换给莲花村。当时莲花村换给张村的"飞地"里有野山杨树根系萌生的山杨树 15 棵,因树小量少,没有引起双方的注意,双方未进行林木权属的约定。不久后,张村将这块林地承包给村民刘某。2013 年冬,刘某未经批准,偷偷将这些树采伐掉了,合计立木材积 3.8 立方米。县林业局调查时,两村均能拿出交换林地的协议,但对 15 棵树如何处理,协议没有记载。张某与村民刘某的林地承包合同也没有提及 15 棵杨树的归属。

【问题】

1. 本案涉及林业行政执法的哪些问题？
2. 对于本案涉及的有关林业行政执法问题，县林业局应当如何处理？

【案例评析】

首先，本案依法应由拥有林权争议确认权的人民政府，依法确认该 15 棵山杨树的所有权归属。依照《森林法》第 22 条规定，单位之间发生的林木、林地所有权和使用权争议，由县级以上人民政府依法处理。个人之间、个人与单位之间发生的林木所有权和林地使用权争议，由乡镇人民政府或者县级以上人民政府依法处理。从本案案情看，2005 年两村自愿达成的是林地交换协议，莲花村也提供不出该 15 株山杨树系其人工栽植的证据。显然无法适用《林木林地权属争议处理办法》第 11 条或者第 12 条规定，按照双方各半的原则或者按照"谁造林、谁管护、权属归谁所有"的原则确权。《民法典》第 320 条规定：从物随主物转让规则，主物转让的，从物随主物转让，但是当事人另有约定的除外。依此司法解释，在法律和合同没有相反规定、约定的情况下，从物的权利归属依主物的归属而定，从物随主物所有权的转移。因此，该 15 株林木的所有权应随林地一并转移给张村所有。基于同理，在张村又将这块林地发包给刘某的情况下，该 15 株山杨树的所有权也随之转移到村民刘某。所以，县政府应依法确认该 15 棵树的所有权人为村民刘某。

其次，县林业局依法应认定刘某擅自采伐该 15 株山杨树是否"盗伐"。依照《森林法》及相关司法解释的规定，农村居民除了其采伐房前屋后的自有树木、其自留地个人所有的树木以及其自留山上的薪炭林外，采伐其他林木依法应先向林业主管部门申请办理林木采伐许可证，未经批准擅自采伐本人承包林地上个人所有的林木，属于滥伐林木。因此，在刘某滥伐林木未达到滥伐林木罪的立案标准前提下，县林业局依法应认定刘某未经批准擅自采伐本人承包的集体林地上个人所有的林木，属于滥伐林木行为，并依法给予相应的林业行政处罚。

综上所述，本案争议的林木依法应归刘某所有。刘某采伐本人承包的集体林地上个人所有的林木属于滥伐林木行为，依法应受到林业行政处罚。莲花村主张该 15 株山杨树归其所有，并认为刘某"盗伐"其林木，缺乏事实根据和法律依据。

任务 2　相关资讯

1. 森林、林木、林地流转概述

森林、林木和林地的流转，是指森林、林木所有权人或者林地使用权人将其森林、林木的所有权或使用权和林地的使用权依法全部或部分转移给他人的行为。随着我国社会主义市场经济体制的建立和林业改革的深入，森林、林木、林地作为生产要素进入市场流转是必然趋势。

2. 森林、林木、林地流转的程序

（1）国有森林、林木、林地流转的一般程序

①拟订方案并报经同意　国有森林、林木和林地的流转，一般由县级林业行政主管部门提出可行性研究和实施方案，由上一级林业行政主管部门签署意见后，报省林业行政主管部门的同意。

②资产评估　评估工作由依法取得评估资质的机构依照法定程序进行,并如实出具资产评估价值报告。未经资产评估的国有森林、林木、林地的流转行为,依法无效。

③签订流转合同　国有森林、林木和林地流转合同的订立过程,应当依法采用拍卖、招标的方式,并在依法设立的产权交易机构中依照《拍卖法》《招标投标法》的规定程序公开进行。此外,将森林、林木、林地使用权有偿转让或者作为合资、合作的条件的,转让方或者出资方已经取得的林木采伐许可证仍然具有法律效力,可以同时转让。

④申请和批准　流转者应向县级以上林业行政主管部门提出流转申请,并提供下列材料:申请书;转让合同或协议;林权证明;林地、林种现状及林木资源状况;其他相关材料。国有森林资源流转合同由县级以上林业行政主管部门审核,并报同级人民政府国有资产管理部门批准。

⑤流转权属登记　森林、林木和林地流转合同的当事人应当依照《森林法》《森林法实施条例》《林木和林地权属登记管理办法》等有关规定,申请办理林权初始登记。

(2)集体森林、林木、林地流转的一般程序

①公示并经本集体经济组织成员同意　依法抵押的,未经抵押权人同意不得流转;采伐迹地在未完成更新造林任务或者未明确更新造林责任前不得流转;集体统一经营的山林和宜林荒山荒地,在明晰产权、承包到户前,原则上不得流转,确需流转的,应当进行森林资源资产评估,流转方案须在本集体经济组织内提前公示,经村民会议三分之二以上成员同意或者三分之二以上村民代表同意后,报乡镇人民政府批准,并采取招标、拍卖或公开协商等方式流转,在同等条件下,本集体经济组织成员在林权流转时享有优先权。流转共有林权的,应征得林权共有权利人同意。国有单位或乡镇林场经营的集体林地,其林权转让应当征得该单位主管部门和集体经济组织村民会议的同意。

②确定流转基准价　集体所有的森林、林木、林地采取家庭承包方式流转的,是否进行森林资源资产评估,由本集体经济组织成员的村民会议或者村民代表会议讨论决定;集体森林、林木、林地使用权采取拍卖、招标、协议或者其他方式流转的,可以参照国有森林资源资产评估程序进行评估。评估价作为森林、林木、林地使用权流转的保留价。

③采取拍卖、招标、协议或者其他方式流转并订立流转合同或协议　采用拍卖、招标的方式的,依照《拍卖法》《招标投标法》的规定程序公开进行。集体所有的森林、林木、林地采取协议方式流转的,应当接受村务监督小组的监督,其流转价款不得低于森林资源资产评估价。

④办理林权变更登记　森林资源流转后,流转双方应向森林资源所在地县级以上地方人民政府林业行政主管部门申请办理林权变更登记的,应当提交林权证、流转双方依法签订的流转合同和法律、法规规定的其他材料。

(3)农村村民承包林地使用权流转的程序规定

①已经承包到户的山林,农民依法享有经营自主权和处置权,禁止任何组织或个人采取强迫、欺诈等不正当手段迫使农民流转林权,更不得迫使农民低价流转山林。

②采取转包、出租、互换、转让或者其他方式流转的,当事人双方应当签订书面合同。

③采取转让方式流转的,应当经发包方同意;采取转包、出租、互换或者其他方式流转的,应当报发包方备案。

④采取互换、转让方式流转且当事人要求流转登记的,应当向县级以上地方人民政府申请登记。未经登记,不得对抗善意第三人。

⑤承包方依法采取转包、出租、入股等方式将林地承包经营权部分或者全部流转的,承包方与发包方的承包关系不变,双方享有的权利和承担的义务不变。

⑥通过招标、拍卖和公开协商等方式承包荒山、荒沟、荒丘、荒滩等农村土地,经依法登记取得林权证的,可以采取转让、出租、入股、抵押或者其他方式流转。依法出租、转包、入股的,承包方与发包方的承包关系不变,林权权利人也不变,不能重新确权或重复发给林权证。

3. 森林、林木、林地流转的管理

(1)森林、林木、林地流转合同管理

森林、林木、林地使用权流转合同,是指森林、林木所有权人或者林地使用权人将其森林、林木的所有权或使用权和林地的使用权依法全部或部分转移给他人所订立的协议。省级林业主管部门应当统一制定本辖区内林权流转合同示范文本。通常包括以下主要条款:流转双方的姓名或名称和住所;流转的森林、林木和林地的状况(流转林地的名称、坐落、质量等级;森林和林木的林种、树种、蓄积量或者株数等);流转的期限和起止日期;流转价款、付款方式和付款时间;双方当事人的权利和义务;违约责任;纠纷的解决方式。

上述森林、林木、林地使用权流转的期限为30~50年,一般不超过70年,再流转的期限不得超过原流转的剩余期限。

(2)林权变更登记管理

森林、林木、林地使用权流转后,流转双方向森林资源所在地县级以上地方人民政府林业主管部门申请办理林权变更登记的,由县级以上地方人民政府依法进行变更登记。不符合条件的,应当向申请人说明理由。颁发林权证等证书,除按规定收取证书工本费外,不得收取其他费用。

(3)与流转合同相关的林木采伐和迹地更新造林管理

受让林木的采伐按有关法律法规的规定管理,采伐量应当纳入所在地森林采伐限额。流转合同规定的更新造林责任方在林木采伐后,应当于当年或者次年内完成迹地更新造林,并通过所在地县级人民政府组织的造林质量验收。

(4)林地使用权管理

依法确定给单位或者个人使用的国有林地,有下列情形之一的,应当由县级以上林业主管部门报本级人民政府批准后,收回林地使用权:连续两年闲置、荒芜的;擅自用于非林业生产的;造成林地严重破坏,且不采取补救措施的。

集体林区划界定为公益林的林地、林木,暂不能进行转让;但在不改变公益林性质的前提下,允许以转包、出租、入股等方式流转,用于发展林下种养业或森林旅游业。对未明晰产权、未勘界发证、权属不清或者存在争议的林权不得流转;集体林权不得流转给没有林业经营能力的单位和个人;流转后不得改变林地用途。

任务3 模拟演练——巩固实践

【案件信息】

2006年5月16日,位于中国避暑胜地信阳市鸡公山下的李家寨镇某村民委员会(以下简称某村委会)与到此洽谈投资的郑州市客商苏某某签订一份租赁林地合同。合同约定:某村委会将本村集体所有的8 500亩山林以每年3万元的价格"出租"给苏某开发经营,租期限为70年。某村委会主任殷某代表该村委会签名,并加盖该村委会公章,苏某也签名确认。同年11月24日,双方通过信阳市浉河区公证处办理了合同公证书。同年12月23日,苏某通过信阳市浉河区林业局取得了林权证。2008年6月5日及10月15日由殷某出具收条,先后两次共收到苏某所付"租金"3万元。该村全村共4个村民组43户共150人的村民得知上述情况后,认为村委会和苏某的行为侵犯了其合法权益,刘某等27户村民自发组织,于2010年6月向浉河区法院提起诉讼,要求确认某某村委会与苏某某签订的合同无效。

一、实训内容

1. 村委会是否有权出租集体林地。
2. 该租赁期70年是否符合法律规定。
3. 集体林流转的程序和方式。

二、实训目的

通过本实训,进一步让学生们掌握森林、林木、林地流转的相关法律法规,明确林权流转的含义、原则和办理流程,使学生能够根据案件找出违法行为人的涉法点,并对其违法行为进行正确定性,以更好地服务于林权流转工作。

三、实训准备与要求

查阅相关资料,明确本案件的相关法律法规条款,熟练掌握林权流转的前提、适用范围和办理流程,能够运用相关理论知识对背景材料进行案件处理、归纳总结及分析。

四、实训方法及步骤

第一步,实训前准备。5~6人分为一个小组,要求参加实训的同学,课前查阅相关资料及书籍,找出与案件相关的法律法规,并组织学生们课前根据案情编排短剧,有条件及相关资源的同学可以就该案件深入林业行政执法机构进行访问调查。

第二步,短剧表演,其他小组同学观看短剧。

第三步,以小组为单位进行案情讨论,各小组发表案件处理意见。

第四步,指导教师对各种观点进行点评,归纳、总结和分析,并对要点、易错点进行提炼。

第五步,整理实训报告,完善案件处理方案。

五、实训时间

以1~2学时为宜。

六、实训作业

案件处理完毕后,要求每名同学必须撰写实训报告,实训报告要求语言流畅、文字简练,有理有据,层次清晰。实训报告样式详见附录附表1。

七、实训成绩评定标准

1. 实训成绩评定打分

本实训项目的考核成绩满分100分,占总项目考核成绩的3%。

2. 实训成绩给分点

(1)学生对于森林、林木、林地流转的知识点掌握情况。(20分)

(2)各组成员的团队协作意识及完成任务情况。(20分)

(3)出勤率、迟到早退现象。(10分)

(4)组员对待工作任务的态度(实训结束后座椅的摆放和室内卫生的打扫)。(10分)

(5)实训的准备、实训过程的记录。(20分)

(6)实训报告的完成情况,文字结构流畅,语言组织合理,法律法规引用正确。(20分)本项目考核评价单,详见附录附表6。

子项目三　林权纠纷处理

任务1　案例导入与分析

【案件导入】

1994年5月,某村王某与李某经过协商,将自己承包的离家较远的一块同样大小的林地与李某一块同样大小的林地交换以方便经营,并签订了书面协议,当时王某的林地里有刚种植10棵杨树,但协议未提及其权属。2006年4月,李某未经批准将树伐除,卖得1 500元。王某认为该10棵杨树是自己的,向当地林业站举报了此事,并要求李某归还1 500元卖树款。当地林业站上报县林业局,林业局受理此案。

【问题】

1. 李某的行为属于盗伐还是滥伐?

2. 10棵杨树的权属归谁所有?

3. 案件中涉及哪些法律法规?

【案件评析】

在林权争议与违法行为同时存在的情况下,需要理清确定权属和处理违法行为之间的关系。确定权属是处理违法行为的前提条件,应当确权之后再进行处罚。

首先,应确定10棵杨树的权属。依照《农村土地承包法》第40条规定,承包方之间为方便耕种或者各自需要,可以对属于同一集体经济组织的土地承包经营权进行互换;第37条规定,土地承包经营权采取转包、出租、互换、转让或者其他方式流转,当事人双方应签订书面合同。本案中,王某与李某同属一个行政村,为经营方便,双方互换承包地并签订书面合同,承包地互换合同有效。按法理,除法律规定或当事人约定外,土地上的青苗应归土地所有权人所有。因此,10棵杨树应归李某所有。但依照《最高人民法院关于审理涉及农村土地承包纠纷案件适用法律问题的解释》第22条第2款规定,承包方已将土地承包经营权以转包、出租等方式流转给第三人的,除当事人另有约定外,青苗补偿费归实际投入人所有,地上附着物补偿费归附着物所有人所有。据此,李某应补偿王某的实际投入;支付王某购买杨树的费用。

其次,按照《最高人民法院关于审理破坏森林资源刑事案件具体应用法律若干问题的解释》第5条规定,未经林业行政主管部门批准并核发林木采伐许可证,任意采伐本人所有的森林或者其他林木的,为滥伐行为。《森林法》第76条规定,滥伐林木的,由县级以上人民政府林业主管部门责令限期在原地或者异地补种滥伐株数一倍以上三倍以下的树木,可以处滥伐林木价值三倍以上五倍以下的罚款。本案中,李某的行为构成滥伐,应依法给予行政处罚。

在林权权属争议与违法行为同时存在的情况下,确定权属是处理违法行为的前提条件,应当确权之后再进行处罚。

任务2 相关资讯

1. 林权纠纷概述

林权纠纷,也称林权争议,是森林、林木、林地的所有者或使用者就如何占有、使用、收益和处分森林、林木、林地问题所发生的争执或纠纷。

2. 调处林权纠纷的依据和凭证

(1)调处林权纠纷的依据

林权纠纷的调处,以当事人提出的已经依法确定权属时的有效法律、法规、规章的规定为依据;当时的法律、法规、规章未作规定的,以当时的有关政策规定为依据;当时的法律、法规、规章和政策均未作规定的,以调处时有效的法律、法规、规章为依据。

(2)权属凭证

根据有关法规、规章的规定,下列证据可以作为调处林权纠纷、确定权属的证据材料(简称权属凭证)。

①县级以上不动产登记机构依法核发的森林、林木、林地的所有权或者使用权证书,是处理林权争议的主要依据。

②尚未取得林权证的,下列证据作为处理林权争议的依据:《森林法》和《土地管理法》实施后县级以上人民政府依法核发的山林、土地权属证书;依法没收、征收、征购、征用土地和依法批准使用、划拨土地(林地)的文件及其附图,依法出让、转让土地使用权的出让、转让合同;国有林场设立时经依法批准的确定经营管理范围的总体设计书、规划书、说明书及其附图;人民法院对林权纠纷作出的生效的判决书、裁定书、调解书;法律、法规、规章规定可以作为调处林权纠纷、确定权属的凭证材料和其他证据等。

(3)权属参考凭证

土地改革后至林权争议发生时,下列依据可以作为处理林权争议的参考凭证材料(简称权属参考凭证):依法形成的土地利用现状调查、城镇地籍调查、森林资源清查有关成果资料;当事人管理使用(包括投资)纠纷的土地、山林的事实资料和有关凭证;依法划定的行政区域界线及其边界地图;县级以上人民政府及其主管部门依法批准征用、使用、划拨、出让土地(林地)时有关的说明书、补偿协议书、补偿清单和交付有关价款的凭证，规划行政主管部门批准规划用地的文件及其附图；法律、法规、规章规定可以作为调处权属纠纷、确定权属参考的其他证据。

(4)关于凭证的有关规定

①对同一起林权纠纷有数次处理决定的，以最后一次处理决定为准，但最后一次处理决定确有错误的除外。

②对同一起林权纠纷有数次协议的，以经过公证的协议为准，没有公证的，以最后一次协议为准，但协议违反法律、法规、规章的除外。

③权属凭证记载东、西、南、北四至(简称四至)方位范围清楚的，以四至为准；四至记载不清楚，而该权属凭证记载的面积清楚的，以面积为准；权属凭证面积记载、四至方位不清又无附图的，根据权属参考凭证也不能确定具体位置的，由人民政府按照调处林权纠纷的原则确定权属。

④当事人对同一起林权纠纷都能够出具合法凭证的，应当协商解决；经协商不能解决的，由当事人共同的人民政府按照双方各半的原则，并结合实际情况确定其权属。双方当事人都出具相应的权属凭证，但按照有关法律、法规、规章的规定，不能作为确定权属凭证的，由人民政府按照调处林权纠纷的原则确定权属。

⑤对森林、山岭、荒地、滩涂等所有权纠纷，依法不能证明属于农民集体所有的，属于国家所有，人民政府按照调处林权纠纷的原则确定使用权。

3. 调处林权纠纷的方法和程序

3.1 双方当事人协商解决

协商解决是解决林权纠纷的主要方法，既有利于纠纷的解决，又不影响当事人之间的团结，也便于执行。一般情况下，无论纠纷是否得到解决，都应签订有关协议，以便备案。如果纠纷的实质问题在协商中得到解决，依法达成协议的，当事人应当在协议书及附图上签字或者盖章，并报所在地林权纠纷处理机构备案，由县级以上人民政府办理确认权属的登记手续；经协商不能达成协议的，当事人可以按照有关规定向林权纠纷处理机构申请处理。

3.2 行政解决

林权纠纷的行政解决，是当事人的任何一方可以向有处理权的人民政府林权纠纷处理机构申请处理。申请必须符合两个条件：当事人未经协商或者协商没有解决的；未经人民法院审理的。

人民政府调处林权纠纷的程序如下：

(1)当事人申请

①当事人递交申请书　当事人申请调处权属纠纷，应当递交申请书，并按照对方当事人的数量提交申请书副本。《林权纠纷调处申请书》由省、自治区、直辖市人民政府林权争议处理机构统一印制，样式见表4.4。

②当事人对提出的主张应当提供下列证据资料：能够证明林木、林地所有权或者使用权归属的有关权属凭证；权属纠纷区域图和地上附着物分布情况；请求确定权属的林地界线范围图。

项目四　林权林地管理行政执法

表 4.4　林权纠纷调处申请书

申请人：（单位全称、法定代表人或其他组织负责人姓名、职务、性别，单位地址；或公民姓名、性别、年龄、民族、职业、籍贯、住址）

被申请人：（同上）

案由：（林木所有权、林地所有权或林地使用权纠纷）

一、申请目的和要求事项：

二、申请事实和理由：_____

此致

_____人民政府（林业主管部门）

附：书证_____份

　　物证_____份

　　其他证据

申请人（签名或盖章）
年　月　日

（2）立案

①受理林权纠纷调处申请的条件　申请人与权属纠纷有直接利害关系；有具体的权属请求和事实根据；有明确的对方当事人；纠纷的林木、林地的所有权或者使用权未经依法确定权属，或者虽经依法确定权属，但有证据证明已经确定的权属确有错误的。

②受理　乡（镇）人民政府或者县级以上林业主管部门在接到林权纠纷调处申请之日起7个工作日内（当事人对登记核发的林权证有异议，提出重新处理申请的，审查受理的期限为一个月），经审查，符合申请规定条件的应当受理，并书面通知申请的当事人；不符合申请规定条件的，应当书面通知申请的当事人不予受理并说明理由。符合申请规定条件但不属于本级人民政府调处权限范围的，应当自接到林权纠纷调处申请之日起3个工作日内，转送有权调处的人民政府林业主管部门受理，并告知申请的当事人。

乡（镇）人民政府或者县级以上林业主管部门应当自林权纠纷调处申请受理之日起5个工作日内，将申请书副本或者申请笔录复印件送达另一方当事人。另一方当事人应当自收到申请书副本或者申请笔录复印件之日起20日内，向乡（镇）人民政府或者县级以上林业主管部门提出答辩意见，并提供有关林权纠纷的证据材料。

（3）现场勘验和调查取证

乡（镇）人民政府或者县级以上林业主管部门受理权属纠纷调处申请后，应当到林权纠纷现场勘验，并邀请当地基层组织代表参加，通知当事人到场。勘验的情况和结果应当制作笔录，并绘制权属纠纷区域图，由勘验人、当事人和基层组织代表签名或者盖章。调处机构的工作人员与林权纠纷的标的或者当事人有利害关系的，应当依法回避。

（4）组织调解、协商

组织调解、协商必须有2名及以上办案人员参加，并制作调解笔录；达成协议的，应当及时制作调解协议书；调解协议书应当有双方当事人和调解人员的签名，并盖组织调解单位的印章。

省级人民政府、设区的市人民政府林业主管部门受理的林权纠纷调处申请，可以责成双方当事人所在地县级人民政府组织林业主管部门对林权纠纷进行调解；经调解达不成协议的，报送上一级人民政府进行调解。

调解时,可以邀请村民委员会、居民委员会等基层组织协助。

调解协议,必须由双方当事人自愿达成,不得强迫。调解协议的内容不得违反有关法律、法规、规章和政策。

调解达成协议的,应当制作调解协议书和权属界线图。调解协议书和权属界线图由当事人和调解人员签名,并加盖主持调解的乡(镇)人民政府或者县级以上林业主管部门的印章。

(5)人民政府作出处理决定

有管辖权的人民政府应当自接到处理意见之日起1个月内作出处理决定;因案件重大、案情复杂,不能在规定期限内作出处理决定的,经上一级人民政府批准,可以适当延长,但延长期限最多不得超过1个月。有管辖权的人民政府对林权纠纷作出处理决定,应当制作处理决定书。《林权纠纷处理决定书》样式见表4.5。

表4.5 林权纠纷处理决定书

_____林决字〔   〕第_____号

申请人:(法人或者其他组织的名称、地址、法定代表人的姓名;公民姓名、性别、年龄、民族、文化程度、职业、地址)

被申请人:(同上)

申请人和被申请人之间的林权纠纷不能通过协商解决,申请人依法于_____(年月日)申请_____(人民政府)作出处理。现经本_____(人民政府)查明:_____

本_____(人民政府)认为(所认定的事实和理由):_____

根据_____

本_____(人民政府)决定:_____。

申请人如不服本决定,可以在收到本决定书之日起一个月内,向人民法院起诉。逾期不起诉的,本决定自动生效。

(人民政府印章)

_____年_____月_____日

(6)送达

人民政府作出处理决定后,应当制作送达书,处理决定书送达后,应有送达回证,受送达人应在送达回证上签名或者盖章并记明收到日期。

(7)颁发林权证书

县级以上人民政府应当根据生效的调解协议书、处理决定书,及时依法办理权属登记,核发林权证书。

(8)执行处理决定

同级林业主管部门、下级人民政府及其林业主管部门必须执行处理决定书。

3.3 仲裁解决

依照《农村土地承包经营纠纷调解仲裁法》的规定,当事人不愿协商、调解或者协商、调解不成的,可以向农村土地承包仲裁委员会申请仲裁,也可以直接向人民法院起诉。

《农村土地承包经营纠纷调解仲裁法》于2009年6月27日第十一届全国人民代表大会常务委员会第九次会议通过,此法对林权纠纷的仲裁解决做了如下规定:

①仲裁机构的设置 农村土地承包仲裁委员会,根据解决农村土地承包经营纠纷的实际需要设立。农村土地承包经营纠纷申请仲裁的时效期间为二年,自当事人知道或者应当知道其权利被侵害之日起计算。

②仲裁解决的申请　当事人申请仲裁，应当向纠纷涉及的土地所在地的农村土地承包仲裁委员会递交仲裁申请书。仲裁申请书应当载明申请人和被申请人的基本情况，仲裁请求和所根据的事实、理由，并提供相应的证据和证据来源。书面申请确有困难的，可以口头申请，由农村土地承包仲裁委员会记入笔录，经申请人核实后由其签名、盖章或者按指印。

③仲裁解决的受理　农村土地承包仲裁委员会决定受理的，应当自收到仲裁申请之日起5个工作日内，将受理通知书、仲裁规则和仲裁员名册送达申请人；决定不予受理或者终止仲裁程序的，应当自收到仲裁申请或者发现终止仲裁程序情形之日起5个工作日内书面通知申请人，并说明理由。

④仲裁解决的开庭　农村土地承包经营纠纷仲裁应当开庭进行。仲裁庭应当在开庭5个工作日前将开庭的时间、地点通知当事人和其他仲裁参与人。开庭应当公开，但涉及国家秘密、商业秘密和个人隐私以及当事人约定不公开的除外。

⑤仲裁解决的裁决　仲裁庭应当根据认定的事实和法律以及国家政策作出裁决并制作裁决书。农村土地承包仲裁委员会应当在裁决作出之日起3个工作日内将裁决书送达当事人，并告知当事人不服仲裁裁决的起诉权利、期限。

仲裁农村土地承包经营纠纷，应当自受理仲裁申请之日起60日内结束；案情复杂需要延长的，经农村土地承包仲裁委员会主任批准可以延长，并书面通知当事人，但延长期限不得超过30日。

当事人不服仲裁裁决的，可以自收到裁决书之日起30日内向人民法院起诉。逾期不起诉的，裁决书即发生法律效力。

⑥仲裁解决的执行　一方当事人逾期不履行的，另一方当事人可以向被申请人住所地或者财产所在地的基层人民法院申请执行。受理申请的人民法院应当依法执行。

3.4　诉讼解决

先由有关人民政府对林权纠纷作出处理决定，是诉讼程序解决林权纠纷的法定必经程序。依照《森林法》第22条规定，当事人对有关人民政府的处理决定不服的，可以自接到处理决定通知之日起三十日内，向人民法院起诉。林权纠纷经人民法院依法审理完毕，由县级以上人民政府根据人民法院的生效判决或者裁定登记造册，核发证书，确认权属，予以保护。

任务3　模拟演练——巩固实践

【案件信息】

1995年11月，A县村民陈某与A县B村签订了一份承包山林的协议，其中约定：承包山林面积10亩，期限为20年。协议签订后，陈某在荒山上造了一些林，并开展食用菌生产。2002年8月陈某准备在承包林地上兴建食用菌厂，取得B村村委会同意，并请某设计单位设计后，报当地C乡经济委员会立项批准。陈某于2002年9月动工建起了食用菌厂。2003年5月，A县林业局接群众报告，派人调查，认为陈某未经批准，擅自改变林地用途，占用林地222平方米搭建生产用房，作出行政处罚决定，责令陈某限期拆除在林地上搭建的建筑物和其他设施，并处以罚款2 500元。陈某不服，欲向法院提起诉讼。

一、实训内容

1. 确认并定性陈某在承包林地上建食用菌厂的违法行为。
2. A县林业局的行政处罚决定是否合法。
3. 案件中违法主体应当如何承担责任。

二、实训目的

通过本实训，进一步提高学生们对《森林法》《林权争议处理办法》的相关法律法规掌握与运用的熟练程度，明确林权争议处理的方式方法及流程，使学生能够找出违法行为人违法行为及涉法点，并对其违法行为进行正确定性，以更好地服务于林权林地管理工作。

三、实训准备与要求

查阅相关资料，明确本案件的相关法律法规条款，明确林权争议的处理方法及申办流程，能够运用相关理论知识对背景材料进行案件处理、归纳总结及分析。

四、实训方法及步骤

第一步，实训前准备。5~6人分为一个小组，要求参加实训的同学，课前查阅相关资料及书籍，找出与案件相关的法律法规，并组织学生们课前根据案情编排短剧，有条件及相关资源的同学可以就该案件深入林业行政执法机构进行访问调查。

第二步，短剧表演，其他小组同学观看短剧。

第三步，以小组为单位进行案情讨论，各小组发表案件处理意见。

第四步，指导教师对各种观点进行点评，归纳、总结和分析，并对要点、易错点进行提炼。

第五步，整理实训报告，完善案件处理方案。

五、实训时间

以1~2学时为宜。

六、实训作业

案件处理完毕后，要求每名同学必须撰写实训报告，实训报告要求语言流畅、文字简练，有理有据，层次清晰。实训报告样式详见附录附表1。

七、实训成绩评定标准

1. 实训成绩评定打分

本实训项目的考核成绩满分100分，占总项目考核成绩的3%。

2. 实训成绩给分点

(1)学生对于林权纠纷处理的知识点掌握情况。(20分)

(2)各组成员的团队协作意识及完成任务情况。(20分)

(3)出勤率、迟到早退现象。(10分)

(4)组员对待工作任务的态度(实训结束后座椅的摆放和室内卫生的打扫)。(10分)

(5)实训的准备、实训过程的记录。(20分)

(6)实训报告的完成情况，文字结构流畅，语言组织合理，法律法规引用正确。(20分)本项目考核评价单，详见附录附表6。

项目四 林权林地管理行政执法

综合能力训练

(一) 名词解释

林地　林权　森林、林木、林地流转　占用林地　征用林地　非法占用林地　林权纠纷

(二) 单项选择题

1. 我国森林、林木、和林地的所有权主要形式有(　　)
   A. 国家的森林、林木、林地所有权　　　　B. 集体的森林、林木、林地所有权
   C. 公民个人的树木所有权和林地使用权　　D. 以上全选

2. 《森林法》规定，林地和林地上的森林、林木的所有权、使用权，由(　　)统一登记造册，核发证书。国务院确定的国家重点林区的森林、林木和林地，由国务院自然资源主管部门负责登记。
   A. 不动产登记机构　　　　　　　　　　　B. 县级人民政府
   C. 县级以上人民政府林业主管部门　　　　D. 县级以上人民政府土地管理部门

3. 林权登记的种类有(　　)
   A. 初始登记　　　B. 变更登记　　　C. 注销登记　　　D. 以上全选

4. 林权纠纷性质属于(　　)
   A. 财产权益争议的刑事纠纷范畴　　　　B. 财产权益争议的行政纠纷范畴
   C. 财产权益争议的民事纠纷范畴　　　　D. 以上全选

5. 林权纠纷的行政解决，是指(　　)依法调处林权纠纷
   A. 公安机关　　　B. 司法机关　　　C. 税务机关　　　D. 人民政府

6. 根据财政部、国家林业局《森林植被恢复费征收使用管理暂行办法》的规定，森林植被恢复费的具体征收标准中，未成林造林地，每平方米收取(　　)元。
   A. 2　　　　　　B. 4　　　　　　C. 6　　　　　　D. 8

7. 使用集体所有的森林、林木和林地的单位和个人，向所在地的(　　)提出登记申请，由该县级人民政府登记造册，核发证书，确认森林、林木和林地使用权。
   A. 县级人民政府　　　　　　　　　　　B. 县级以上人民政府林业主管部门
   C. 乡级人民政府　　　　　　　　　　　D. 县级以上人民政府土地管理部门

8. 当事人对有关人民政府作出的林权争议处理决定不服的，可以在接到通知之日起(　　)内，向人民法院起诉。
   A. 10 日　　　　B. 15 日　　　　C. 1 个月　　　　D. 2 个月

(三) 判断题(对的打"√"，错的打"×")

1. 林权证是依法经国家林业和草原局登记核发的。(　　)

2. 任何单位和个人，只要依法拥有森林、林木和林地所有权或者使用权的任何一项权利，都可以成为林权权利人。(　　)

3. 单位和个人所有的林木，由所有者向所在地的县级人民政府林业主管部门提出登记申请，由该县级人民政府登记造册，核发权属证书。(　　)

4. 集体所有和国家所有依法由农民集体使用的林地，以及其他依法用于农业的土地，国家实行农村土地承包经营制度。（ ）

5. 林权证是依法经县级以上人民政府核发，由权利人持有的确认森林、林木和林地所有权或使用权的法律凭证，是森林、林木和林地唯一合法的权属证书。（ ）

(四) 简答题

1. 简述办理《林权证》的一般程序。

2. 说明森林、林木、林地使用权流转的范围。

3. 简述建设项目征占用林地的条件、范围和流转的主要形式。

4. 简述占用或者征用林地的审批程序。

5. 处理林权纠纷的依据是什么？权属凭证主要有哪些？

(五) 案例分析题

某县甲村和乙村对7林班林地权属争执不下，双方多次协商不成。甲村于1999年2月直接向本县人民法院提起诉讼，要求县人民法院判决7林班的归属，但法院不予受理。甲村便于同年4月在该林班内开垦林地，种植经济作物，被林业执法人员发现。县林业局责令甲村停止开垦，限期恢复植被。回答下列问题：

(1) 法院为什么不受理甲村的诉讼请求？

(2) 甲村在该林班内开垦林地的行为是否合法？为什么？

(3) 县林业局对甲村的处理是否合法？其依据是什么？

项目五 森林采伐利用行政执法

【项目描述】
　　森林是我国自然资源的重要组成部分,是陆地生态系统的主体,当前,森林资源锐减已成为我国不容忽视的生态问题,由其引发的沙化、泥石流、温室效应、生物多样性锐减等生态问题凸显,其中,人为乱砍滥伐、毁林开垦、非法经营加工及运输木材,是造成森林资源过量消耗的主要原因之一,因此,提升法律意识,科学合法保护和利用森林资源成为当务之急。
　　本项目包含二个子项目,分别是林木凭证采伐法律制度、木材经营(加工)法律制度,本项目内容涉及森林采伐、利用、经营加工等多个环节的法律法规制度,让学习者进一步熟悉林木凭证采伐、经营加工的审核审批流程,了解文书制作与填写等相关业务知识。

【学习目标】
——知识目标
　　1. 掌握森林采伐限额的含义及限额采伐范围。
　　2. 掌握凭证采伐范围、核发林木采伐许可证的部门和办理采伐许可的条件、程序、审核。
　　3. 掌握盗伐和滥伐林木的含义及区别。
　　4. 掌握违反林木采伐管理法律法规应承担的法律责任。
　　5. 掌握木材生产经营许可证的核发条件及违反木材经营管理法规的法律责任。
——能力目标
　　6. 能根据森林采伐利用相关案件拟定案件处理报告。
　　7. 能根据案情找出与森林采伐利用相关的法律法规。
　　8. 会制作和填写森林采伐利用的相关文书。
——素质目标
　　9. 提升学生的案件分析能力及违法点的查找能力。
　　10. 提升学生对森林采伐利用相关法律制度的认知能力。
　　11. 提升学生之间的团结协作能力和自主学习能力。

子项目一 林木凭证采伐法律制度

任务1 案例导入与分析

【案件导入】

2000年8月,某省A县B乡C村村民委员会经召开村民代表大会通过后,与外地一承包经营户刘某签订一份林木所有权流转协议。C村将集体所有的一片松杂混交林(面积31公顷、立木蓄积量1 560立方米)的经营采伐权转让给刘某,约定由村委会负责办理林木采伐许可证,协议签订后,其中6.5公顷松杂混交林于2000年5月由A县人民政府批准划为水源涵养林。2001年8月村民委员会应刘某的要求,向B乡林业工作站申请采伐许可证。B乡林业工作站向C村提出的拟采伐的范围进行了伐区调查设计。2001年9月15日站长江某以县林业局名义发给C村采伐许可证(证上印有A县林业局印章),批准连片皆伐松杂混交林面积20公顷,立木蓄积量1 080立方米。江某所批准的采伐范围包括已划为水源涵养林的6.5公顷松杂混交林。刘某拿到采伐许可证后,于2001年9月20日开始组织民工采伐林木。在采伐过程中,刘某考虑到村民委员会既然已答应第二年申请办理其余11公顷林木的采伐许可证,认为先采伐后补证问题不大,就将31公顷林木全部砍伐了。A县林业局接到群众举报后派人调查,发现超过许可证采伐林木的数量为480立方米(立木蓄积量),其中326立方米的水源涵养林被皆伐。

【问题】

1. 乡林业工作站是否有权发放采伐许可证?
2. 站长江某发给C村采伐许可证是否违法?
3. 本案中超过许可证的规定采伐林木行为是否违法或者构成犯罪?

【案件评析】

第一,A县林业局委托B乡林业工作站发放采伐许可证的行为违反《森林法》的规定。

依照《森林法》第57条规定,采伐许可证由县级以上人民政府林业主管部门核发。C村村民委员会申请采伐林木,应当向A县林业局提出申请,由A县林业局审核发放采伐许可证。本案中,A县B乡林业工作站没有发放林木采伐许可证的权力。另外,根据2004年7月1日起施行的《行政许可法》的规定,行政主管机关可以依法委托其他行政机关实施行政许可,但不可以委托非行政机关的单位实施行政许可,所以,A县林业局委托非行政机关的B乡林业工作站审核发放采伐许可证,也不符合现行的《行政许可法》的规定。

第二,林业工作站站长江某违法发放采伐许可证。

依照《森林法》第56条及《森林法实施条例》第31条的有关规定,防护林只能进行抚育或更新性质的采伐。B乡林业工作站站长江某在为A县林业局代发采伐许可证时,把县人民政府已批准划为水源涵养林的6.5公顷松杂混交林按皆伐方式给予发放采伐许可证,导致326立方米的防护林被皆伐,属于违法发放采伐许可证的行为。

第三，超过许可证规定采伐林木属于滥伐林木行为，本案已构成犯罪。

依照《森林法》第 56 条规定，采伐林地上的林木应当申请采伐许可证，并按照采伐许可证的规定进行采伐。超过许可证规定采伐林木的行为属于滥伐林木行为。本案中，采伐许可证批准采伐松杂混交林的面积为 20 公顷、立木蓄积量 1 080 立方米，但是，刘某实际采伐林木面积为 31 公顷、立木蓄积量 1 560 立方米，超过许可证采伐面积 11 公顷，超证采伐林木的数量为 480 立方米（立木蓄积量），其中有 326 立方米的水源涵养林。依照《森林法》第 76 条、《刑法》第 345 条和最高人民法院《关于审理破坏森林资源刑事案件具体应用法律若干问题的解释》第 5 条规定，本案已构成滥伐林木罪。

任务 2　相关资讯

森林是关系国民经济和社会可持续发展重要的可再生资源。对于森林的采伐是否合理，直接关系到森林的更新、生长和森林的演替，也关系到森林的三大效益的发挥。为了更好地保护和合理利用森林资源，《森林法》对森林的采伐管理做了明确的规定。

1. 森林采伐限额和木材生产计划

（1）森林采伐限额的概念

森林采伐限额是指国家所有的森林和林木以国有林业企业事业单位、农场、厂矿等为编限单位，集体所有的森林和林木、个人所有的林木以县为编限单位，按照法定法，经科学测算编制，经各级地方人民政府审核，报经国务院批准的在一定时期所消耗林地上胸径 5 厘米以上（含 5 厘米）林木蓄积的最大限量。

（2）实行限额采伐的范围

凡采伐胸高直径 5 厘米以上的林木所消耗的立木蓄积列入限额采伐的范围。但国家和有关法律法规禁止采伐的森林和林木、农村居民自留地、房前屋后个人所有的零星林及非林业用地上种植的林木不列入采伐限额范围。国务院批准的年森林采伐限额是具有法律约束力的森林采伐控制指标，非经法定程序，不得突破。《森林法实施条例》第 28 条规定，国务院批准的年森林采伐限额，每 5 年核定一次。年度商品林采伐限额有结余的编限单位可以结转下一年度使用，具体办法按国家林业和草原局制定的《商品林采伐限额结转管理办法》执行。利用外资营造的用材林达到一定规模需要采伐的，应当在国务院批准的年森林采伐限额内，由所在地的省、自治区、直辖市人民政府林业主管部门批准，实行采伐限额单列。

（3）"十三五"期间对执行年森林采伐限额作出的有关规定

2016 年 2 月 26 日国家林业和草原局下发了《关于切实加强"十三五"期间年森林采伐限额管理的通知》，明确指出国务院批准的"十三五"期间年森林采伐限额，是指导"十三五"期间全国森林采伐管理的纲领性文件。国务院批准的"十三五"期间年森林采伐限额，是每年采伐林地上胸径 5 厘米以上林木蓄积的最大限量，各地区、各部门必须严格执行，不得突破。不同编限单位的采伐限额不得挪用，同一编限单位分别权属、起源、森林类别、采伐类型的各分项限额不得串换使用。因重大自然灾害等特殊情况需要采伐林木且在限额内无法解决的，由省级人民政府上报国务院批准。要切实加强天然林保护，严禁移植天然大树进城，严禁对天然林实施皆伐改造。采伐非林地上的林木和经依法批准占用征收林地上的林木，不纳入采伐限额管理。实行采伐公示制度。对采伐限额执行情况要开展经常性检查，严厉打击乱砍滥伐行为，保障森林资源持续增长。

2. 年度木材生产计划

(1) 年度木材生产计划的概念

《森林法》第53条规定，国有林业企业事业单位应当编制森林经营方案，明确森林培育和管护的经营措施，报县级以上人民政府林业主管部门批准后实施。重点林区的森林经营方案由国务院林业主管部门批准后实施。国家支持、引导其他林业经营者编制森林经营方案。《森林法》第54条规定，国家严格控制森林年采伐量。省、自治区、直辖市人民政府林业主管部门根据消耗量低于生长量和森林分类经营管理的原则，编制本行政区域的年采伐限额，经征求国务院林业主管部门意见，报本级人民政府批准后公布实施，并报国务院备案。重点林区的年采伐限额，由国务院林业主管部门编制，报国务院批准后公布实施。森林采伐限额包括木材生产、农民自用材和烧柴等一切人为消耗的森林资源。其中消耗最大的可控制部分是木材生产所消耗的森林资源。木材生产计划应当小于或者等于森林采伐限额减去农民自用材和烧柴所消耗的森林蓄积量的数额。

(2) 年度商品材生产计划管理的范围及规定

①凡作为商品销售的木材均应纳入年度木材生产计划管理　《森林法实施条例》第29条规定，采伐森林、林木作为商品销售的，必须纳入国家年度木材生产计划；但是，农村居民采伐自留山上个人所有的薪炭林和自留地、房前屋后个人所有的零星林木除外。

②木材生产计划不得突破　国家年度木材生产计划是法定的计划，各级林业主管部门只能依据上级主管部门下达的木材生产计划指标进行分解下达，不得随意增加或自行编制下达。采伐的单位和个人对上级林业主管部门下达的木材生产计划不得突破。

③木材生产计划不得下达给没有森林采伐限额的单位　各级林业主管部门既不能超过年度森林采伐限额给各森林经营单位下达木材生产计划，也不能把木材生产计划指标下达给没有森林采伐限额的木材经营加工单位。凡不参加森林采伐限额编制的国有森林经营单位，由当地县级林业主管部门根据其木材生产需要，从本县掌握的木材生产计划指标予以适当安排。

④各分项的木材生产计划指标原则上不能相互调剂使用　依照《森林法》和国务院的有关规定，国有和集体商品木材生产计划指标原则上不得相互调剂使用，如不得把抚育采伐指标挪用于主伐和其他采伐，也不得把人工林采伐指标用于采伐天然林。情况特殊确需调剂的，必须报上级林业主管部门批准。为了鼓励抚育间伐，可以把主伐和其他采伐指标用于抚育采伐。

3. 林木凭证采伐法律制度

3.1 林木凭证采伐制度的概念

《森林法》第56条规定，采伐林地上的林木应当申请采伐许可证，并按照采伐许可证的规定进行采伐。林木凭证采伐制度是指任何采伐林木的单位和个人，必须依法向核发林木采伐许可证的部门申请林木采伐许可证，经批准取得林木采伐许可证后按照采伐许可证规定的地点、数量、树种、方式和期限等进行采伐，并按规定完成采伐迹地的更新。

林木采伐许可证的内容包括采伐地点、面积、蓄积(或株数)、树种、采伐方式、期限和完成更新造林的时间等。《森林法实施条例》第31条规定，林木采伐许可证的式样由国务院林业主管部门规定，由省、自治区、直辖市人民政府林业主管部门印制。其样式见表5.1。

表5.1 林木采伐许可证

编号：

采字〔20 〕第 号

根据_____提报的伐区调查设计(申请)，经审核，批准在_____林场(乡镇)_____林班(村)_____作业区(组)_____小班(地块)采伐。

采伐四至：东至_____ 南至_____ 西至_____ 北至_____

GPS 定位：

采伐林分起源：   林种：树种：

权属：   林权证号(证明)：

采伐类型：   采伐方式：采伐强度：

采伐面积：   公顷(株数)：株

采伐蓄积：   立方米(出材量：立方米)

采伐期限：自 年 月 日至 年 月 日

更新期限： 年 月 日

更新面积：   公顷(株数；株)

□占限额   □不占限额

备注：

发证人(章)

管理机关(章)   发证机关(章)   领证人：

发证日期： 年 月 日

注：1. 此证一式二联。第一联为存根，第二联为采伐凭证。
    2. 超过规定采伐期限，此证无效。
    3. 采伐凭证联套印省级以上林业主管部门采伐许可证管理专用章。
    4. 非国有林木采伐不填 GPS 定位。

3.2 凭证采伐的范围

凭证采伐的范围，就林木所有权而言，包括国有单位经营的森林和林木，集体所有的森林、林木，个人经营的自留山、责任山的林木和承包经营的林木；就林种而言，包括防护林、特种用途林、用材林、经济林以及能源林，也包括以生产竹材为主要目的的竹林；就采伐类型和采伐方式而言，包括主伐、抚育间伐、低产林改造、更新性质的采伐，以及皆伐、择伐、渐伐等；就采伐目的和用途而言，包括以生产商品材为目的的林木采伐和不以生产商品材为目的的林种结构调整、农民自用材、培殖业用材和烧材等林木的采伐，也包括工程建设占用、征用林地的林木采伐，以及因病虫害、火灾受害的个人所有的零星林木外的其他地方的林木；但是，对在农村居民房前屋后和自留地上的国家重点保护的树木和古树名木按有关规定执行。

4. 审核发放林木采伐许可证的部门及其权限

(1) 审核发放林木采伐许可证的部门

依照《森林法》第56条和《森林法实施条例》第32条规定，采伐林地上的林木应当申请采伐许可证，并按照采伐许可证的规定进行采伐；采伐自然保护区以外的竹林，不需要申请采伐许可证，但应当符合林木采伐技术规程。《森林法》第57条规定，采伐许可证由县级以上人民政府林业主管部门核发。

①国有林业企事业单位、机关、团体、部队、学校和其他国有企业事业单位采伐林木，由所在地县级以上林业主管部门依照有关规定审核发放采伐许可证。其中，县属国有林场，由所在地的县级人民政府林业主管部门核发，省、自治区、直辖市和设区的市、自治州所属的国有林业企事业单位、其他国有企业事业单位，由所在地的省、自治区、直辖市人民政府林业主管部门核发；重点林区的国有林业企事业单位，由国务院林业主管部门核发。

②铁路、公路的护路林和城镇林木的更新采伐，由有关主管部门依照有关规定审核发放采伐许可证。

③农村集体经济组织采伐林木，由县级林业主管部门依照有关规定审核发放采伐许可证。

④农村居民采伐自留山和个人承包集体的林木，由县级林业主管部门或者其委托的乡、镇人民政府依照有关规定审核发放采伐许可证。

⑤采伐跨行政区域的森林和林木，由林权所有者所在的县(市、区、旗)林业主管部门核发林木采伐许可证，并告知采伐地所在的县(市、区、旗)林业主管部门。

(2) 不得核发林木采伐许可证的情形

依照《森林法》第59条规定，符合林木采伐技术规程的，审核发放采伐许可证的部门应当及时核发采伐许可证。但是，审核发放采伐许可证的部门不得超过年采伐限额发放采伐许可证。

依照《森林法》第60条规定，有下列情形之一的，不得核发采伐许可证：

①采伐封山育林期、封山育林区内的林木；

②上年度采伐后未按照规定完成更新造林任务；

③上年度发生重大滥伐案件、森林火灾或者林业有害生物灾害，未采取预防和改进措施；

④法律法规和国务院林业主管部门规定的禁止采伐的其他情形。

(3) 林木采伐许可证的印制和管理

林木采伐许可证由省级林业主管部门统一印制和管理，各设区的市、自治州林业主管部门和铁路、公路、城市园林等有关行政主管部门向省级林业主管部门领取林木采伐许可证。林木采伐许可证由县级以上林业主管部门指定的森林资源管理人员保管和核发。

5. 林木采伐许可证的办理程序

(1) 单位或个人向核发林木采伐许可证的机关提出申请并提交有关材料

由森林、林木的所有者或使用者向县级以上人民政府林业主管部门或者法律规定的其他有关主管部门等有权审核发放林木采伐许可证的机关提出申请。

依照《森林法》《森林法实施条例》和有关规定，申请单位或个人需提交下列材料：

①林业主管部门分解下达的年度森林采伐限额和年度木材生产计划（非独立编限的单位和个人除外）；②林木所有权或使用权证书；③伐区调查设计文件或提交包括采伐林木的目的、地点、林种、林况、面积、蓄积、更新时间等内容的文件；④年度采伐迹地更新验收证明；⑤采伐林木申请表；⑥其他特殊采伐的还需要提供有关批准文件。

（2）核发采伐证的部门或单位对申请的受理

核发采伐证的部门或单位对申请人提出的林木采伐许可申请，应当根据下列情况分别作出处理：①材料不齐全或者不符合法定形式的，应当当场或在5日内一次性告知申请人需要补正的全部材料；②申请材料齐全、符合法定形式的应当受理。

（3）核发采伐证的部门或单位对申请材料的审核与发证

核发采伐证的部门或单位自受理申请后，对其材料进行审核，经审核后，对符合采伐的，自受理申请之日起20日内作出准予林木采伐许可决定；对不符合采伐条件的，出具《不予许可决定书》，并告知申请人享有依法申请行政复议或者提起行政诉讼的权利。

核发林木采伐许可证，实行一小班（地块）一证制。国有林木的采伐，以伐区调查设计的小班为单位，不得跨小班发证；集体或个人林木的采伐，采伐地点必须落实到山头地块，注明四至，不允许多地一证或一证多户。

6. 违反林木采伐管理法规的法律责任

6.1 盗伐森林或林木的法律责任

6.1.1 盗伐森林或者其他林木概念

盗伐森林或者其他林木是指行为人以非法占有为目的，违反《森林法》和其他保护森林法规，未取得林木采伐许可证，擅自砍伐国家、集体、他人所有的或者他人承包经营管理的森林或者其他林木，或者擅自砍伐本单位或者本人承包经营管理的森林或者其他林木的行为。虽持有采伐许可证，但在采伐许可证规定的地点以外采伐国家、集体、他人所有或者他人承包经营管理的森林或者其他林木的行为，也属于盗伐林木行为。

6.1.2 盗伐森林或林木的行政法律责任

（1）盗伐森林或者其他林木不足0.5立方米（以立木材积计算，下同）或者幼树不足20株的行政责任

依照《森林法实施条例》第38条规定，依法赔偿损失；由县级以上林业主管部门责令补种盗伐株数10倍的树木，没收盗伐的林木或者变卖所得，并处盗伐林木价值3~5倍的罚款。

（2）盗伐森林或者其他林木0.5立方米以上或者幼树20株以上但不构成犯罪的行政责任

依照《森林法实施条例》第38条规定，依法赔偿损失；由县级以上林业主管部门责令补种盗伐株数10倍的树木，没收盗伐的林木或者变卖所得，并处盗伐林木价值5~10倍的罚款。

6.1.3 盗伐森林或林木的刑事法律责任

（1）盗伐林木罪的概念

盗伐林木罪是指行为人以非法占有为目的，违反《森林法》和其他保护森林法规，未取得林木采伐许可证，擅自砍伐国家、集体、他人所有的或者他人承包经营管理的森林或者其他林木，或者擅自砍伐本单位或者本人承包经营管理的国家、集体所有的森林或者其他林木，数量较大的行为。

（2）盗伐林木罪的主要特征

①侵害客体是国家保护森林资源的管理制度和国家、集体或者他人的林木所有权。

②在客观方面表现为以非法占有为目的，擅自砍伐国家、集体或者他人所有的或者他人承包经营管理的森林或者其他林木，数量较大的行为。"数量较大"的标准，依照《国家林业局、公安部关于森林和陆生野生动物刑事案件管辖及立案标准》（以下简称《立案标准》）的规定，盗伐林木刑事案件的立案起点为2~5立方米或幼树100~200株。

③犯罪主体是一般主体，既可以是自然人，也可以是单位。

④主观方面表现为直接故意，并且具有非法占有林木或者为本单位谋取不正当利益的目的。

（3）盗伐森林或林木的刑事法律责任的规定

对犯盗伐林木罪的行为人，依照《刑法》第345条第1款的规定追究刑事责任。处罚按情节严重程度分为三档：①盗伐森林或者其他林木，数量较大的，处3年以下有期徒刑、拘役或者管制，并处或者单处罚金。依照《最高人民法院关于审理破坏森林资源刑事案件具体应用法律若干问题的解释》第4条规定，"数量较大"的起点，一般是指盗伐林木2~5立方米或幼树100~200株，各省、自治区、直辖市高级人民法院可以根据本地区的实际情况，在上述数量幅度内，确定本地区执行的具体数量标准（下同）。②盗伐森林或者其他林木，数量巨大的，处3年以上7年以下有期徒刑，并处罚金。"数量巨大"的起点，一般是指盗伐林木20~50立方米或幼树1 000~2 000株。③盗伐森林或者其他林木，数量特别巨大的，处7年以上有期徒刑，并处罚金。"数量特别巨大"的起点，一般是指盗伐林木100~200立方米以上或幼树5 000~10 000株。

单位犯盗伐林木罪的，由司法机关依照《刑法》第346条规定，对单位判处罚金，并对其直接负责的主管人员和其他直接责任人员，依照《刑法》第345条第1款的规定处罚。

《刑法》第345条规定，盗伐国家级自然保护区内的森林或者其他林木的，从重处罚。

6.2 滥伐森林或林木的法律责任

6.2.1 滥伐森林或者其他林木概念

滥伐森林或者其他林木，是指行为人违反《森林法》及其他保护森林法规，未经林业主管部门或者法律规定的其他主管部门批准并核发林木采伐许可证，或者虽持有林木采伐许可证但违反林木采伐许可证规定的时间、数量、树种或者方式，任意采伐本单位所有或者本人所有的森林或者其他林木的行为。

6.2.2 滥伐森林或林木的行政法律责任

①滥伐森林或者其他林木不足2立方米或者幼树不足50株的，依照《森林法》第76条规定，由县级以上林业主管部门责令补种滥伐株数1倍以上3倍以下的树木，并处滥伐林木价值3倍以上5倍以下的罚款。

②滥伐森林或者其他林木2立方米以上或者幼树50株以上但不构成犯罪的，由县级以上林业主管部门责令补种滥伐株数5倍的树木，并处滥伐林木价值3~5倍的罚款。

6.2.3 滥伐森林或林木的刑事法律责任

(1)滥伐林木罪的概念

滥伐林木罪是指行为人违反《森林法》及其他保护森林法规，未经林业主管部门及法律规定的其他主管部门批准并核发林木采伐许可证，或者虽持有林木采伐许可证但违反林木采伐许可证规定的时间、数量、树种或者方式，任意采伐本单位所有或者本人所有的森林或者其他林木，数量较大的行为。

(2)滥伐林木罪的特征

①侵害的客体是国家的林木采伐管理制度。

②在客观方面表现为未经林业主管部门及法律规定的其他主管部门批准并核发林木采伐许可证，或者虽持有林木采伐许可证，但违反林木采伐许可证所规定的时间、数量、树种、方式而任意采伐本单位所有或者本人所有的森林、林木，数量较大的行为。所谓"数量较大"，依照《立案标准》的规定，滥伐林木刑事案件的立案起点为10~20立方米或幼树500~1 000株。

③犯罪主体是一般主体，既可以是自然人，也可以是单位。

④在主观方面表现为故意，既可以是直接故意，也可以是间接故意。

(3)滥伐森林或林木的刑事法律责任规定

对犯滥伐林木罪的行为人，依照《刑法》第345条第2款规定处罚。处罚按情节严重程度分为两档：①滥伐森林或者其他林木，数量较大的，处3年以下有期徒刑、拘役或者管制，并处或者单处罚金。依照《最高人民法院关于审理破坏森林资源刑事案件具体应用法律若干问题的解释》第5条规定，"数量较大"的起点，一般是指滥伐林木10~20立方米或幼树500~1 000株。②滥伐森林或者其他林木，数量巨大的，处3年以上7年以下有期徒刑，并处罚金。滥伐林木"数量巨大"，一般以50~100立方米或者幼树2 500~5 000株为起点。

单位犯滥伐林木罪的，由司法机关依照《刑法》第346条规定，对单位判处罚金，并对其直接负责的主管人员和其他直接责任人员，依照《刑法》第345条第2款规定追究刑事责任。

《刑法》第345条规定，滥伐国家级自然保护区内的森林或者其他林木的，从重处罚。

7. 伪造、变造、买卖林木采伐许可证的法律责任

7.1 买卖林木采伐许可证的行政法律责任

(1)买卖林木采伐许可证的概念

买卖林木采伐许可证是指行为人以营利为目的，非法买卖林木采伐许可证的行为。

(2)对买卖林木采伐许可证的行政处罚规定

对买卖林木采伐许可证情节轻微的，依照《森林法》第77条规定，违反本法规定，伪造、变造、买卖、租借采伐许可证的，由县级以上人民政府林业主管部门没收证件和违法所得，并处违法所得1倍以上3倍以下的罚款；没有违法所得的，可以处2万元以下的罚款。

7.2 伪造、变造、买卖林木采伐许可证的刑事法律责任

依照《最高人民法院关于审理破坏森林资源刑事案件具体应用法律若干问题的解释》第

13 条规定，对于伪造、变造、买卖林木采伐许可证构成犯罪的，依照刑法第 280 条第 1 款规定，以伪造、变造、买卖国家机关公文、证件罪处罚。

（1）伪造、变造、买卖国家机关公文、证件罪的特征

①侵害的客体是国家林业行政管理制度。

②在客观方面表现为违反国家林业行政管理的法律、法规，实施了伪造林木采伐许可证的行为，或者实施了买卖林木采伐许可证情节严重的行为。

伪造、变造林木采伐许可证，是指无制作权的人以冒用方式非法制作林木采伐许可证，或者采用涂改、擦消、拼接等方式对林木采伐许可证进行改制，变更其真实内容的行为。行为人一经实施上述行为，即构成本罪。

买卖林木采伐许可证的行为包括两种情况：一种是行为人为牟取非法利益而擅自出卖林木采伐许可证的行为；另一种是行为人为牟取非法利益，明知林木采伐许可证是禁止流通的，而故意购买林木采伐许可证的行为。买卖林木采伐许可证，情节严重的，构成本罪。所谓情节严重，一般是指多次买卖证件、数额较大、造成的损失较大或者社会影响恶劣等。

③该罪的主体是一般主体。

④在主观方面表现为故意，并且具有牟利的目的。

（2）伪造、买卖国家机关公文、证件罪的刑事处罚规定

对犯伪造、买卖国家机关公文、证件罪的行为人，情节一般的，由司法机关依照《刑法》第 280 条第 1 款的规定，处 3 年以下有期徒刑、拘役、管制或者剥夺政治权利；对情节严重的，处 3 年以上 10 年以下有期徒刑。

8. 单位无证采伐林木或者超过木材生产计划采伐林木的法律责任

国有企业事业单位和集体所有单位未取得林木采伐许可证，擅自采伐林木的，或者年木材产量超过采伐许可证规定数量 5% 的，依照《森林法实施条例》第 39 条规定，由县级以上人民政府林业主管部门责令补种滥伐株数 5 倍的树木；对滥伐林木不足 2 立方米或者幼树不足 50 株的，并处滥伐林木价值 2~3 倍的罚款；对滥伐林木 2 立方米以上或者幼树 50 株以上的，并处滥伐林木价值 3~5 倍的罚款。

依照《森林采伐更新管理办法》第 21 条规定，无证采伐或者超过林木采伐许可证规定数量的木材，应当从下年度木材生产计划或者采伐指标中扣除；

依照《森林采伐更新管理办法》第 24 条规定，采伐林木的单位或个人违反本办法有关规定的，对其主要负责人和直接责任人员，由其所在单位或者上级主管部门给予行政处分。

任务 3　岗位对接——技能提升

1. 林木采伐行政许可证申办流程及操作规范

以某县林木采伐行政许可办理项目操作规范为例说明。

（1）行政审批项目名称及性质

①名称　林木采伐行政许可项目的行政审批。

②性质　行政许可。

(2)项目设定法律依据

《森林法》第56条至第59条规定，采伐林木必须申请采伐许可证，按许可证的规定进行采伐，申办过程应当经县级人民政府或有关主管部门审核批准，并按照区域内采伐限额要求核发采伐许可证。

(3)项目实施主体及权限范围

依照《森林法》第57条规定，采伐许可证由县级以上人民政府林业主管部门核发。县级以上人民政府林业主管部门应当采取措施，方便申请人办理采伐许可证；农村居民采伐自留山和个人承包集体林地上的林木，由县级人民政府林业主管部门或者其委托的乡镇人民政府核发采伐许可证。

(4)项目审批条件

依照《森林法》及《森林法实施条例》规定，森林经营单位及个人需要办理林木采伐许可证的，应当符合下列条件：

①申请人必须是林木所有者或经营管理者。

②符合《森林法》第57条、《森林法实施条例》第16条、第30条、第32条之规定的组织及个人。

③没有出现森林法实施条例第31条中的任何情况。

(5)项目实施对象和范围

依照《森林法》及《森林法实施条例》规定，符合林木采伐许可证办理条件的相对人。

(6)项目办理申请材料

①林木采伐许可证申请表，一式三联，第一联存根，第二联申请人，第三联林木权属人。

②林木的所有权证书或者使用权证书原件一份，复印件三份。

③国有林业企业事业单位还应当提交采伐区调查设计文件和上年度采伐更新验收证明。

④其他单位还应当提交包括采伐林木的目的、地点、林种、林况、面积、蓄积量、方式和更新措施等内容的文件。

⑤个人提交包括采伐林木的目的、地点、林种、林况、面积、蓄积量、方式和更新措施等内容的文件。

⑥因扑救森林火灾、防洪抢险等紧急情况需要采伐森林的，组织抢险的单位或者部门应当自紧急情况结束之日起30日内，将采伐林木的情况报告当地县级以上人民政府林业主管部门。

(7)项目办结时限

①法定办结时限　20个工作日。

②承诺办结时限　县(市、区、旗)的承诺办结时限由各县(市、区、旗)确定。

(8)项目收费标准及其依据

不收费。

(9)项目办理咨询方式

各县(市、区、旗)咨询、投诉电话由各县(市、区、旗)自行公布。

(10)项目办理申请表(表5.2、表5.3)。

表5.2 国有林木采伐申请表　　　　　　　　　　　　　单位：公顷、立方米

申请采伐林木单位或个人				采伐用途		山界林权证号		林分起源	
采　伐	地点	林场：		分场：		林班：		小班：	
	林种		树种		采伐方式		采伐强度		
	面积		小班蓄积		采伐蓄积		出材		
	期限			年　月　日至　年　月　日					
更新	树种		方式			完成时间		年　月　日	
申请采伐林木单位意见			单位(章)领导签名：　　　　　　　　　年　月　日						
核发林木采伐许可证单位意见	负责伐区调查设计单位		单位(章)负责人签名：　　　　　　　年　月　日						
	资源林政(科、股)		单位(章)负责人签名：　　　　　　　年　月　日						
	领导审批		单位(章)　　　签名：　　　　　　　　年　月　日						

填表说明：采伐地点填林场、分场、林班、小班号。

表5.3 集体(个人)林木采伐申请表　　　　　　　　　　单位：公顷、立方米

申请采伐林木单位			采伐用途		山界林权证号		林分起源	
采　伐	地点	乡(镇)		村　东：		南：　西：		北：
	林种		树种		采伐方式		采伐强度	
	面积		小班蓄积		采伐蓄积		出材	
	期限			年　月　日至　年　月　日				
更新	树种		方式			完成时间		年　月　日
村民委员会意见			单位(章)领导签名：　　　　　　　　年　月　日					
乡镇林业站意见			单位(章)领导签名：　　　　　　　　年　月　日					
负责伐区调查设计单位意见			单位(章)负责人签名：　　　　　　　年　月　日					
区林业局意见	资源林政(科、股)		单位(章)负责人签名：　　　　　　　年　月　日					
	领导审批		单位(章)　　　签名：　　　　　　　　年　月　日					

填表说明：1. 采伐用途填商品材、自用材、培植材和烧材。
　　　　　2. 采伐地点填乡(林场)、村(分场)、林班、小班(或四至界限)。

任务 4　模拟演练——巩固实践

【案件信息】

2013 年 8 月，魏某准备在本村西空闲地内盖房，村委会到区林业局申请砍伐该地上的 5 株杨树，并由区林业局工作人员划号定株，村委会让魏某按证砍伐。魏某因影响其盖房堆砖，未经批准，擅自砍伐附近的村集体所有林木 3 株并以 45 元的价格出卖。经鉴定，所砍伐树木立木蓄积量 0.335 立方米，价值 107.60 元。

一、实训内容

1. 确认并定性魏某的违法行为。
2. 魏某申请办理采伐许可证需提供的材料。
3. 魏某的行为应承担怎样的法律责任。
4. 凭证采伐的范围。

二、实训目的

通过本实训，进一步提高学生们对《森林法》的相关法律法规掌握与运用的熟练程度，明确森林采伐利用的相关工作流程，使学生能够熟练找出违法行为人的违法行为及涉法点，并对其违法行为进行正确定性，将盗伐与滥伐正确区分，以更好地服务于森林资源保护工作。

三、实训准备与要求

查阅相关资料，明确本案件的相关法律法规条款，明确森林采伐利用的相关工作流程，能够运用相关理论知识对背景材料进行案件处理、归纳总结及分析。

四、实训方法及步骤

第一步，实训前准备。5~6 人分为一个小组，要求参加实训的同学，课前查阅相关资料及书籍，找出与案件相关的法律法规，并组织学生们课前根据案情编排短剧，有条件及相关资源的同学可以就该案件深入林业行政执法机构进行访问调查。

第二步，短剧表演，其他小组同学观看短剧。

第三步，以小组为单位进行案情讨论，各小组发表案件处理意见。

第四步，指导教师对各种观点进行点评，归纳、总结和分析，并对要点、易错点进行提炼。

第五步，整理实训报告，完善案件处理方案。

五、实训时间

以 1~2 学时为宜。

六、实训作业

案件处理完毕后，要求每名同学必须撰写实训报告，实训报告要求语言流畅、文字简练、有理有据，层次清晰。实训报告样式详见附录附表 1。

七、实训成绩评定标准

1. 实训成绩评定打分

本实训项目的考核成绩满分 100 分，占总项目考核成绩的 4%。

2. 实训成绩给分点

(1) 学生对于森林采伐利用法律制度的知识点掌握情况。(20分)

(2) 各组成员的团队协作意识及完成任务情况。(20分)

(3) 出勤率、迟到早退现象。(10分)

(4) 组员对待工作任务的态度(实训结束后座椅的摆放和室内卫生的打扫)。(10分)

(5) 实训的准备、实训过程的记录。(20分)

(6) 实训报告的完成情况,文字结构流畅,语言组织合理,法律法规引用正确。(20分)本项目考核评价单,详见附录附表7。

子项目二　木材经营(加工)法律制度

任务1　案例导入与分析

【案件导入】

个体工商户万某在县城(林区县)开办了一家建材商店,营业执照上记载的经营范围是主营五金、玻璃,兼营水泥和陶瓷制品。2006年8月10日,万某购进了一批木材,准备加价出售。同月20日,县林业局执法人员在巡查中发现了万某店内堆放的木材。后经调查证实,收购的木材是某林场的抚育间伐材,已有部分木材被万某销售,销售得款1 320元。

【问题】

1. 万某有哪些违法行为?

2. 工商部门和林业主管部门对于此案件是否都具有管辖权?

3. 应对万某予以怎样的处罚?给出意见,并指出法律依据。

【案例分析】

本案中,万某虽持有工商营业执照,但并未获得木材经营许可,其行为违反了木材经营许可制度。正确处理本案需处理好以下几个问题:

第一,应当如何确定本案的案件性质?《行政许可法》第81条规定,公民、法人或者其他组织未经行政许可,擅自从事依法应当取得行政许可的活动的,行政机关应当依法采取措施予以制止,并依法给予行政处罚;构成犯罪的,依法追究刑事责任。《森林法实施条例》第34条第1款规定,未经县级以上林业主管部门批准,在林区经营(加工)木材的,属于擅自在林区经营(含加工)木材行为。本案中,万某以牟利为目的,未经县林业主管部门批准擅自收购林场间伐的木材,并且进行出售牟利,其违法行为发生地为林区县,已构成擅自在林区非法收购木材的行政违法行为。

第二,本案应归哪一个行政机关管辖?对于此类案件的管辖问题,在国务院颁布的《无照经营查处取缔办法》《森林法实施条例》中都有相关的规定。其中《无照经营查处取缔办法》第4条规定,应当取得而未依法取得许可证或者其他批准文件和营业执照,擅自从事经营活动的无照经营行为,由工商行政管理部门予以查处;《森林法实施条例》第40条规定,违反本条例规定,未经批准,擅自在林区经营(含加工)木材的,由县级以上林业主管部门没收非法经营的木材和违法所得,并处违法所得2倍以下的罚款。从上述规定中可以看出,对于未经林业主管部门批准,擅自在林区经营木材的,既可以由工商管理部门处罚,也可以由林业主管部门处罚。

根据一事不再罚原则,应当按照"谁先立案谁查处"确定案件管辖机关。因此,本案应由县林业局立案查处。

第三,案件的处罚依据是什么?同上述《森林法实施条例》第40条规定,本案中,县林业局对万某处以没收、罚款的处罚是正确的。

违反《森林法实施条例》的规定,在林区擅自经营(含加工)木材,林业主管部门已先行立案查处的,应依照《森林法实施条例》的相关规定,由林业主管部门进行行政处罚。

任务2　相关资讯

1. 木材经营(加工)许可制度

木材经营管理是指林业管理部门和有关国家机关依据国家的法律、法规,对木材的收购、销售和加工活动的管理。林区木材的经营管理也是控制森林资源消耗的一项重要措施。

(1)经营或者加工木材必须经林业行政主管部门批准

依照《森林法实施条例》及相关法律法规的规定,经营(含加工)木材必须经县级以上人民政府林业行政主管部门批准。为了防止非法采伐的木材进入流通领域,避免对森林资源无节制和无序地掠夺,实现对森林资源的科学经营、严格保护和合理利用,单位和个人经营(加工)木材,必须获得木材经营(加工)许可。

依照《森林法实施条例》的规定,纳入木材经营管理范围的木材包括原木、锯材、竹材、木片和省、自治区、直辖市规定的其他木材。

(2)木材经营(加工)许可申办程序

①申请　拟从事木材收购、销售、加工的单位和个人必须向县级以上林业行政主管部门提出申请。申请人提出申请时须提交以下材料:木材经营(加工)申请许可表;固定的木材经营(加工)场所证明;相应的生产设备和资金证明;相应的从业人员证明材料;木材合法来源证明。由于各省、自治区、直辖市林业情况不同,因此其要求申请人提交的具体材料有差异。

②受理　县级以上林业主管部门对申请人提交的材料进行形式审查。符合条件的决定受理,对不符合条件的不予受理,对不予受理的说明理由,并告知申请人有申请行政复议或者提起诉讼的权利。

③审查　林业行政主管部门对申请人提交的材料进行审查,并对其场地进行实地调查。主要审查的内容包括以下几个方面:是否具有与其经营木材数量适应的流动资金,其中自有资金应占总额的50%以上;是否有固定的经营(加工)场所;是否有与其生产经营规模相适应的从业人员;经营范围是否符合有关法律、法规、规章的规定;根据当地森林资源状况和年森林采伐限额或木材生产"一本账"的规定,合理确定木材经营(加工)单位

的数量及其经营(加工)的规模。依法批准设立的木材经营(加工)企业经营或加工木材的总量应当与当地森林资源的承载能力相当。

审查的期限一般为20日内,经林业主管部门负责人批准可延长10日。

④决定 经审查,申请人的申请符合有关条件的,由林业行政主管部门在规定的期限内决定给予木材经营加工行政许可,发放木材经营(加工)许可证。由于各省、自治区、直辖市情况不同,其要求的具体条件有所不同。

⑤申办营业执照 申请人取得林业行政主管部门核发的《木材经营(加工)许可证》后,申请人还须持县级以上林业行政主管部门核发的《木材经营(加工)许可证》和其他有关材料向同级工商行政管理部门核准登记,领取营业执照,申请人取得营业执照后才能在营业执照规定的范围内进行木材经营或者加工活动。

2. 木材经营(加工)的监督管理

依照《森林法》《森林法实施条例》《中共中央 国务院关于加快林业发展的决定》以及2006年6月7日国家林业局下发的《关于进一步加强木材经营加工监督管理的通知》等有关法律、法规和政策,各地要切实加强对木材经营加工单位的监督管理。

(1) 木材经营加工监管制度

各级林业行政主管部门要对本行政区域内依法批准设立的木材经营加工单位进行定期的监督检查,检查内容主要包括:是否存在超许可证规定的经营(加工)项目、内容、范围的行为;木材来源是否有合法凭证;是否存在一证多(地)点经营、加工木材的行为;加工销售量是否与进材量相符;销售凭证手续是否齐全等。对发现违反规定进行经营加工木材行为,各级林业主管部门应对经营单位和个人的违法行为依法进行行政处罚,构成犯罪的,交司法机关处理。对木材利用率低,严重浪费资源的木材加工企业,应当责令其限期整改。

(2) 木材经营加工单位原料来源检查制度

依照《森林法》第65条规定,木材经营加工企业应当建立原料和产品出入库台账。任何单位和个人不得收购、加工、运输明知是盗伐、滥伐等非法来源的林木。依照《森林法实施条例》的规定,纳入木材经营管理范围的木材是指原木、锯材、竹材、木片和省、自治区、直辖市根据有关法律、法规规定的其他木材。木材来源的合法证明包括林木采伐许可证、农民采伐自留地和房前屋后自有林木的证明等。各级林业行政主管部门要指导本行政区域内的木材经营加工单位,设立经营加工木材原料来源的台账,详细记载木材经营加工原料的来源和数量;定期组织检查,发现问题,及时纠正。

3. 违反木材经营管理法规的法律责任

3.1 非法收购、运输盗伐、滥伐林木的法律责任

(1) 非法收购、运输盗伐、滥伐林木的行政责任

非法收购、运输明知是盗伐、滥伐的林木,情节轻微,尚不构成犯罪的,由林业行政主管部门责令停止违法收购、运输盗伐、滥伐林木的行为,没收违法收购的盗伐、滥伐的林木或者变卖所得,可以并处违法收购盗伐、滥伐林木的价款1倍以上3倍以下的罚款。

(2) 非法收购、运输盗伐、滥伐林木的刑事责任

非法收购、运输盗伐、滥伐林木罪是指行为人以牟利为目的,非法收购、运输明知是

盗伐、滥伐的林木，情节严重的行为。构成非法收购、运输盗伐、滥伐林木罪，处3年以下有期徒刑、拘役或者管制，并处或者单处罚金，情节特别严重的，处3年以上7年以下有期徒刑，并处罚金。单位犯非法收购、运输盗伐、滥伐林木罪的，对单位判处罚金，并对单位直接负责的主管人员和其他直接责任人员，依照《刑法》的相关规定处罚。根据最高人民法院《关于审理破坏森林资源刑事案件具体应用法律若干问题的解释》，"明知""情节严重""情节特别严重"按以下标准界定：

①"明知"的界定　具有下列情形之一的，可以视为"明知"：在非法的木材交易场所或者销售单位收购木材的；以明显低于市场那个的价格收购木材的；收购违反规定出售的木材的。

②"情节严重"的界定　具有下列情形之一的，视为情节严重：非法收购、运输盗伐、滥伐的珍贵树木5立方米以上或者10株以上的；其他情节特别严重的情形。

③"情节特别严重"的界定　具有下列情形之一的，视为情节特别严重：非法收购盗伐、滥伐的林木100立方米以上或者幼树5 000株以上的；非法收购、运输盗伐、滥伐的珍贵树木5立方米以上或者10株以上的；其他情节特别严重的情形。

3.2 未经批准擅自经营或者加工木材的法律责任

无木材经营加工许可证或者未经林业行政主管部门批准，擅自经营或者加工木材的，依照《森林法实施条例》第40条规定，由县级以上人民政府林业行政主管部门没收非法经营或者加工的全部木材和违法所得，并处违法所得2倍以下的罚款。

任务3　模拟演练——巩固实践

【案件信息】

2013年11月23日，A省B市C县林业局接到群众举报，在C县D乡某集体林地内，有人私开木材厂，生产旋切板。C县林业局和森林公安局执法人员立即前往查处。经调查，是D乡村民王某在自己的承包的林地上无证开厂生产旋切板。王某除将自己砍伐的林木用于生产旋切板外，还私自向附近村民收购木材用于加工旋切板。执法人员在充分调查取证的基础上，根据相关《森林法》《森林法实施条例》及《A省森林条例》等法律法规，对王某作出了处罚，没收非法经营的木材和违法所得，并处违法所得1.5倍的罚款。

一、实训内容

1. 木材经营(加工)的许可证制度。
2. 林业行政主管部门对木材经营(加工)的监督和管理。
3. 依法获得木材经营(加工)资格的单位和个人应当遵守哪些规定。
4. 违反木材经营管理法规应承担什么样的法律责任。

二、实训目的

通过本实训，进一步提高学生们对《森林法》《森林法实施条例》的相关法律法规掌握与运用的熟练程度，明确木材经营(加工)监督和管理的相关工作流程，使学生能够熟练找出违法行为人的违法行为及涉法点，并对木材经营(加工)其违法行为进行正确定性，以更好地服务于森林资源的保护工作。

三、实训准备与要求

查阅相关资料，明确本案件的相关法律法规条款，明确申办木材经营（加工）许可制度的申办流程，能够运用相关理论知识对背景材料进行案件处理、归纳总结及分析。

四、实训方法及步骤

第一步，实训前准备。5~6人分为一个小组，要求参加实训的同学，课前查阅相关资料及书籍，找出与案件相关的法律法规，并组织学生们课前根据案情编排短剧，有条件及相关资源的同学可以就该案件深入林业行政执法机构进行访问调查。

第二步，短剧表演，其他小组同学观看短剧。

第三步，以小组为单位进行案情讨论，各小组发表案件处理意见。

第四步，指导教师对各种观点进行点评，归纳、总结和分析，并对要点、易错点进行提炼。

第五步，整理实训报告，完善案件处理方案。

五、实训时间

以1~2学时为宜。

六、实训作业

案件处理完毕后，要求每名同学必须撰写实训报告，实训报告要求语言流畅、文字简练，有理有据，层次清晰。实训报告样式详见附录附表1。

七、实训成绩评定标准

1. 实训成绩评定打分

本实训项目的考核成绩满分为100分，占总项目考核成绩的3%。

2. 实训成绩给分点

（1）学生对于木材经营（加工）许可相关法律制度的知识点掌握情况。（20分）

（2）各组成员的团队协作意识及完成任务情况。（20分）

（3）出勤率、迟到早退现象。（10分）

（4）组员对待工作任务的态度（实训结束后座椅的摆放和室内卫生的打扫）。（10分）

（5）实训的准备、实训过程的记录。（20分）

（6）实训报告的完成情况，文字结构流畅，语言组织合理，法律法规引用正确。（20分）本项目考核评价单，详见附录附表7。

综合能力训练

（一）名词解释

年森林采伐限额　　盗伐林木行为　　滥伐林木行为　　违法发放林木采伐许可证罪

（二）单项选择题

1. 核发采伐证的部门或单位对申请人提出的林木采伐许可申请，应当根据下列情况分别作出处理：申请材料不齐全或者不符合法定形式的，应当当场或在（　　）内一次性告知申请人需要补正的全部材料。

　　A. 7日　　　　　B. 5日　　　　　C. 10日　　　　　D. 15日

2. 经( )批准的年森林采伐限额是具有法律约束力的年采伐消耗森林蓄积的最大限量。

　　A. 国务院　　　　　　　　　　　　B. 国务院林业主管部门
　　C. 省级人民政府　　　　　　　　　D. 省级林业主管部门

3. 对已经达到规定生长量和工艺成熟指标的人工短轮伐期用材林(包括速生丰产林)，其商品材采伐限额不足的，可由( )在预留的商品材采伐限额中解决。

　　A. 县级林业主管部门　　　　　　　B. 县级人民政府
　　C. 省级林业主管部门　　　　　　　D. 省级人民政府

4. 滥伐森林或者其他林木 2 立方米以上或者幼树 50 株以上但不构成犯罪的，由县级以上林业主管部门责令补种滥伐株数 5 倍的树木，并处滥伐林木价值( )的罚款。

　　A. 2 倍　　　　　B. 2~3 倍　　　　　C. 3~5 倍　　　　　D. 15 倍

5. 盗伐林木数量较大，构成犯罪的，处 3 年以下有期徒刑、拘役或者管制，并处或者单处罚金。根据最高人民法院的规定，"数量较大"的起点，一般是指盗伐林木( )。

　　A. 2 立方米或幼树 50 株　　　　　　B. 2~5 立方米或幼树 200 株
　　C. 5~10 立方米或幼树 100~200 株　　D. 10 立方米或幼树 500 株

6. 对于( )内多次盗伐、滥伐少量林木未经处罚的，累计其盗伐、滥伐林木的数量，构成犯罪的，依法追究刑事责任。

　　A. 半年　　　　　B. 1 年　　　　　C. 2 年　　　　　D. 3 年

7. 年森林采伐限额每( )核定一次。

　　A. 1 年　　　　　B. 2 年　　　　　C. 5 年　　　　　D. 10 年

8. 滥伐林木的，由县级以上人民政府林业主管部门责令限期在原地或者异地补种滥伐株数 1 倍以上 3 倍以下的树木，可以处滥伐林木价值( )的罚款。

　　A. 2 倍　　　　　B. 3 倍　　　　　C. 3 倍以上 5 倍以下　　D. 5 倍

9. 违反《森林法》规定，伪造、变造、买卖、租借采伐许可证的，由( )没收证件和违法所得，并处违法所得 1 倍以上 3 倍以下的罚款。

　　A. 县级人民政府
　　B. 县级以上人民政府林业主管部门
　　C. 省级人民政府
　　D. 省级林业主管部门

10. 未经林业主管部门批准擅自经营或者加工木材的，没收其经营或者加工的全部木材和违法所得，可以并处违法所得( )以下的罚款。

　　A. 1 倍　　　　　B. 2 倍　　　　　C. 3 倍　　　　　D. 4 倍

(三)判断题(对的打"√"，错的打"×")

1. 盗伐林木罪侵害的客体是他人的林木所有权。( )
2. 采伐自然保护区以外的竹林，不需要申请采伐许可证，但应当符合林木采伐技术规程。( )
3. 年度木材生产计划是国家的法定计划，各级林业主管部门必须依据上级主管部门下达的木材生产计划指标进行分解下达，不得随意增加，也不得擅自编制。( )
4. 国有林业企业事业单位应当编制森林经营方案，明确森林培育和管护的经营措施，

报县级以上人民政府林业主管部门批准后实施。（　　）

5. 公益林只能进行抚育、更新和低质低效林改造性质的采伐。（　　）

（四）简答题

1. 简述林木凭证采伐的范围和申请办理林木采伐许可证的程序。
2. 木材经营（加工）的单位和个人应当遵守哪些规定？
3. 简述申请与核发木材运输证的主要规定。
4. 简述不得核发采伐许可证的情形。

（五）案例分析题

某村村民李某在其自留地及四周种植了苦楝、香椿等杂木。2002年5月，同村村民孙某看到李某种植的杂木已成材，便生偷盗之念，趁夜深无人之际，偷砍李某种植的苦楝树，共计原木材积3.1立方米。同年9~12月，孙某又先后3次盗砍他人自留山上杉木共15立方米（原木蓄积量）。孙某租车将所盗砍的林木全部卖给了当地黄某的木材加工厂。孙某在12月运木材时被当地森林公安机关查获。回答下列问题：

（1）孙某实施了哪些违法行为？是否构成犯罪？为什么？

（2）黄某是否违法？为什么？

（3）你认为本案应如何处理？

项目六 森林培育行政执法

【项目描述】

　　森林培育是林业生产实践中最为基础和主要的工作，其对象包含天然林和人工林，主要内容包括植树造林、林木种苗生产经营、林木良种及植物新品种的研发与授权、森林营造、森林抚育等。该项工作的开展以森林、林木为载体不仅为人类提供食物、工业原料、生物能源等，同时在林木及林产品生产方面也带来了经济效益，改善环境方面带来了重要的生态效益。近年来，由于市场监管不力、组织机构不健全、法律意识不高、执法人员缺乏等因素，严重影响和制约了森林培育工作的扎实稳步开展，因此，提升本项工作的法律意识，健全法律制度尤为重要。

　　本项目包含三个子项目，分别是造林绿化法律制度、林木种苗管理法律制度、植物新品种保护法律制度，本项目内容从植树造林法律制度入手，让学习者进一步了解林木种苗在培育、生产、研发、销售的各个环节中的相关法律制度，尤其对林木种苗凭证生产、经营制度、林木良种审定、推广办理流程、植物新品种授权等相关业务知识进行更透彻的学习。

【学习目标】

——知识目标

1. 掌握造林绿化含义及相关法律制度及违反其相关规定的法律责任。
2. 掌握林木种苗生产经营许可制度及违反其相关规定的法律责任。
3. 掌握植物新品种保护相关法律制度及违反其相关规定的法律责任。

——能力目标

4. 能根据森林培育相关案件拟定案件处理报告。
5. 能根据案情找出与森林培育案件相关的法律法规。
6. 会填写林木种苗生产、经营许可的相关文书。

——素质目标

7. 提升学生的案件分析能力及违法点的查找能力。
8. 提升学生对森林培育相关法律制度的认知能力。
9. 提升学生之间的团结协作能力和自主学习能力。

子项目一 造林绿化法律制度

任务1 案例导入与分析

【案件导入】

2010年7月，黑龙江省某林业局为了营造长白落叶松丰产林，欲购买一批长白落叶松种子。当时本地种子不够，于是就委托吉林省某林木种子站所属的劳动服务公司购买长白落叶松种子。该劳务服务公司经理李某将此事交给其职工王某采购。2010年10~12月，王某为了牟利，先后两次到河北省以每千克60元的价格，收购华北落叶松种子1万余千克。王某将这批种子筛选后，假冒为长白落叶松种子卖给其劳务服务公司7500千克，价值为45万元，王某除去支出的种子数、差旅费、人工费、运输费等，非法获利18.5万元。

这批种子运到黑龙江省某林业局后，于2011年5月育苗，8月苗木育出。育出的苗木经技术人员鉴定系华北落叶松，因其不适宜在黑龙江种植，所有苗木全部报废，造成直接和间接经济损失180万元。

【问题】

1. 王某的行为是否违法？违反了哪些法律规定？
2. 本案件的违法行为需要承担什么法律责任？

【案件评析】

王某为了牟取暴利，以华北落叶松种子冒充长白落叶松种子销售给黑龙江省某林业局的行为，违反了《种子法》第49条关于禁止生产经营假、劣种子的规定。由于王某的违法行为给国家造成了重大的经济损失，属于情节和危害后果严重，构成犯罪，罪名是销售伪劣种子罪，应依法追究其刑事责任。生产、销售假冒伪劣林产品罪，是指林产品生产者、销售者在林产品中掺杂、掺假，以假充真，以次充好，或者以不合格林产品冒充合格林产品，销售金额5万元以上的行为。本罪的主要特征是：第一，侵害的客体是国家对生产、销售林产品质量的监督管理制度和林产品消费者的合法权益；第二，客观上表现为林产品生产者、销售者实施了在林产品中掺杂、掺假，以假充真，以次充好，或者以不合格林产品冒充合格林产品的行为，且销售额在5万元以上；第三，主观上表现为故意，包括直接故意和间接故意。第四，犯罪主体是一般主体；自然人和单位均可成为本罪的主体。本案中王某主观上故意以假充真，以华北落叶松种子冒充长白落叶松种子，获得非法收入45万元，客观上致使黑龙江省某林业局遭受重大经济损失。

任务2 相关资讯

根据第九次森林资源清查报告数据显示，我国森林面积为2.2亿公顷，森林覆盖率已达到22.96%，全国活立木蓄积190.07亿立方米，森林蓄积175.6亿立方米，其中天然林面积1.4亿公顷，人工林面积0.8亿公顷，继续保持世界首位。尽管如此，我国人均森林面积为0.16公顷，不足世界人均森林面积的1/3，人均森林蓄积为12.35立方米，仅为世界人均森林蓄积的1/6。由此看来，我国仍然是一个少林的国家，森林资源总量相对不足、质量不高，因此，加快国土绿化，大力植树造林，增加森林资源，提高森林覆盖率，是我国目前乃至今后相当长时期内的一项历史性任务。

1. 造林绿化概述

造林是森林培育的主要工作，是指在大面积的土地上种植树苗，经过人工抚育、保护和管理成为森林。造林绿化行政执法是森林培育工作的法律保障，是指各级林业主管部门根据国家的法律、法规和规章，对造林绿化的各个方面和环节进行规划、管理、检查和监督。实践证明强化行政执法工作和加强行政管理是推动造林成效的重要保证。

2. 造林绿化法律制度的主要内容

2.1 全民义务植树

植树造林不仅可以绿化和美化家园，同时还可以起到扩大山林资源、防止水土流失、保护农田、调节气候、促进经济发展等作用。为了加速实现绿化祖国的宏伟目标，1981年12月13日第五届全国人民代表大会第四次会议通过了《关于开展全民义务植树运动的决议》，其中规定：凡是条件具备的地方，年满11周岁的中华人民共和国公民，除老弱病残者外，因地制宜，每人每年义务植树3~5棵，或者完成相应劳动量的育苗、管理和其他绿化任务。1982年2月27日国务院制定了《关于开展全民义务植树运动的实施办法》，对全国开展义务植树运动的组织领导、规划设计、苗木准备、栽后管理、林木权属、奖罚措施等也作了具体的规定。

2.2 植树造林

（1）制定植树造林规划

①法律依据　《森林法》第45条规定，各级人民政府组织造林绿化，应当科学规划、因地制宜，优化林种、树种结构，鼓励使用乡土树种和林木良种、营造混交林，提高造林绿化质量。

《森林法》第53条规定，国有林业企业事业单位应当编制森林经营方案，明确森林培育和管护的经营措施，报县级以上人民政府林业主管部门批准后实施。重点林区的森林经营方案由国务院林业主管部门批准后实施。

《森林法实施条例》第14条规定，全国林业长远规划由国务院林业主管部门会同其他有关部门编制，报国务院批准后实施。地方各级林业长远规划由县级以上地方人民政府林业主管部门会同其他有关部门编制，报本级人民政府批准后实施。下级林业长远规划应当根据上一级林业长远规划编制。林业长远规划的调整和修改，需报原批准机关批准。

②林业长远规划的含义　林业长远规划是指一个地区、部门或者单位在某一较长时期内，根据国民经济发展需要和生态环境的状况，遵循可持续发展的原则，对林业发展的战略目标、建设方针和保障措施等作出的规划。它是林业生产经营活动中最基本的指导性文件。

(2) 植树造林的检查验收

为提高植树造林的质量，保证植树造林规划和任务的落实，《森林法实施条例》第25条规定，植树造林应当遵守技术规程，实行科学造林，提高林木的成活率。县级人民政府对本行政区域内当年造林的情况应当组织检查验收，除国家特别规定的干旱半干旱地区外，成活率不足85%的，不得计入年度造林完成面积。将造林的检查验收工作，由部门行为改变为政府行为，增强权威性，提高造林质量和加快造林速度。

(3) 造林绿化的部门和单位责任

《森林法》第43条规定，各级人民政府应当组织各行各业和城乡居民造林绿化。宜林荒山荒地荒滩，属于国家所有的，由县级以上人民政府林业主管部门和其他有关主管部门组织开展造林绿化；属于集体所有的，由集体经济组织组织开展造林绿化。

《森林法实施条例》第26条第2款、第3款规定，铁路公路两旁、江河两岸、湖泊水库周围，各有关主管部门是造林绿化的责任单位。工矿区，机关、学校用地，部队营区以及农场、牧场、渔场经营地区，各该单位是造林绿化的责任单位。责任单位的造林绿化任务，由所在地的县级人民政府下达责任通知书，予以确认。

部门绿化任务可以分为两大类。一类是各部门都应完成的共性任务：组织好本部门本单位的义务植树工作；抓好所属各单位的环境绿化；完成所属单位的荒山、荒地、荒滩、荒沙的绿化。另一类是根据各部门和行业不同特点规定的特定绿化任务：煤炭、轻工、造纸等部门，有专用林基地建设的任务，应按规定提取专用林基地的建设资金，进行植树造林；冶金、有色金属、煤炭等部门，有矿区复垦绿化任务；铁道、交通、水利部门，分别有铁路、公路、江湖堤岸、渠道两旁及水库周围绿化的任务；农民、解放军以及石油等有较多农田面积的部门，应当完成农田防护林建设任务。

(4) 保护森林经营者合法权益

1984年3月中共中央、国务院在《关于深入扎实地开展绿化祖国运动的指示》中规定，划定自留山后，其余的荒山荒滩，要统一规划，采取多种形式，放手承包给农民作为责任山、滩，由承包者长期经营，承包期限和收益分配由双方商定。承包期可以为30年或50年，承包权可以继承或转让。

《森林法》第20条规定，国有企业事业单位、机关、团体、部队营造的林木，由营造单位管护并按照国家规定支配林木收益。

《森林法实施条例》第15条规定，国家依法保护森林、林木和林地经营者的合法权益。任何单位和个人不得侵占经营者依法所有的林木和使用的林地。用材林、经济林和薪炭林的经营者，依法享有经营权、收益权和其他合法权益。防护林和特种用途林的经营者，有获得森林生态效益补偿的权利。

《森林法实施条例》第27条规定，国家保护承包造林者依法所享有的林木所有权和其他合法权益。未经发包方和承包方协商一致，不得随意变更或解除承包造林合同。

2018年12月29日修订的《农村土地承包法》中全面规定了包括林地在内的农村土地承包原则、程序、方式、期限和权益归属，以及承包林地流转的原则、程序、形式、期限。此外，中共中央于2003年6月25日发布的《中共中央 国务院关于加快林业发展的决定》中也规定：要依法严格保护林权所有者的财产权，维护其合法权益。对权属明确并已核发林权证的，要切实维护林权证的法律效力；对权属明确尚未核发林权证的，要尽快核发;对权属不清或有争议的,要抓紧明晰或调处,并尽快核发权属证明等相关规定。

以上规定为林地资源的流转提供了基本法依据,为林农的合法权益提供了全面保护,也为新时期林权制度改革奠定了基石。

2.3 封山育林

封山育林是指利用森林的更新能力,在自然条件适宜的山区,实行定期封山,禁止垦荒、放牧、砍柴等人为的破坏活动,经过封禁和管理,以恢复森林植被的一种育林方式。《森林法》第46条规定,各级人民政府应当采取以自然恢复为主、自然恢复和人工修复相结合的措施,科学保护修复森林生态系统。新造幼林地和其他应当封山育林的地方,由当地人民政府组织封山育林。

封山育林是中国传统的森林培育方法,其简便易行,经济有效,是迅速恢复森林的重要方法之一,在长期的林业生产实践中,形成了"全封""半封"和"轮封"三种封山育林模式,并形成了"以封为主,封育结合"的封山育林技术措施。采取封山育林的方式,用工少、成本低、效益高,既是加快林业发展的有效措施,也有利于改善野生动植物的生存环境,有利于生态环境的保护。

3. 违反造林绿化法规的法律责任

(1)不履行全民植树义务的法律责任

年满18周岁的成年公民无故不履行植树义务的,根据国务院《关于开展全民义务植树运动的实施办法》第9条规定,由所在单位进行批评教育,责令限期补栽,或者给予经济处罚。整个单位没有完成任务的,要追究领导责任,并由当地绿化委员会收缴一定数额的绿化费。

(2)未按照要求按时完成造林任务的法律责任

植树造林责任单位未按照所在地县级人民政府的要求按时完成造林任务的,依照《森林法实施条例》第42条规定,由县级以上人民政府林业主管部门责令限期完成造林任务;逾期未完成的,可以处应完成而未完成造林任务所需费用2倍以下的罚款;对直接负责的主管人员和其他直接责任人员,依法给予行政处分。

任务3 模拟演练——巩固实践

【案件信息】

2000年,湖南省绥宁县鹅公岭侗族苗族乡某村委会为响应政府号召,发动本村村民承包荒山造林,该村八户村民与村里签订了山林承包合同,各自承包荒山造林,承包期限为50年。自承包林地之后,八户村民便在山场内实施经营管理,承包山场内的林木已成中幼龄林,长势喜人,但山林中的楠竹长势不理想。2010年下半年,该村委会主任和村支部书记召集八户承包户开会,以八户承包户种楠竹不成功为由,要求承包户向村里交钱,否则村里就要单方解除合同,收回承包户承包的山场。承包户认为是自己向村里承包的山林,而不同意向村委会交款。几天之后,该村委会擅自将承包户承包的108亩林地以1.5万元转包给第三人。承包户遂将村委会告上法院,要求继续履行山林承包合同。

一、实训内容
1. 对个人承包荒山造林法律的相关规定。
2. 八户村民的要求是否合理，法院应否支持。
3. 保护森林经营者的合法权益的具体措施。

二、实训目的
通过本实训，进一步提高学生们对造林绿化的相关法律法规掌握与运用的熟练程度，明确造林绿化行政执法的相关工作内容，使学生能够熟练找出违法行为人的违法行为及涉法点，并对其违法行为进行正确定性，以更好地服务于造林绿化工作。

三、实训准备与要求
查阅相关资料，明确本案件的相关法律法规条款，明确造林绿化的工作内容，能够运用相关理论知识对背景材料进行案件处理、归纳总结及分析。

四、实训方法及步骤
第一步，实训前准备。5~6人分为一个小组，要求参加实训的同学，课前查阅相关资料及书籍，找出与案件相关的法律法规，并组织学生们课前根据案情编排短剧，有条件及相关资源的同学可以就该案件深入林业行政执法机构进行访问调查。

第二步，短剧表演，其他小组同学观看短剧。

第三步，以小组为单位进行案情讨论，各小组发表案件处理意见。

第四步，指导教师对各种观点进行点评，归纳、总结和分析，并对要点、易错点进行提炼。

第五步，整理实训报告，完善案件处理方案。

五、实训时间
以1~2学时为宜。

六、实训作业
案件处理完毕后，要求每名同学必须撰写实训报告，实训报告要求语言流畅、文字简练，有理有据，层次清晰。实训报告样式详见附录附表1。

七、实训成绩评定标准
1. 实训成绩评定打分

本实训项目的考核成绩满分100分，占总项目考核成绩的3%。

2. 实训成绩给分点

(1)学生对于造林绿化法律制度的知识点掌握情况。（20分）

(2)各组成员的团队协作意识及完成任务情况。（20分）

(3)出勤率、迟到早退现象。（10分）

(4)组员对待工作任务的态度(实训结束后座椅的摆放和室内卫生的打扫)。（10分）

(5)实训的准备、实训过程的记录。（20分）

(6)实训报告的完成情况，文字结构流畅，语言组织合理，法律法规引用正确。（20分）本项目考核评价单，详见附录附表8。

项目六 森林培育行政执法

子项目二 林木种苗管理法律制度

任务1 案例导入与分析

【案件导入】

某市A县公民李某、杨某和张某欲合伙从事柿树种苗生产。2015年4月,三人签订合同协议,随即按照《种子法》相关规定,向A县林业局申领种子生产经营许可证(生产经营许可证上注明柿树种苗生产地点为A县),并于2015年7月向A县工商局登记领取合伙企业营业执照。2016年6月,由于柿树种苗市场疲软,该合伙企业决定在相邻的B县转而生产销路看好的苹果种苗,并决定由张某负责到B县林业局办理苹果种苗生产经营许可事宜。张某认为,柿树种苗与苹果种苗均为果树种,且A县与B县同属某市,便未办理苹果种苗生产经营许可证。2016年8月,该合伙企业在B县开始生产苹果种苗,货值金额5 000元。2017年2月,B县林业局在执法检查过程中发现该合伙企业没有办理苹果种苗的生产经营许可证,经过调查取证后,决定对其进行行政处理,责令改正,没收种子和违法所得,并处以1万元罚款的处罚决定。

【问题】

1. 本案件中有哪些违法行为?
2. 县林业局对该合伙人给予的处罚得当吗?给出意见,并指出法律依据。

【案例评析】

《种子法》第33条规定,种子生产经营许可证应当载明生产经营者名称、地址、法定代表人、生产种子的品种、地点和种子经营的范围、有效期限、有效区域等事项。前款事项发生变更的,应当自变更之日起30日内,向原核发许可证机关申请变更登记。除本法另有规定外,禁止任何单位和个人无种子生产经营许可证或者违反种子生产经营许可证的规定生产、经营种子。禁止伪造、变造、买卖、租借种子生产经营许可证。《种子法》第77条明确规定违反本法第32条、第33条规定,有下列行为之一的,由县级以上人民政府农业、林业主管部门责令改正,没收违法所得和种子;违法生产经营的货值金额不足1万元的,并处3 000元以上3万元以下罚款;货值金额1万元以上的,并处货值金额3倍以上5倍以下罚款;可以吊销种子生产经营许可证:未取得种子生产经营许可证生产经营种子的;以欺骗、贿赂等不正当手段取得种子生产经营许可证的;未按照种子生产经营许可证的规定生产经营种子的;伪造、变造、买卖、租借种子生产经营许可证的。被吊销种子生产经营许可证的单位,其法定代表人、直接负责的主管人员自处罚决定作出之日起五年内不得担任种子企业的法定代表人、高级管理人员。

本案中,某合伙企业的种子生产经营许可证注明生产种子的树种为柿树种苗,生产地点为A县。其在B县生产苹果种苗的行为显然属于"未按照许可证的规定生产种子"情形,但情节尚不严重。B县林业局作出责令改正,没收种子和违法所得,并处以1万元罚款的处罚决定是适当的。

从法理上说，许可证是对被许可主体权利能力与行为能力的法律认可。不按照许可证的规定生产种子，在法律性质上也属于无证生产行为。因此，《种子法》禁止无证或未按照许可证的规定生产种子。本案中的合伙企业在 A 县林业局申领了生产柿树种苗许可证，只意味着其在 A 县有生产柿树种苗的条件和资格，并非有权在任何地点生产任何品种的种子，若要在 B 县生产苹果种苗必须向 B 县林业局申请，被批准后方可生产。

至于本案中因张某的过错未能办证，属于合伙企业内部管理问题，并不影响行政机关对本案的处理；合伙企业由此遭受的损失，可以按照合伙协议或企业管理制度要求张某承担。

我国对林业种子生产实行种子生产经营许可证制度。无证或未按照生产经营许可证注明的品种、地点和有效期限等项目进行生产的，县级以上林业主管部门有权对其进行行政处罚。

任务 2　相关资讯

1. 林木种苗管理概述

林木种苗管理涉及保护和利用种质资源、林木种苗的生产、经营和使用管理以及维护广大林农的合法权益等，为了保护和合理利用种质资源，规范品种选育和种子生产、经营、使用行为，维护品种选育者和种子生产者、经营者、使用者的合法权益，提高种子质量水平，推动种子产业化，促进农林业的发展，2000 年 7 月 8 日第九届全国人民代表大会常务委员会第十六次会议通过了《种子法》，于 2000 年 12 月 1 日起施行。此后，该法于 2004 年、2013 年进行了二次修订，2015 年 11 月 4 日第十二届全国人民代表大会常务委员会第十七次会议对本法进行了第三次修订，并于 2016 年 1 月 1 日起施行。

我国境内从事品种选育、种子生产经营和管理等活动，适用本法。《种子法》所涉及的种子，是指农作物和林木的种植材料或者繁殖材料，包括籽粒、果实和根、茎、苗、芽、叶、花等。本节所讲的林木种子，也称林木种苗。

2. 林木种苗管理法律制度主要内容

(1) 林木种质资源保护与品种选育

种质资源，又称遗传资源，是指选育新品种的基础材料，包括各种植物的栽培种、野生种的繁殖材料以及利用上述繁殖材料人工创造的各种植物的遗传材料。

种质资源是选育新品种的基础材料，国家依法保护林木种质资源，任何单位和个人不得侵占和破坏种质资源；禁止非法采集或采伐国家重点保护的天然种质资源；国家有计划地收集、整理、鉴定、保存、交流和利用林木种质资源，定期公布可利用的种质资源目录；国务院林业行政主管部门应当建立国家种质资源库，省级人民政府林业行政主管部门可根据需要建立种质资源库、种质资源保护区或种质资源保护地。国家对林木种质资源享有主权，任何单位和个人不得非法向境外提供种质资源或非法从境外引进种质资源。

国家鼓励和支持单位、个人从事林木良种的选育、开发，鼓励品种选育和种子生产和经营相结合，并奖励在种质资源保护和良种选育、推广等工作中成绩显著的单位和个人。对于新品种的培育成果，国家实行林木新品种审定制度，林木新品种在推广应用前应当通过国家级或省级林木品种审定委员会的审定。通过国家级或省级审定的林木良种,分别由国家和省(自治区、直辖市)林业行政主管部门发布公告,在适宜地区进行推广应用。省级林木良种审定委员会对培育和选育的林木种子的审定,就是采取一定的方法、措施,对其生长过程中所表现出的性状进行审查认定,是否符合优质、高产、高效的原则,有关指标是否达到一定的标准,以及对生态环境是否造成其他危害。如符合要求,则发给证书,确定为林木良种。未具有林木良种审定或认定合格证书的林木种子,不得作为林木良种进行推广使用。

(2)林木种苗的生产经营和使用

①林木种苗的生产经营　国家对主要林木的商品种子和苗木生产经营实行许可制度。从事主要林木商品种苗生产经营的单位和个人,必须具备一定的生产经营条件,经依法申请并由县级以上人民政府林业行政主管部门审核并发放《林木种子生产经营许可证》。

根据《种子法》的规定,国家林业局于2016年4月19日发布,并自2016年6月1日起施行的《林木种子生产经营许可证管理办法》中规定,申请林木种子生产经营许可证的单位和个人应当向县级以上人民政府林业主管部门提出申请,并应当提交以下材料:林木种子生产经营许可证申请表;营业执照或者法人证书复印件、身份证件复印件;单位还应当提供章程;林木种子生产、加工、检验、储藏等设施和仪器设备的所有权或者使用权说明材料以及照片;林木种子生产、检验、加工、储藏等技术人员基本情况的说明材料以及劳动合同。

此外,申请人从事具有植物新品种权林木种子生产经营的,应当提供品种权人的书面同意或者国务院林业主管部门品种权转让公告、强制许可决定;从事林木良种种子生产经营的,应当提供林木良种证明材料;实行选育生产经营相结合的,应当提供育种科研团队、试验示范测试基地以及自主研发的林木品种等相关证明材料;生产经营引进外来林木品种种子的,应当提交引种成功的证明材料;从事林木种子进出口业务的,应当提供按照国家有关规定取得的种子进出口许可证明;从事转基因林木种子生产经营的,应当提供转基因林木安全证书。

林木种子生产经营许可证应当载明生产经营者名称、地址、法定代表人、生产经营种类、生产地点、有效期限、有效区域等事项。从事林木良种生产经营的,林木种子生产经营许可证应当载明审(认)定的林木良种名称、编号。

禁止伪造、变造、买卖、租借种子生产经营许可证;禁止任何单位和个人无证或者未按照许可证的规定生产经营种子林木种苗;生产经营者必须具备一定的生产经营条件。生产经营者在林木种子生产经营许可证载明的有效区域设立分支机构的,专门经营不再分装的包装种子的,或者受具有林木种子生产经营许可证的生产经营者以书面委托生产、代销其种子的,不需要办理林木种子生产经营许可证。种子生产经营者应当遵守有关法律、法规的规定,向种子使用者提供种子的简要性状、主要栽培措施、使用条件的说明与有关咨询服务,并对种子质量负责。

林木种苗生产经营者取得《林木种子生产经营许可证》后,方可向工商行政管理机关申请办理或变更营业执照。国家鼓励和支持科研单位、学校、科技人员研究开发和依法经营、推广林木良种。

国家投资或以国家投资为主的造林项目和国有造林单位,应当使用林木良种;国家对推广使用林木良种营造防护林和特种用途林给予扶持。林木种苗使用者有权按照自己的意愿购买林木种苗，任何单位和个人不得非法干预。

②林木种苗的使用　林木良种是指通过审定的林木种子，在一定的区域内，其产量、适应性、抗性等方面明显优于当前主栽材料的繁殖材料和种植材料。为了加强林木良种推广、使用、管理，发展高产优质、高效益的林业，依照《种子管理条例》和国家有关规定，制定了《林木良种推广使用管理办法》，并于1997年6月15日起施行。该办法中规定，推广使用的林木良种，应当具有《林木良种合格证》。《林木良种合格证》由省级以上林木种苗管理机构或者委托持有《林木种苗生产经营许可证》的林木良种生产单位，根据相应的《林木种苗质量检验合格证》核发。推广使用林木良种培育的苗木，由县级以上林木种苗管理机构或者其委托单位依照《林木良种合格证》核发相应的《良种壮苗合格证》，并存入单位的造林档案。种子使用者因种子质量问题遭受损失的，出售种子的经营者应当予以赔偿，赔偿额包括购种价款、有关费用和可得利益损失。经营者赔偿后，属于种子生产者或者其他经营者责任的，经营者有权向生产者或者其他经营者追偿。因使用种子发生民事纠纷的，当事人可以通过协商或者调解解决。当事人不愿通过协商、调解解决或者协商、调解不成的，可以根据当事人之间的协议向仲裁机构申请仲裁。当事人也可以直接向人民法院起诉。

(3) 林木种苗质量

国务院林业行政主管部门于2007年1月1日起施行了《林木种苗质量管理办法》并结合林木种苗质量检测的行业标准对林木种苗的质量形成了法律规范。各级林业行政主管部门负责对林木种苗质量的监督。林业行政主管部门可以委托林木种苗质量检验机构对种苗质量进行检验。承担林木种苗检验的机构应具备相应的条件，并经省级以上林业主管部门考核合格。

(4) 进出口林木种苗的管理

进出口林木种苗必须经过检疫，防止危险性病、虫、杂草及其他有害生物传播。从事林木种苗商品进出口业务的法人和其他组织，除持有《林木种苗生产经营许可证》外，还应当依照有关对外贸易法律、行政法规的规定，取得从事林木种苗进出口贸易的许可。禁止进出口假劣林木种苗和国家规定不得进出口的林木种苗。进口林木种苗的，应当达到国家或行业标准。

(5) 林业行政主管部门及其工作人员不得参与和从事林木种苗生产、经营活动

为了进一步规范林木种苗的生产、经营活动，《种子法》也作出了明确规定：林业行政主管部门及其工作人员不得参与和从事林木种苗生产、经营活动；林木种苗生产和经营机构不得参与和从事林木种苗的行政管理工作；林木种苗的行政主管部门与生产经营机构在人员和财务上必须分开。林业行政主管部门是林木种苗执法机关，执法人员在执行公务时，应当出示行政执法证件。

(6) 保障措施

国务院和省级人民政府设立林木种苗专项资金，用于扶持林木良种的选育与推广。国家奖励在种质资源保护、良种选育、推广等工作中成绩显著的单位和个人。

3. 林木种子生产经营许可制度

造林绿化的成功与否、质量的高低，林木种子质量是关键之一。《种子法》规定了从事主要林木种子的生产经营需实行许可制度。

3.1 种子生产经营许可证的核发部门

依照《种子法》的规定，从事种子进出口业务的种子生产经营许可证，由省、自治区、直辖市人民政府农业、林业主管部门审核，国务院农业、林业主管部门核发。从事主要农作物杂交种子及其亲本种子、林木良种种子的生产经营以及实行选育生产经营相结合，符合国务院农业、林业主管部门规定条件的种子企业的种子生产经营许可证，由生产经营者所在地县级人民政府农业、林业主管部门审核，省、自治区、直辖市人民政府农业、林业主管部门核发。

除以上规定外的其他种子的生产经营许可证，由生产经营者所在地县级以上地方人民政府农业、林业主管部门核发。只从事非主要农作物种子和非主要林木种子生产的，不需要办理种子生产经营许可证。

3.2 申领种子生产经营许可证应具备的条件

种子的生产是一项复杂而又系统的工作，为此，进行种子生产需要一定的场地、设备、资金等必备条件，因此，《种子法》第32条规定，申请取得种子生产经营许可证的，应当具有与种子生产经营相适应的生产经营设施、设备及专业技术人员，以及法规和国务院农业、林业主管部门规定的其他条件。从事种子生产的，还应当同时具有繁殖种子的隔离和培育条件，具有无检疫性有害生物的种子生产地点或者县级以上人民政府林业主管部门确定的采种林。申请领取具有植物新品种权的种子生产经营许可证的，应当征得植物新品种权所有人的书面同意。

3.3 种子生产经营许可证的其他法律规定

依照《种子法》第33条规定，种子生产经营许可证应当载明生产经营者名称、地址、法定代表人、生产种子的品种、地点和种子经营的范围、有效期限、有效区域等事项。

如上述许可证中的相关事项发生变更的，应当自变更之日起30日内，向原核发许可证机关申请变更登记。除《种子法》另有规定外，禁止任何单位和个人无种子生产经营许可证或者违反种子生产经营许可证的规定生产、经营种子。禁止伪造、变造、买卖、租借种子生产经营许可证。

此外，依照《种子法》的规定，农民个人自繁自用的常规种子有剩余的，可以在当地集贸市场上出售、串换，不需要办理种子生产经营许可证。办理种子生产经营许可证的，其有效区域由发证机关在其管辖范围内确定。种子生产经营者在种子生产经营许可证载明的有效区域设立分支机构的，专门经营不再分装的包装种子的，或者受具有种子生产经营许可证的种子生产经营者以书面委托生产、代销其种子的，不需要办理种子生产经营许可证，但应当向当地农业、林业主管部门备案。实行选育生产经营相结合，符合国务院农业、林业主管部门规定条件的种子企业的生产经营许可证的有效区域为全国。

4. 违反林木种苗法规的法律责任

(1) 生产经营假、劣林木种子的法律责任

假种子是指以非种子冒充种子或者以此种品种种子冒充他种品种种子以及种子种类、品种、产地与标签标注的内容不符的林木种子。劣种子是指质量低于国家规定的种子标准或者标签标注指标，或者变质不能作种子使用，或者杂草种子的比率超过规定以及带有国家规定检疫对象的有害生物的林木种子。

对生产经营假、劣林木种子的，依照《种子法》第75条规定，由县级以上人民政府农业、林业主管部门责令停止生产经营，没收违法所得和种子，吊销种子生产经营许可证；违法生产经营的货值金额不足1万元的，并处1万元以上10万元以下罚款；货值金额1万元以上的，并处货值金额10倍以上20倍以下罚款。因生产经营假种子犯罪被判处有期徒刑以上刑罚的，种子企业或者其他单位的法定代表人、直接负责的主管人员自刑罚执行完毕之日起5年内不得担任种子企业的法定代表人、高级管理人员。

生产、销售伪劣种子造成较大或者重大损失的，构成生产、销售伪劣种子罪，由司法机关依照《刑法》第147条规定追究刑事责任：使生产遭受较大损失的，处3年以下有期徒刑或者拘役，并处或者单处销售金额50%以上2倍以下罚金；使生产遭受重大损失的，处3年以上7年以下有期徒刑，并处销售金额50%以上2倍以下罚金；使生产遭受特别重大损失的，处7年以上有期徒刑或者无期徒刑，并处销售金额50%以上2倍以下罚金或者没收财产。

(2) 违反林木种子生产经营许可制度的法律责任

依照《种子法》第77条规定，违反本法第32条、第33条规定，有下列行为之一的，由县级以上人民政府农业、林业主管部门责令改正，没收违法所得和种子；违法生产经营的货值金额不足1万元的，并处3 000元以上3万元以下罚款；货值金额1万元以上的，并处货值金额3倍以上5倍以下罚款；可以吊销种子生产经营许可证：未取得种子生产经营许可证生产经营种子的；以欺骗、贿赂等不正当手段取得种子生产经营许可证；未按照种子生产经营许可证的规定生产经营种子的；伪造、变造、买卖、租借种子生产经营许可证的。被吊销种子生产经营许可证的单位，其法定代表人、直接负责的主管人员自处罚决定作出之日起五年内不得担任种子企业的法定代表人、高级管理人员。情节严重的，构成非法经营罪，由司法机关依照《刑法》的规定追究刑事责任。

(3) 未经批准私自采集或者采伐国家重点保护的天然种质资源的法律责任

侵占、破坏种质资源，私自采集或者采伐国家重点保护的天然种质资源的，未经批准私自采集或者采伐国家重点保护的天然种质资源的，依照《种子法》第81条规定，由县级以上人民政府农业、林业主管部门责令停止违法行为，没收种质资源和违法所得，并处5 000元以上5万元以下罚款；造成损失的，依法承担赔偿责任。情节严重的，构成非法采伐、毁坏国家重点保护植物罪，由司法机关依照《刑法》的规定追究刑事责任。

(4) 违反林木种子生产经营法定义务的法律责任

生产者、经营者违反林木种子生产经营法定义务，有下列行为之一的，依照《种子法》第80条规定，由县级以上人民政府农业、林业主管部门责令改正，处2 000元以上2万元以下罚款：销售的种子应当包装而没有包装的；销售的种子没有使用说明或者标签内容不

符合规定的;涂改标签的;未按规定建立、保存种子生产经营档案的;种子生产经营者在异地设立分支机构、专门经营不再分装的包装种子或者受委托生产、代销种子,未按规定备案的。

(5)违法收购林木种子的法律责任

违反规定收购珍贵树木种子或者限制收购的林木种子的,依照《种子法》第84条规定,由县级以上人民政府林业主管部门没收所收购的种子,并处收购种子货值金额2倍以上5倍以下罚款。

(6)出具虚假种子检验证明的法律责任

违反规定,种子企业有造假行为的,依照《种子法》第85条规定,由省级以上人民政府农业、林业主管部门处100万元以上500万元以下罚款;不得再依照本法第17条规定申请品种审定;给种子使用者和其他种子生产经营者造成损失的,依法承担赔偿责任。

(7)强迫种子使用者购买、使用种子,给使用者造成损失的法律责任

强迫种子使用者违背自己的意愿购买、使用种子,给使用者造成损失的,依照《种子法》第90条规定,应当承担赔偿责任。

(8)违法发放林木种子生产经营许可证的法律责任

林业行政主管部门违反规定,对不具备林木种子生产者、经营者条件的申请人核发林木种子生产经营许可证或者林木种子生产经营许可证的,依照《种子法》规定,应当对直接负责的主管人员和其他责任人员,依法给予行政处分;情节严重的,构成玩忽职守罪或者滥用职权罪,由司法机关依照《刑法》的规定追究刑事责任。

(9)违反规定发放《林木良种合格证》的法律责任

违反规定发放《林木良种合格证》或者《良种壮苗合格证》的,根据林业部《林木良种推广使用管理办法》第19条规定,由林业行政主管部门或者其委托的林木种苗管理机构给予警告,并撤销其核发的《林木良种合格证》或《良种壮苗合格证》;情节严重的,可处1 000元以下的罚款。伪造《林木良种合格证》或《良种壮苗合格证》的,根据林业部《林木良种推广使用管理办法》第20条规定,由林业行政主管部门或者其委托的林木种苗管理机构予以没收,并可处1 000元以下的罚款;有违法所得的,可处违法所得3倍以内的罚款,但最多不得超过3万元。

任务3 模拟演练——巩固实践

【案件信息】

2007年7月,黄某为从事林木种子经营活动,向所在县林业局申领种子生产经营许可证。黄某向县林业局提交了符合《种子法》规定的种子经营所需的资金、设备、营业场所等证明文件,但未提交林木种子检验、贮藏、保管等技术人员资格证明。黄某声称,自己曾在一家种苗公司工作多年,具有丰富的种子检验、贮藏、保管技术,完全符合相应的资格要求。工作人员朱某向主管领导杨某请示后,为黄某办理了种子生产经营许可证。市林业局在行政执法中发现,黄某由于贮藏、保管技术不合格,导致其经营的树种质量不合格,市林业局执法人员认为,黄某未提交林木种子检验、贮藏、保管等技术人员资格证明违反法律规定,县林业局不用核发种子生产经营许可证,经查,朱某和杨某是第一次违反规定

核发种子生产经营许可证。

一、实训内容

1. 确认并定性案件中违法主体的违法行为。
2. 案件中违反林木种苗法律法规如何承担责任。

二、实训目的

通过本实训，进一步提高学生们对《森林法》《种子法》《林木种苗证件管理办法》的相关法律法规掌握与运用的熟练程度，明确林木种苗许可制度的相关工作流程，使学生能够熟练找出违法行为人的违法行为及涉法点，并对其违法行为进行正确定性，以更好地服务于林木种苗生产、经营工作。

三、实训准备与要求

查阅相关资料，明确本案件的相关法律法规条款，明确林木种苗行政执法的工作内容及法律制度，能够运用相关理论知识对背景材料进行案件处理、归纳总结及分析。

四、实训方法及步骤

第一步，实训前准备。5~6人分为一个小组，要求参加实训的同学，课前查阅相关资料及书籍，找出与案件相关的法律法规，并组织学生们课前根据案情编排短剧，有条件及相关资源的同学可以就该案件深入林业行政执法机构进行访问调查。

第二步，短剧表演，其他小组同学观看短剧。

第三步，以小组为单位进行案情讨论，各小组发表案件处理意见。

第四步，指导教师对各种观点进行点评，归纳、总结和分析，并对要点、易错点进行提炼。

第五步，整理实训报告，完善案件处理方案。

五、实训时间

以1~2学时为宜。

六、实训作业

案件处理完毕后，要求每名同学必须撰写实训报告，实训报告要求语言流畅、文字简练，有理有据，层次清晰。实训报告样式详见附录附表1。

七、实训成绩评定标准

1. 实训成绩评定打分

本实训项目的考核成绩满分100分，占总项目考核成绩的3%。

2. 实训成绩给分点

(1)学生对于林木种苗法律制度的知识点掌握情况。（20分）

(2)各组成员的团队协作意识及完成任务情况。（20分）

(3)出勤率、迟到早退现象。（10分）

(4)组员对待工作任务的态度(实训结束后座椅的摆放和室内卫生的打扫)。（10分）

(5)实训的准备、实训过程的记录。（20分）

(6)实训报告的完成情况，文字结构流畅，语言组织合理，法律法规引用正确。（20分)本项目考核评价单，详见附录附表8。

子项目三　植物新品种保护法律制度

任务1　案例导入与分析

【案件导入】

2003年3月至5月，某苗圃场向社会推出南方速生杨树苗销售业务，称该杨树新品种速生、抗病虫，适宜在南方种植，由某林业大学蔡教授授权该公司培育、销售，品种权号为20020003。某苗圃场共销售南方速生杨树苗30万株，销售金额4.5万元，获利3万元。2004年2月，县林业局接到某林业大学蔡教授投诉，称某苗圃场培育、销售南方速生杨未经其授权，要求责令该苗圃场停止侵权行为，赔偿其损失。经查，2002年底，品种权人蔡某曾与某苗圃场商谈培育、销售南方速生杨事宜，并将该品种交由该苗圃场试种培植，但因条件没有谈妥，遂终止合作。

【问题】

1. 指出本案件中的违法行为。
2. 找出与本案相关法律依据。

【案件评析】

本案是一宗典型的林木品种权侵权案件。侵犯植物新品种权是指未经品种权人认可，为商业目的生产或销售授权品种的繁殖材料，或者为商业目的将授权品种的繁殖材料重复使用于生产另一品种的繁殖材料的行为。处理侵犯植物新品种权必须注意以下问题。

第一，对植物新品种权人的利害关系人的界定。《植物新品种保护条例》第39条第1款规定，未经品种权人许可，以商业目的生产或者销售授权品种的繁殖材料的，品种权人或者利害关系人可以请求省级以上人民政府农业、林业行政主管部门依据各自的职权进行处理，也可以向人民法院提起诉讼。这一规定，明确了品种权的利害关系人的诉权，但并未进一步对利害关系人的范围作出界定。《最高人民法院关于审理侵犯植物新品种权纠纷案件具体应用法律问题的若干规定》第1条规定，植物新品种权所有人或者利害关系人认为植物新品种权受到侵犯的，可以依法向人民法院提起诉讼；利害关系人包括植物新品种实施许可合同的被许可人、品种权财产权利的合法继承人等。独占实施许可合同的被许可人可以单独向人民法院提起诉讼，排他实施许可合同的被许可人可以和品种权人共同起诉，也可以在品种权人不起诉时自行提起诉讼；普通实施许可合同的被许可人经品种权人明确授权，可以提起诉讼。

这一规定，界定了植物新品种权人的利害关系人的范围，包括植物新品种实施许可合同的被许可人、品种权财产权利的合法继承人；并对不同利害关系人的不同诉权也相应地予以界定。而植物新品种实施许可合同中的排他使用许可合同是指植物新品种权人在合同约定的期间、地域和以约定的方式，将该植物新品种仅许可一个被许可人使用，植物新品种权人依约定可以使用该植物新品种，但不得另行许可他人使用该植物新品种。

第二，关于侵犯植物新品种权行为的认定。植物新品种是指经过人工培育的或者对发现的野生植物加以开发，具备新颖性、特异性、一致性和稳定性并有适当命名的植物品种。判断他人是否构成侵犯植物新品种权，应对被控侵权物的全部性状特征、特性与授权品种的繁殖材料的全部性状特征、特性进行比对，如比对后二者完全相同；或者特征、特性的不同是因非遗传变异所致的，法院一般应当认定被控侵权物属于侵犯品种权。

第三，使用授权品种不构成侵权的例外情形。育种者的新品种权与专利权、著作权、商标权等其他知识产权相比，其权利内容不同，但都具有某些共同特性，都属于知识产权范畴。完成育苗的单位或者个人对其授权品种享有排他的独占权。

本案中，某苗圃场未经品种权人授权擅自培育、销售速生杨树品种，依照《植物新品种保护条例》第 39 条规定，蔡教授可以请求省林业主管部门进行处理，也可直接向法院提起诉讼；省林业主管部门为维护社会公共利益，可以责令侵权人停止侵权行为，没收违法所得，可以并处违法所得 5 倍以下罚款。因按规定，市、县级的林业主管部门对以商业目的擅自生产或者销售授权品种的繁殖材料的案件没有管辖权，县林业局将案件移交给省林业厅处理是正确的。

任务 2　相关资讯

1. 植物新品种保护法律制度概述

为了保护植物新品种，鼓励培育和使用植物新品种，促进农林业的发展，我国于 1997 年 10 月 1 日起施行《植物新品种保护条例》，1998 年 8 月 10 日，国家林业局发布《植物新品种保护条例实施细则(林业部分)》，以下简称《新品种保护条例实施细则》，2013 年 1 月 16 日国务院第 231 次常务会议通过了《关于修改〈中华人民共和国植物新品种保护条例〉的决定》，自 2013 年 3 月 1 日起施行。

植物新品种，是指经过人工培育的或者对发现的野生植物加以开发，具备新颖性、特异性、一致性和稳定性，并有适当命名的植物品种。林业植物品种保护名录由国务院林业主管部门确定和公布。

国务院林业主管部门依照有关规定受理、审查植物新品种权的申请并授予植物新品种权(以下简称品种权)。国务院林业主管部门植物新品种保护办公室(以下简称新品种保护办公室)，负责受理审查植物新品种的品种权申请，组织与植物新品种保护有关的测试、保藏等业务。

2. 植物新品种保护法律制度主要内容

(1) 品种权的授予与管理

完成育种的单位和个人对其授权品种，享有排他的独占性。任何单位和个人未经品种权所有人许可，不得为商业目的生产或者销售该授权品种的繁殖材料，不得为商业目的将该授权品种的繁殖材料重复使用于另一品种的繁殖材料。

一个植物新品种只能授予一项品种权，两个以上的申请人就同一个植物新品种申请品种权的，品种权授予最先申请的人；同时申请的，品种权授予最先完成该植物新品种育种的人。完成植物新品种育种的人、品种权申请人、品种权人，均包括单位和个人。两个以上申请人就同一个植物新品种在同一日分别提出品种权申请的，新品种保护办公室可要求申请人自行协商确定申请权的归属；协商达不成一致的，新品种保护办公室可以要求申请人在规定的期限内提供证明自己是最先完成该植物新品种育种的证据，逾期不提供证据的，视为放弃申请。

植物新品种的申请权和品种权可以依法转让。单位或个人就其在国内培育的植物新品种向外国人转让申请权或品种权的，应当报国家林业主管部门批准；国有单位在国内转让植物品种申请权或者品种权的，由其上级行政主管部门批准；转让申请权或品种权的，当事人应当订立书面合同，向国务院林业主管部门登记，并由国务院林业主管部门公告。转让申请权或品种权的，自登记之日起生效。

利用授权品种进行育种及其他科研活动或者农民自繁自用授权品种的繁殖材料的，可以不经品种权人许可，不向品种权人支付使用费，但是不得侵犯品种权人依照有关规定享有的其他权利。

为满足国家利益或者公共利益等特殊需要，品种权人无正当理由自己不实施或实施不完全，又不许他人以合法条件实施的，国务院林业主管部门可以作出或者依当事人的请求作出实施植物新品种强制许可的决定。请求植物新品种强制许可的单位或个人，应当向国务院林业主管部门提出强制许可的请求书。审批机关可以作出实施植物品种强制许可的决定，并予以登记和公告。取得实施强制许可的单位或个人应当付给品种权人合理的使用费，其数额由双方商定；双方达不成协议的，可请求国务院林业主管部门裁决。请求裁决时当事人应当提交裁决请求书，并附具不能达成协议的有关材料。国务院林业主管部门自收到裁决请求书之日起3个月内作出裁决并通知当事人。

(2)授予品种权的条件

①属于国家植物品种保护名录中列举的植物的属或种　植物品种保护名录由审批机关确定和公布。

②新颖性　新颖性是指申请品种权的植物新品种在申请日前该品种繁殖材料未被销售，或者经育种者许可，在中国境内销售该品种繁殖材料未超过1年，在中国境外销售藤本植物、林木、果树和观赏树木品种繁殖材料未超过6年，销售其他植物品种繁殖材料未超过4年。

③特异性　特异性是指申请品种权的植物新品种应当明显区别于在递交申请以前已知的植物新品种。

④一致性　一致性是指申请品种权的植物新品种经过繁殖，除可以预见的变异外，其相关的特征或者特性一致。

⑤稳定性　稳定性是指申请品种权的植物新品种经过反复繁殖后，或者在稳定繁殖周期结束时，其相关的特征或者特性保持不变。

⑥适当的名称　授予品种权的植物新品种有适当的名称，并与相同或相近的植物属或种中已知品种的名称相区别，该名称经注册登记后即为该植物新品种的通用名称。但下列名称不得用于品种命名：仅以数字组成的；违反社会公德的；对植物新品种的特征、特性或者育种者的身份等容易引起误解的；违反国家法律、行政法规规定或者带有民族歧视性的；以国家名称命名的；以县级以上行政区划的地名或者公众知晓的外国地名命名的；同政府间国际组织或者其他国际知名组织的标识名称相同或者近似的；属于相同或者相近植

物属或者种的已知名称的。

(3)品种权的申请和受理

中国的单位和个人申请品种权的，可以直接或者委托国务院林业主管部门指定的代理机构向国务院林业主管部门提出申请；外国人、外国企业或其他外国组织向国务院林业主管部门提出品种权申请和办理其他品种权事务的，应当委托国务院林业主管部门指定的代理机构办理；申请人委托代理机构向国家林业局申请品种权或者办理其他有关事务的，应当提交委托书，写明委托权限；申请人为两个以上而未委托代理机构代理的，应当书面确定一方为代表人。

申请人申请品种权时，应当向新品种保护办公室提交国务院林业主管部门规定格式的请求书、说明书以及以下规定的照片各一式两份：有别于该申请品种权的植物品种的特异性、一致性状的对比应在同一张照片上；照片应是8.5厘米×12.5厘米或者10厘米×15厘米的彩色照片，并附有简要文字说明；必要时，新品种保护办公室可以要求申请人提供黑白照片并附有简要的文字说明。

品种权的申请文件必须内容完整、符合规定格式、字迹清晰、使用中文和无涂改痕迹。

申请人自收到新品种保护办公室要求送交申请品种权的植物新品种和对照品种的繁殖材料通知之日起3个月内送交繁殖材料，逾期不送交者视为放弃申请。送交的繁殖材料应符合下列要求：依照有关规定进行检疫，且检疫合格；满足测试或者检测需要；与品种权申请文件中所描述的该植物品种的繁殖材料相一致；最新收获或采集的、无病虫害和未进行药物处理的，如送交的繁殖材料已经药物处理，应注明药物名称、使用方法和目的。

审批机关收到品种权申请文件之日为申请日；申请文件是邮寄的，以寄出的邮戳日为申请日，并自收到申请之日起1个月内通知申请人缴纳申请费。申请人缴纳申请费后，审批机关才对品种权进行审查。

(4)品种权的审查批准

①初步审查　国务院林业主管部门对品种权申请进行初步审查。初步审查应包括以下内容：是否属于植物品种保护名录列举的植物属或者种的范围；若是外国人、外国企业或者外国其他组织在中国申请品种权的，应当按其所属国和中华人民共和国签订的协议或者共同参加的国际条约办理，或者根据互惠原则办理；是否符合新颖性的规定；植物新品种的命名是否适当。经初步审查符合有关规定条件的，品种权申请由国务院林业主管部门予以公告，并通知申请人在3个月内缴纳审查费。申请人未按照规定缴纳审查费的，品种权申请视为撤回。自公告之日起直到授予品种权之日前，任何人均可以对不符合规定的品种权申请向国务院林业主管部门提出异议。对经初步审查不合格的品种权申请，审批机关应当通知申请人在3个月内陈述意见或者予以修正；逾期未答复或者修正后仍然不合格的，驳回申请。审批机关应当自受理品种权申请之日起6个月内完成初步审查。

②实质审查　申请人按照规定缴纳审查费后，国务院林业行政主管部门对品种权申请的特异性、一致性和稳定性进行实质审查。审批机关认为必要时，可以委托指定的测试机构进行测试，或者考察业已完成的种植或者其他试验的结果。需要测试的，申请人应当缴纳测试费。申请人应当根据审批机构的要求提供必要的资料和该植物新品种的繁殖材料。

③品种权的授予　经实质审查后，对符合规定的品种权申请由国务院林业行政主管部

门作出授予品种权的决定,向品种权申请人颁发品种权证书并予以登记和公告。品种权人应当自收到领取品种权证书通知之日起 3 个月内领取品种权证书,并按国家有关规定缴纳第一年年费,逾期则视为放弃品种权(有正当理由的除外)。品种权自作出授予品种权的决定之日起生效。

对不符合规定的品种权申请,审批机关予以驳回,并通知申请人。申请人对审批机关驳回品种权申请的决定不服的,可以自收到通知之日起 3 个月内,向国务院林业行政主管部门植物新品种复审委员会请求复审。复审委员会应当自收到复审请求书之日起 6 个月内作出决定,并通知申请人。申请人对复审委员会的决定不服的,可以自接到通知之日起 15 日内向人民法院提起诉讼。

3. 违反植物新品种保护法规的法律责任

(1)侵犯品种权的法律责任

未经品种权人许可,以商业目的生产或者销售授权品种的繁殖材料的,品种权人或者利害关系人可以请求省级以上人民政府林业主管部门进行处理,也可直接向人民法院提起诉讼。省级人民政府林业主管部门,根据当事人自愿的原则,对侵权所造成的损害赔偿可以进行调解。调解达成协议的,当事人应当履行;调解未达成协议的,品种权人或利害关系人可以依照民事诉讼程序向人民法院提起诉讼。依照《植物新品种保护条例》第 39 条规定,省级以上人民政府林业行政主管部门依据各自的职权处理品种权侵权案件时,为维护社会公共利益,可以责令侵权人停止侵权行为,没收违法所得和植物品种繁殖材料。货值金额 5 万元以上的,可处货值金额 1 倍以上 5 倍以下的罚款;没有货值金额或者货值金额 5 万元以下的,根据情节轻重,可处 25 万元以下的罚款。

(2)假冒授权品种的法律责任

假冒授权品种行为,是指使用伪造的品种权证书、品种权号的,使用已被停止或被宣告无效品种权证书、品种权号的,以非授权品种冒充授权品种的,以此种授权品种冒充他种授权品种的以及其他足以使他人将非授权品种误认为授权品种的行为。

假冒授权品种的,由县级以上人民政府林业行政主管部门依据职权责令停止假冒行为,没收违法所得和植物品种繁殖材料;货值金额 5 万元以上的,处货值金额 1 倍以上 5 倍以下的罚款;没有货值金额或者货值金额 5 万元以下的,根据情节轻重,处 25 万元以下的罚款;情节严重,构成犯罪的,依法追究刑事责任。

(3)销售授权品种未使用其注册登记名称的法律责任

销售授权品种,但不使用该授权品种注册登记的名称而使用其他名称的,依照《植物新品种保护条例》第 42 条规定,由县级以上林业行政主管部门依据职权责令限期改正,可以处 1 000 元以下的罚款。

任务 3　岗位对接——技能提升

1. 植物新品种保护申办流程及操作规范

以某植物新品种保护行政授权操作规范为例说明。

(1)行政审批项目名称及性质

①名称　植物新品种保护行政授权。

②性质　行政确认。

(2)项目设定法律依据

依照《植物新品种保护条例》《植物新品种保护条例实施细则(林业部分)》的规定,国务院农业、林业行政部门等审批机关按照职责分工共同负责植物新品种权申请的受理和审查并对符合本条例规定的植物新品种授予植物新品种权;生产、销售和推广被授予品种权的植物新品种,应当按照国家有关种子的法律、法规的规定审定。

(3)项目实施主体及权限范围

依照《植物新品种保护条例》的规定,国务院农业、林业行政部门为植物新品种权保护申办的法定实施主体(以下简称审批机关),审批机关成立植物新品种保护办公室,专门负责植物新品种保护的授权、审定及监管工作。该条例规定,审批机关自受理品种权申请之日起6个月内完成初步审查,对经初步审查合格的品种权申请,审批机关予以公告,之后再经实质审查符合本条例规定的品种权申请,审批机关应当作出授予品种权的决定,颁发品种权证书,同时,审批机关还设立了植物新品种复审委员会,对审批机关驳回品种权申请的决定不服的,申请人可以向植物新品种复审委员会请求复审。

(4)项目申办条件

授予品种权的,应当符合《植物新品种保护条例》第13条、第14条、第15条、第16条、第17条、第18条及《植物新品种保护条例实施细则(林业部分)》第2条规定。

(5)项目实施对象和范围

依照该条例规定,符合植物新品种权申办条件的相对人。

(6)项目办理程序(图6.1)

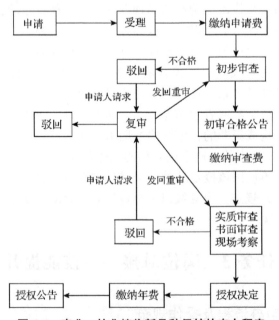

图6.1　农业、林业植物新品种保护的申办程序

(7) 项目办结时限

①初审时限　自受理品种权申请之日起 6 个月内完成。

②复审时限　自收到复审请求书之日起 6 个月内作出决定。

(8) 项目收费标准及其依据

植物新品种权保护申办所需要缴纳的费用应依照《植物新品种保护条例实施细则(林业部分)》第八章第 56 条至第 61 条规定予以上交。

(9) 项目办理咨询方式

各县(市、区、旗)咨询、投诉电话由各县(市、区、旗)自行公布。

任务 4　模拟演练——巩固实践

【案件信息】

某省林业科学研究院研究员张某经过长期研制，培育出某一经济林树种新品种"××2号"，并向国家林业局提出了植物新品种授权申请。国家林业局植物新品种保护办公室于 2010 年 9 月 1 日发布了初步审查合格公告，2012 年 7 月 1 日向原告颁发了植物新品种授权证书。2012 年 4 月，贾某未经张某许可，在某省的兴旺村，以商业为目的繁育了上述授权品种 100 亩，侵犯了品种权人张某的合法权益。为此，张某诉至法院，请求法院判令被告贾某停止侵害，消除影响，赔偿原告的经济损失。后经法院查证，该侵权行为事实清楚，证据确凿。

一、实训内容

1. 确认并定性贾某行为是否违法。
2. 植物新品种的特点。
3. 申请植物新品种权的办理流程及相关规定。
4. 案件中违反植物新品种权法律法规如何承担责任。

二、实训目的

通过本实训，进一步提高学生们对《森林法》《植物新品种权保护条例》的相关法律法规掌握与运用的熟练程度，明确植物新品权申办的相关工作流程，使学生能够熟练找出违法行为人的违法行为及涉法点，并对其违法行为进行正确定性，以更好地服务于植物新品的申办工作。

三、实训准备与要求

查阅相关资料，明确本案件的相关法律法规条款，明确植物新品权申办及流程，能够运用相关理论知识对背景材料进行案件处理、归纳总结及分析。

四、实训方法及步骤

第一步，实训前准备。5~6 人分为一个小组，要求参加实训的同学，课前查阅相关资料及书籍，找出与案件相关的法律法规，并组织学生们课前根据案情编排短剧，有条件及相关资源的同学可以就该案件深入林业行政执法机构进行访问调查。

第二步，短剧表演，其他小组同学观看短剧。

第三步，以小组为单位进行案情讨论，各小组发表案件处理意见。

第四步，指导教师对各种观点进行点评，归纳、总结和分析，并对要点、易错点进行提炼。

第五步，整理实训报告，完善案件处理方案。

五、实训时间
以 1~2 学时为宜。

六、实训作业
案件处理完毕后，要求每名同学必须撰写实训报告，实训报告要求语言流畅、文字简练、有理有据，层次清晰。实训报告样式详见附录附表1。

七、实训成绩评定标准
1. 实训成绩评定打分

本实训项目的考核成绩满分100分，占总项目考核成绩的2%。

2. 实训成绩给分点

（1）学生对于植物新品权申办法律制度的知识点掌握情况。（20分）

（2）各组成员的团队协作意识及完成任务情况。（20分）

（3）出勤率、迟到早退现象。（10分）

（4）组员对待工作任务的态度(实训结束后座椅的摆放和室内卫生的打扫)。（10分）

（5）实训的准备、实训过程的记录。（20分）

（6）实训报告的完成情况，文字结构流畅，语言组织合理，法律法规引用正确。（20分)本项目考核评价单，详见附录附表8。

综合能力训练

（一）名词解释

林木种苗　植物新品种　植物新品种权　林木良种

（二）单项选择题

1. 林木种子经营者按照生产经营许可证规定的有效区域设立分支机构的，可以不再办理林木种子生产经营许可证，但应当在办理或者变更营业执照后（　　）内，向当地林业行政主管部门和原发证机关备案。

  A. 15 日　　　　B. 5 日　　　　C. 10 日　　　　D. 25 日

2. 林木种子生产经营许可证有效期限为（　　）年。

  A. 2　　　　　B. 3　　　　　C. 5　　　　　D. 6

3.《关于开展全民义务植树运动的实施办法》规定，县级以上人民政府应当成立（　　），统一领导本地区的义务植树运动和整个造林绿化工作。

  A. 林业委员会　　　　　　　　B. 义务植树委员会

  C. 绿化委员会　　　　　　　　D. 造林绿化委员会

4.《森林法》第46条规定，各级人民政府应当采取以自然恢复为主、自然恢复和人工修复相结合的措施，科学保护修复森林生态系统。新造幼林地和其他应当封山育林的地方，由当地（　　）组织封山育林。

  A. 人民政府　　　　　　　　　B. 林业主管部门

C. 农业主管部门　　　　　　　　D. 人民政府和林业主管部门

5. 国家鼓励和支持科研单位、学校、科技人员研究开发和依法经营、推广林木良种，推广使用的林木良种，应当具有（　　）。

A.《良种壮苗合格证》

B.《林木种苗生产经营许可证》

C.《林木良种合格证》

D.《良种壮苗合格证》和《林木良种合格证》

6. 主要林木良种的种子生产经营许可证，由生产所在地县级人民政府林业行政主管部门审核，（　　）核发。

A. 省、自治区、直辖市人民政府

B. 省、自治区、直辖市人民政府林业行政主管部门

C. 县级人民政府

D. 农业行政主管部门

7. 品种权申请经实质审查后，符合《植物新品种保护条例》规定的林业植物品种权申请的，由（　　）作出授予品种权的决定，向品种权申请人颁发品种权证书，予以登记和公告。

A. 国务院　　　　　　　　　　　B. 国务院林业行政部门

C. 国务院专利主管部门　　　　　D. 植物新品种复审委员会

(三)判断题(对的打"√"，错的打"×")

1. 从事林木种苗商品进出口业务的法人和其他组织，除持有《林木种苗生产经营许可证》外，还应当依照有关对外贸易法律、行政法规的规定，取得从事林木种苗进出口贸易的许可。(　　)

2. 品种权的保护期限，自授权之日起，藤本植物、林木、果树和观赏树木为20年，其他植物为15年。(　　)

3.《关于开展全民义务植树运动的决议》规定，凡是条件具备的地方，年满11岁的中华人民共和国公民，除老弱病残外，因地制宜，每人每年义务植树3~5棵，或者完成相应劳动量的育苗、管理和其他绿化任务。(　　)

4. 主要林木良种生产经营许可证，由生产所在地县级人民政府林业行政主管部门审核，省、自治区、直辖市人民政府林业行政主管部门核发。(　　)

5. 品种权的保护期限，自授权之日起，藤本植物、林木、果树和观赏树木为20年，其他植物为15年。(　　)

(四)简答题

1. 各级绿化委员会的主要职责是什么？

2. 申请领取林木种子生产经营许可证的单位和个人，应当具备哪些条件？

3. 授予新品种权的植物新品种应具备哪些条件？

4. 申请人申请品种权时，应当向新品种保护办公室提交哪些材料？

(五)案例分析题

1. 某乡林业工作站站长邓某和工作人员王某，在负责测量该辖区内退耕还林面积时，虚增退耕还林面积10余公顷。之后，二人雇请当地农民代其从粮食部门骗领国家退耕还

林粮食补助折款和现金补贴共 2 万余元予以私分。该案被县检察院查处。回答下列问题：

(1)邓某和王某的行为违反了什么法律规定？

(2)应承担什么法律责任？

2. 某县林业局干部韦某、曾某、杨某在实施退耕还林工程中，利用职务之便，将退耕还林的桉树苗由曾某、杨某与个体经营户罗某合伙经营的苗圃供应，在市场销售价格桉树苗每株 0.22 元的情况下，抬高到每株 0.25 元，通过该县林业局出售给退耕还林农户，非法获利 2.8 万元，韦某、曾某、杨某三人私分。回答下列问题：

(1)韦某、曾某、杨某应承担什么法律责任？

(2)你认为本案应如何处理？

项目七 森林保护行政执法

【项目描述】

党的十八大以来,将生态文明建设提升至前所未有的战略高度,党的十九大的胜利召开,为生态文明建设注入了新的理念和新的要求,并提出生态文明建设是福及子孙后代的千年大计。森林资源是陆地生态系统的主体,绿水青山就是金山银山,其承载着生态文明建设的重要使命。当前,我国森林资源面临的三大灾害问题分别是森林火灾、人为乱砍滥伐以及病虫害的发生。针对人为乱砍滥伐可以应用森林采伐利用项目中的相关法律法规进行监管以及案件的处理,那么,针对森林火灾和病虫害的问题,则可应用本项目中的森林保护相关法律法规来进行指导、监管和处理分析。

本项目包含两个子项目,分别是森林防火行政执法、森林病虫害防治行政执法,其中子项目二将森林病虫害防治与森林植物检疫相关法律制度进行整合。学习者进一步了解和掌握森林保护工作中各项法律制度,不但可以依法保护森林资源,而且也可将所学的专业课程在岗位实践中得到更合理合法的应用。

【学习目标】

——知识目标

1. 了解森林防火、森林病虫害防治和森林植物检疫工作的立法概况。
2. 掌握森林火灾预防、扑救的主要法律规定;熟悉森林病虫害预防、除治和森林植物检疫的主要法律规定。
3. 掌握森林防火、森林病虫害防治及检疫工作相关许可审批制度的条件和程序。
4. 掌握违反森林防火法律规定、违反森林病虫害防治法律规定和违反森林植物检疫法律规定应承担的法律责任。

——能力目标

5. 能根据案情找出森林防火、森林病虫害防治及检疫工作的相关法律法规。
6. 能制定违法案件的处理方案及许可审批制度的工作流程。
7. 会填写森林防火、森林病虫害防治及植物检疫的相关文书。

——素质目标

8. 提升学生的案件办理能力及森林保护的责任意识。
9. 提升学生建立生态文明意识及树立科学的生态观。
10. 提升学生之间的团结协作能力和依法处理案件的能力。

子项目一 森林防火行政执法

任务1 案例导入与分析

【案件导入】

2015年3月26日下午,辽宁省某村农民张某为了使自家自留山山坡上长出青草饲养家畜,未采取任何防火措施,打算在离其家约200米处放火烧山,距离其自留山不足10米处有一国有林场。张某用随身携带的打火机点燃柴草实施了放火烧山行为,半小时后,张某发现火势严重,将烧至国有林场林木,此时,张某怕别人知道是他点的火,既没有扑火,也未报警,就逃离着火现场,回家躲起来。后来,火借风力烧至国有林场林木,引起了严重森林火灾,过火面积达201.4公顷,其中烧毁国有林场山林近1.3万余株,面积127.7公顷。

【问题】

1. 张某的行为是否违法?他违反了哪些法律规定?
2. 张某依法应当承担什么法律责任?

【案例分析】

本案中,张某为了使自留山长出青草饲养家畜放火烧山的行为,违反了《森林法》《森林防火条例》以及本省的地方性法规关于森林防火期在林区内禁止野外用火的规定,而且起火后张某既不扑火,也不报警,严重地违反了《森林防火条例》的规定。起火后张某又逃离现场,引起了森林火灾,造成了重大的损失后果,属情节和危害后果严重,构成犯罪。案发后张某被森林公安机关抓捕,检察机关以失火罪向法院提起公诉,法院依法判处被告人犯放火罪,处有期徒刑5年。

放火罪是指直接故意或者间接故意,用放火焚烧公私财物等方法,严重危害公共安全的行为,它有四个特征:①侵犯客体是社会公共安全;②客观方面表现为行为人实施了危害公共安全的放火行为;③行为人主观方面由直接故意和间接故意构成;④犯罪主体为一般主体。

失火罪是由于行为人的过失引起火灾而造成的严重后果,危害公共安全的行为。本罪主要特征:①侵犯客体为不特定多数人的生命、健康及公私财产安全;②客观上实施了危害公共安全并造成严重后果的失火行为;③主观上只能由过失而构成。可以是疏忽大意的过失,也可以是过于自信的过失;④本罪主体为一般主体,凡达到法定刑事责任年龄、具有刑事责任能力的人。

本案中张某的行为属放火罪的间接故意。张某放火烧山,目的是为了自留山长出青草饲养家畜,主观上不希望烧毁林木的结果发生,此时,若因点火造成危害社会后果,张某则犯失火罪。但是,张某发现他点的火烧到国有林场时,为逃避罪责,不采取扑火和报警措施就离开现场回家,对火情放纵,任其燃烧,结果火在风力的作用下酿成森林火灾。这时张某存在主观故意,其行为已构成放火罪。张某的行为是从一个过失放火到间接故意放火的过程，整个过程的性质发生了改变，间接故意起到了主导和决定的地位，影响并决定了危害结果的发生。因此，法院作出张某犯放火罪的判决。

任务 2　相关资讯

1. 森林防火概述

森林火灾是森林最危险的敌人，也是林业最可怕的灾害，它会给森林带来最有害，最具有毁灭性的后果。森林防火，是指森林、林木和林地火灾的预防和扑救，有效地预防和减少火灾，是保护森林资源，促进林业发展，维护自然生态平衡的重要措施之一。近年来，在全球气候变暖背景下，我国南方地区连续干旱、北方地区暖冬现象明显，森林火灾呈现多发态势，森林防火形势非常严峻。

为适应新形势，并有效预防和扑救森林火灾，保障人民生命财产安全，保护森林资源，维护生态安全，依照《森林法》，国务院于 1988 年 1 月 16 日发布的《森林防火条例》并对其进行了必要的修订，修订后的《森林防火条例》自 2009 年 1 月 1 日起施行。新的《森林防火条例》共有 6 章 56 条，更加顺应我国经济社会发展需要和政府行政管理体制、林业经营管理体制改革的新进展。

(1) 立法目的

《森林防火条例》的立法目的是预防和扑救森林火灾，保障人民生命财产安全，保护森林资源，维护生态安全。森林火灾是一种突发性强、破坏性大、危险性高、处置困难的自然灾害，国内外发生的一系列重大森林火灾的惨痛教训都充分说明，森林火灾重在"预防"，森林大火一旦形成，任何补救措施都将事倍功半。我国 95% 以上的森林火灾都是人为因素引发的。因此，"预防森林火灾"是本条例的立法目的之一。森林火灾一旦发生，如何积极扑灭，最大限度减少森林火灾带来的损失，这是制定本条例的另一立法目的。

(2) 立法依据

森林防火工作的法律法规及规章制定均以《森林法》作为主要的立法依据。如《森林法》第 34 条规定，"地方各级人民政府负责本行政区域的森林防火工作，发挥群防作用"，此外，《国务院办公厅关于进一步加强森林防火工作的通知》、国务院办公厅下发的《关于成立国家森林防火指挥部的通知》、2001 年 4 月 14 日温家宝同志在重点省区春季森林防火工作现场会议上的讲话等也是制定行政法规及地方性法规的重要依据。

(3) 工作方针

党和国家历来重视森林防火工作，为做好森林防火工作，保护森林资源，早在中华人民共和国建立初期国家就提出了"防胜于救"的工作方针；20 世纪 60 年代初，又全面系统地概括出"预防为主、积极消灭"，作为森林防火工作的基本方针。

预防为主：在森林防火工作中，首先要做好防止森林火灾发生的工作，要采取各种有效措施，预防森林火灾的发生。积极消灭：森林火灾一旦发生，各级人民政府和有关部门必须把握战机，采取各种措施，有效扑救森林火灾，做到"打早、打小、打了"，最大限度地减少人员伤亡和财产损失。

(4) 森林防火指挥机构的设置及职责

森林火灾的预防和扑救是一项涉及面广，参与部门多，管理复杂的工作，需要各部门之间密切配合。为此，《森林防火条例》第4条、第5条、第6条规定了我国森林防火指挥机构的设置分为国家、地方、经营单位及个人3个层面。

首先，国家森林防火指挥机构负责组织、协调和指导全国的森林防火工作，国务院林业主管部门负责全国森林防火的监督和管理工作，承担国家森林防火指挥机构的日常工作；其次，森林防火工作实行地方各级人民政府行政首长负责制，县级以上地方人民政府根据实际需要设立的森林防火指挥机构，负责组织、协调和指导本行政区域的森林防火工作，县级以上林业主管部门负责本行政区域森林防火的监督和管理工作，承担本级人民政府森林防火指挥机构的日常工作；同时，森林、林木、林地的经营单位和个人，在其经营范围内承担森林防火责任。

国务院设立的国家森林防火指挥机构的职责为指导全国森林防火工作和重特大森林火灾扑救工作，协调有关部门解决森林防火中的问题，检查各地区、各部门贯彻执行森林防火的方针政策、法律法规和重大措施的情况，监督有关森林火灾案件的查处和责任追究，决定森林防火其他重大事项。

县级以上地方林业主管部门和其他有关部门应在本级人民政府的领导下，应服从本级森林防火指挥机构的统一指挥，切实履行本部门的职责。其职责主要为：建立森林防火责任制，划定森林防火责任区，确定森林防火责任人，配备森林防火设施和设备；配备兼职或者专职护林员；森林防火期内，设置森林防火警示宣传标志，并对其经营范围内的人员进行森林防火安全宣传等。

(5) 建立健全联防制度

森林防火联防机制包括建立森林防火组织，商定牵头单位，确定联防区域，规定联防制度和措施，检查、督促联防区域的森林防火工作。森林防火工作涉及两个以上行政区域的，如省与省、市与市、县与县、乡（镇）与乡（镇）之间的，有关地方人民政府应当建立森林防火联防机制，在森林火灾预防上互相监督，在森林火灾扑救上互相支援，构建区划有界、防火无界、联动互助、资源与信息共享的森林防火格局。

2. 森林防火法律制度主要内容

2.1 预防森林火灾

各级政府及相关部门应当组织经常性的森林防火宣传活动，普及森林防火知识，做好森林火灾预防工作。

(1) 确定森林火险区划等级，编制森林防火规划

依照《森林法》及《森林防火条例》的规定，省、自治区、直辖市人民政府林业主管部门应当按照国务院林业主管部门制定的森林火险区划等级标准，以县为单位确定本行政区域的森林火险区划等级，向社会公布，并报国务院林业主管部备案。1992年国务院林业主管部门发布了中华人民共和国林业行业标准《全国森林火险区划等级》（LY/T 1063—1992)，该标准已于2008年修订(LY/T 1063—2008)。

国务院林业主管部门应当根据全国森林火险区划等级和实际工作需要，编制全国森林防火规划，报国务院或者国务院授权的部门批准后组织实施。县级以上林业主管部门根据

全国森林防火规划,结合本地实际,编制本行政区域的森林防火规划,报本级人民政府批准并实施。

(2)加快森林防火基础设施建设,促进森林防火规划的实施

《国务院办公厅关于进一步加强森林防火工作的通知》提出,"要加大资金投入和政策扶持,加快森林防火基础设施建设","要积极建立稳定的森林防火投入机制,将森林防火基础设施建设纳入当地国民经济和社会发展规划"。森林防火基础设施包括森林火险预警监测、防火道路与林火阻隔、防火通信和信息指挥系统、森林防火宣传、森林防火教育、培训基地、森林航空防火航站、森林防火物资储备库等方面基础设施建设。

在基本设施建设中,航空护林以其机动灵活性和"发现早、行动快、灭在小"的优势,在森林火灾预防和扑救工作中具有其他手段不可替代的作用。但全国只有7个省(自治区)开展了航空消防业务,航站和机降点少,飞行费不足,机源短缺,这种状况不适应目前森林防火工作的需要。为此,《森林防火条例》明确规定了国务院和省、自治区、直辖市人民政府根据森林防火实际需要,加强航空基础设施建设,建立航空护林协作机制,保障航空护林所需经费,以保证森林火情监测和森林火灾扑救的需要。

(3)编制和演练森林火灾应急预案

国务院林业主管部门应当按照有关规定编制国家重大、特别重大森林火灾应急预案,报国务院批准;县级以上林业主管部门应当按照有关规定编制森林火灾应急预案,报本级人民政府批准,并报上一级林业主管部门备案;县级人民政府应当组织乡(镇)人民政府根据森林火灾应急预案制定森林火灾应急处置办法;村民委员会应当按照森林火灾应急预案和森林火灾应急处置办法的规定,协助做好森林火灾应急处置工作。县级以上人民政府及其有关部门应当组织开展必要的森林火灾应急预案的演练。

森林火灾应急预案应当包括下列内容:①总则,即编制目的、依据、原则、条件、适用范围等;②森林火灾应急组织指挥机构及其职责;③森林火灾的预警、监测、信息报告和处理;④森林火灾的应急响应机制和措施;⑤资金、物资和技术等保障措施;⑥灾后处置。

(4)森林经营单位和个人在森林防火工作中的重要责任

①建立森林防火责任制 规定森林、林木、林地的经营单位和个人,在其经营范围内承担森林防火责任,并应当按照规定划定森林防火责任区,确定森林防火责任人,配备森林防火设施和设备。

②完善护林员制度 规定森林、林木、林地的经营单位配备的兼职或者专职护林员负责巡护森林,管理野外用火,及时报告火情,协助有关机关调查森林火灾案件。

③履行森林防火宣传教育义务 规定森林防火期内,森林、林木、林地的经营单位应当设置森林防火警示宣传标志,并对进入其经营范围的人员进行森林防火安全宣传。

④规范林区其他单位、个人的森林防火义务 规定铁路的经营单位应当负责本单位所属林地的防火工作,并配合县级以上地方人民政府做好铁路沿线森林火灾危险地段的防火工作;电力、电信线路和石油天然气管道的森林防火责任单位,应当在森林火灾危险地段开设防火隔离带,并组织人员进行巡护。

(5)建立森林火灾专业扑救应急队伍及群众扑救队伍

森林火灾扑救工作必须树立"以人为本,科学扑救"的思想,坚持"专群结合,以专为

主"的原则。地方各级人民政府和国有林业企事业单位应当根据实际需要，成立森林火灾专业扑救队伍；县级以上地方人民政府应当指导森林经营单位和林区的居民委员会、村民委员会、企业、事业单位建立森林火灾群众扑救队伍。专业的和群众的火灾扑救队伍应当定期进行培训和演练。

(6) 规定森林防火期和森林高火险期

依照《森林法》第34条规定，县级以上地方人民政府应当根据本行政区域内森林资源分布状况和森林火灾发生规律，划定森林防火区，规定森林防火期，并向社会公布：森林防火期内，各级人民政府森林防火指挥机构和森林、林木、林地的经营单位和个人，应当根据森林火险预报，采取相应的预防和应急准备措施。

依照《森林防火条例》第28条规定，森林防火期内，预报有高温、干旱、大风等高火险天气的，县级以上地方人民政府应当划定森林高火险区，规定森林高火险期。必要时，县级以上地方人民政府可以根据需要发布命令，严禁一切野外用火；对可能引起森林火灾的居民生活用火应当严格管理。森林高火险期内，进入森林高火险区的，应当经县级以上地方人民政府批准，严格按照批准的时间、地点、范围活动，并接受县级以上地方人民政府林业主管部门的监督管理。如2015年8月1日起正式施行的《辽宁省森林防火实施办法》第10条规定：全省森林防火期，为每年的10月1日至翌年的5月31日；市、县人民政府应当根据当地高火险天气状况，确定森林高火险期并予公布。

(7) 森林防火期内，禁止在森林防火区野外用火

因防治病虫鼠害、冻害等特殊情况确需野外用火的，应当经县级人民政府批准，并按照要求采取防火措施，严防失火；需要进入森林防火区进行实弹演习、爆破等活动的，应当经省级林业主管部门批准，并采取必要的防火措施；中国人民解放军和中国人民武装警察部队因处置突发事件和执行其他紧急任务需要进入森林防火区的，应当经其上级主管部门批准，并采取必要的防火措施。

(8) 做好森林火险天气的监测与预报工作

《国务院办公厅关于进一步加强森林防火工作的通知》提出，各地区、各部门要做好森林火险监测预警和发布。各级气象部门要积极配合林业部门开展森林火险天气等级监测和预报工作。县级以上林业主管部门和气象主管机构应当根据森林防火需要，建设森林火险监测和预报台站，建立联合会商机制，及时制作发布森林火险预警预报信息。气象主管机构应当无偿提供森林火险天气预报服务。广播、电视、报纸、互联网等媒体应当及时播发或者刊登森林火险天气预报。

2.2 扑救森林火灾

预防和扑救森林火灾是公民应尽的义务。任何单位和个人一旦发现森林火灾，应当立即报告，及时采取扑救措施，并向当地人民政府或者森林防火指挥部报告。

(1) 规范森林火灾报告制度

县级以上地方人民政府应当公布森林火警电话，建立森林防火值班制度。2005年7月，国家林业局森林防火办公室下发了《关于启用和调整森林防火报警电话号码的通知》，要求各省(自治区、直辖市)建立全国统一的森林火警报警系统，启用或调整"12119"为森林火灾报警电话。

任何单位和个人发现森林火灾，应当立即报告。接到报告的当地人民政府或者森林防

火指挥机构应当立即派人赶赴现场，调查核实，采取相应的扑救措施，并按照有关规定逐级报上级人民政府和森林防火指挥机构。省、自治区、直辖市人民政府森林防火指挥机构对于发生下列森林火灾，应当立即报告国家森林防火指挥机构，由国家森林防火指挥机构按照规定报告国务院，并及时通报国务院有关部门：①国界附近的森林火灾；②重大、特别重大森林火灾；③造成3人及以上死亡或者10人及以上重伤的森林火灾；④威胁居民区或者重要设施的森林火灾；⑤24小时尚未扑灭明火的森林火灾；⑥未开发原始林区的森林火灾；⑦省、自治区、直辖市交界地区危险性大的森林火灾；⑧需要国家支援扑救的森林火灾。

（2）启动森林火灾应急预案

国务院发布《国家突发公共事件总体应急预案》《国家处置重、特大森林火灾应急预案》，细化了森林火灾处置程序、相关部门的职责和应急保障措施，为指导预防和处置突发重特大森林火灾提供了依据。地方各级人民政府、森林防火指挥部及成员单位分别制定了相应的应急预案。根据森林火灾发展态势，按照分级响应的原则，及时调整扑火组织指挥机构的级别和相应的职责，随着灾情的不断加重，扑火指挥机构的级别也相应提高。

（3）组建森林火灾的扑救队伍

森林火灾的扑救任务主要由专业森林火灾扑救队伍承担。近年来，我国已初步建立起以森林火灾专业队伍为主力，以武警森林部队为骨干，以航空护林为尖兵，以解放军、预备役部队、武警部队、半专业和群众扑火队伍为基础的森林防扑火组织体系。若组织群众扑救队伍扑救森林火灾的，不得动员残疾人、孕妇和未成年人以及其他不适宜参加森林火灾扑救的人员参加。

（4）有关部门在森林防火工作中的职责

在森林火灾扑救过程中，涉及各有关部门的，需要调动部队、铁路、交通、民航、电信、民政、公安、商业、物资、卫生等各方面的力量时，应根据各自在森林防火工作中的职责，落实各项支持保障措施，尽职尽责、密切协作、形成合力，确保在处置森林火灾时作出快速应急反应，把森林火灾造成的损失降到最低程度。

（5）森林火灾扑救应急措施的相关规定

依照《森林防火条例》第38条、第39条规定，因扑救森林火灾的需要，县级以上森林防火指挥机构可以决定采取开设防火隔离带、清除障碍物、应急取水、局部交通管制等应急措施；因扑救森林火灾需要征用物资、设备、交通运输工具的，由县级以上人民政府决定。扑火工作结束后，应当及时返还被征用的物资、设备和交通工具，并依照有关法律规定给予补偿。森林火灾扑灭后，火灾扑救队伍应当对火灾现场进行全面检查，清理余火，并留有足够人员看守火场，经当地人民政府森林防火指挥机构检查验收合格，方可撤出看守人员。

2.3 灾后处置

（1）森林火灾的等级及划分依据

2006年1月8日国务院发布的《国家突发公共事件总体应急预案》中规定，"各类突发公共事件按照其性质、严重程度、可控性和影响范围等因素，分为特别重大、重大、较大和一般四个等级"，2007年11月1日施行的《突发事件应对法》第3条第2款，也将自然灾害、事故灾难等事件分为四级。《森林防火条例》依据以上法律及规定将森林火灾按照受害森林面积和伤亡人数分为四类：

①一般森林火灾受害森林面积在1公顷以下或者其他林地起火的，或者死亡1人以上3人以下的，或者重伤1人以上10人以下的。

②较大森林火灾受害森林面积在1公顷以上100公顷以下的，或者死亡3人以上10人以下的，或者重伤10人以上50人以下的。

③重大森林火灾受害森林面积在100公顷以上1 000公顷以下的，或者死亡10人以上30人以下的，或者重伤50人以上100人以下的。

④特大森林火灾受害森林面积在1 000公顷以上的，或者死亡30人以上的，或者重伤100人以上的。

(2)森林火灾的灾后调查评估及处理制度

灾后，县级以上林业主管部门应当会同有关部门及时对森林火灾发生原因、肇事者、受害森林面积和蓄积量、人员伤亡、其他经济损失等情况进行调查和评估，向当地人民政府提出调查报告；当地人民政府应当根据调查报告，确定森林火灾责任单位和责任人，并依法处理。森林火灾损失评估标准，由国务院林业主管部门会同有关部门制定。县级以上林业主管部门应当按照有关要求对森林火灾情况进行统计，报上级林业主管部门和本级人民政府统计机构，并及时通报本级人民政府有关部门。

(3)森林火灾信息发布及报告制度

森林火灾的信息发布和新闻报道工作关系社会稳定，影响重大，同时对森林防火的宣传教育工作起到了积极的促进作用。森林火灾信息由县级以上人民政府森林防火指挥机构或者林业主管部门向社会发布。重大、特别重大森林火灾信息由国务院林业主管部门发布。森林火灾信息包括火灾发生原因、火势发展情况、肇事者、人员伤亡情况、过火面积、林火造成的经济损失、目前采用的扑救措施、下一步工作计划、与火灾有关的其他情况等。森林火灾调查和评估结束后，应向当地人民政府提出调查报告，调查报告应涵盖所进行的调查和评估的全部内容，必要时可对在森林火灾中负有法律责任的单位和个人提出责任追究和处理意见。

2.4 违反森林防火法律法规应承担的法律责任

2.4.1 违反森林防火法律法规应承担的行政法律责任

(1)在森林防火工作中渎职的法律责任

县级以上地方人民政府及其森林防火指挥机构、县级以上人民政府林业主管部门或者其他有关部门及其工作人员，有下列行为之一的，依照《森林防火条例》第47条规定，由其上级行政机关或者监察机关责令改正，情节严重尚未构成犯罪的，对直接负责的主管人员和其他直接责任人员依法给予处分：①未按照有关规定编制森林火灾应急预案的；②发现森林火灾隐患未及时下达森林火灾隐患整改通知书的；③对不符合森林防火要求的野外用火或者实弹演习、爆破等活动予以批准的；④瞒报、谎报或者故意拖延报告森林火灾的；⑤未及时采取森林火灾扑救措施的；⑥不依法履行职责的其他行为。

(2)森林、林木、林地的经营者不履行森林防火责任的法律责任

森林、林木、林地的经营单位或者个人未履行森林防火责任的，依照《森林防火条例》第48条和第53条规定，由县级以上地方人民政府林业主管部门责令改正，对个人处500元以上5 000元以下罚款，对单位处1万元以上5万元以下罚款，还可以责令责任人补种树木。

(3)单位或者个人拒绝接受森林防火检查或者接到森林火灾隐患整改通知书逾期不消除火灾隐患的法律责任

森林防火区内的有关单位或者个人拒绝接受森林防火检查或者接到森林火灾隐患整改通知书逾期不消除火灾隐患的,依照《森林防火条例》第49条、第53条规定,由县级以上地方人民政府林业主管部门责令改正,给予警告,对个人并处200元以上2 000元以下罚款,对单位并处5 000以上1万元以下罚款,还可以责令责任人补种树木。

(4)未经批准擅自在森林防火区内野外用火的法律责任

森林防火期内未经批准擅自在森林防火区内野外用火的,依照《森林防火条例》第50条、第53条规定,由县级以上地方人民政府林业主管部门责令停止违法行为,给予警告,对个人并处200元以上3 000元以下罚款,对单位并处1万元以上5万元以下罚款,还可以责令责任人补种树木。

(5)违反森林防火条例规定的其他行为的法律责任

有下列行为之一的,依照《森林防火条例》第52条、第53条规定,由县级以上地方人民政府林业主管部门责令改正,给予警告,对个人并处200元以上2 000元以下罚款,对单位并处2 000元以上5 000元以下罚款,还可以责令责任人补种树木:①森林防火期内,森林、林木、林地的经营单位未设置森林防火警示宣传标志的;②森林防火期内,进入森林防火区的机动车辆未安装森林防火装置的;③森林高火险期内,未经批准擅自进入森林高火险区活动的。

2.4.2 违反森林防火法律法规应承担的刑事法律责任

(1)滥用职权罪、玩忽职守罪、徇私舞弊罪

县级以上地方人民政府及其森林防火指挥机构、县级以上人民政府林业主管部门或者其他有关部门及其工作人员,对于情节严重,构成犯罪的,对直接负责的主管人员和其他直接责任人员依《刑法》第397条规定追究刑事责任。

《刑法》第397条规定,国家机关工作人员滥用职权或者玩忽职守,致使公共财产、国家和人民利益遭受重大损失的,处3年以下有期徒刑或者拘役;情节特别严重的,处3年以上7年以下有期徒刑;本法另有规定的,依照规定。国家机关工作人员徇私舞弊,犯前款罪的,处5年以下有期徒刑或者拘役;情节特别严重的,处5年以上10年以下有期徒刑;本法另有规定的,依照规定。

(2)放火罪与失火罪

《森林防火条例》第53条规定,违反本条例规定,造成森林火灾,构成犯罪的,依法追究刑事责任。依据2001年5月9日国家林业局、公安部联合发布的《森林和陆生野生动物刑事案件管辖及立案标准》,放火罪是指故意放火烧毁森林或者其他林木情节严重的案件。凡故意放火造成森林或者其他林木火灾的都应当立案;过火有林地面积2公顷以上为重大案件;过火有林地面积10公顷以上,或者致人重伤、死亡的,为特别重大案件。失火罪是指过失烧毁森林或者其他林木情节严重的案件。失火造成森林火灾,过火有林地面积2公顷以上,或者致人重伤、死亡的应当立案;过火有林地面积为10公顷以上,或者致人死亡、重伤5人以上的为重大案件;过火有林地面积为50公顷以上,或者死亡2人以上的,为特别重大案件。

其中,《刑法》第114条、第115条对于放火行为危害公共安全、致人重伤、死亡或者使公私财产遭受重大损失的也做出了相应的制裁规定。

任务3 岗位对接——技能提升

1. 森林防火行政许可操作规范

以某自治区森林防火行政许可操作规范为例进行说明。

1.1 森林防火期内在森林防火区内野外用火的批准操作规范

（1）行政审批项目名称及性质

①名称 森林防火期内在森林防火区内野外用火的批准。

②性质 行政许可。

（2）项目设定法律依据

《森林防火条例》第 25 条规定，森林防火期内，禁止在森林防火区野外用火。因防治病虫鼠害、冻害等特殊情况确需野外用火的，应当经县级人民政府批准，并按照要求采取防火措施，严防失火。

（3）项目实施主体及权限范围

《森林防火条例》第 25 条规定，因防治病虫鼠害、冻害等特殊情况确需野外用火的，应当经县级人民政府批准，具体由县级林业主管部门承办。

（4）项目审批条件

《森林防火条例》第 25 条规定，因防治病虫鼠害、冻害等特殊情况确需野外用火的，应当符合下列条件：

①森林防火期内，在森林防火区野外用火。

②属于防治病虫鼠害、冻害等特殊情况确需野外用火。

③在三级风天气、森林火险等级三级以下，有安全防范措施，开设好防火线，扑救人员、指挥员到位，有组织地实施。

（5）项目实施对象和范围

因防治病虫鼠害、冻害等特殊情况确需野外用火的相对人。

（6）项目办理申请材料

①野外用火许可证申请表，一式三联，第一联存根，第二联申请人，第三联林地权属人。

②林地权属证明材料一式四份（原件一份，验证后退回，复印件三份）。

③森林火灾安全防范方案及措施等材料（包括扑火人员到位情况，森林火灾的预防、报告和应急处理措施，资金、物资和技术保障措施等内容）一式三份。

（7）项目办结时限

①法定办结时限 7 个工作日。

②承诺办结时限 县（市、区、旗）的承诺办结时限由各县（市、区、旗）确定。

（8）项目收费标准及其依据

不收费。

（9）项目办理咨询方式

各县咨询、投诉电话由各县自行公布。

（10）项目办理申请表（表 7.1）。

表 7.1　某自治区野外用火许可证申请表　　　　用火证编号：

申请人填写	申请人(法人)姓名(公章)：	
	负责人：	
	负责人电话：	
	联系人：	
	联系人电话：	
	用火目的：	
	用火地点：　乡(镇)　村(分场)　自然村(林班)　山	
	面积：　公顷(万分之一地形图)，勾图附后，标明防火隔离带)	
	扑火人数：　人	
	风力灭火机：　台	
	二号工具：　把	
	现场指挥人：	
	现场指挥人联系电话：	
	毗邻单位：　乡(镇)　村	
	毗邻地区森林、植被情况：	
	防火隔离带宽度：　米	
	计划用火时间：从　年　月　日　时至　日　时止	
	承诺：生产用火、计划火烧面积在 1 公顷以上的，本人(本单位)将把经主管机关批准的用火时间、地点、目的和规模，最迟在用火前三天通报毗邻地区乡(镇)、村。 　　　　　　　　　　　　　承诺人(签字)：　申请日期：　年 月 日	
受理人填写	本表一式三份填写是否齐全(　)	
	是否有勾图一式三份(　)	
	林地权属证明材料一式四份(原件一份，复印件三件)是否齐全(　)	
	是否同意受理：	
	受理人：	
现场核查人员填写县(市、区)防火办或林业站初审意见	用火地块是否被完全隔离(勾图附后，标明防火隔离带)(　)	
	防火隔离带宽度　米，是否合格(　)	
	落实的扑火人数和机具情况是否属实，是否满足用火安全需要(　)	
	申请人所写其他内容是否属实(　)	
	中心点经纬度：	
	拟批准炼山面积：　公顷(绘图附后)	
	现场核查人签字：	
审批单位审批意见	据天气预报将来三日风力及火险等级是否三级以下(炼山前三日填写)： 是否同意将来第三日内(即：　年　月　日)用火： 审批单位领导签字： 　　　　　　　　　　　　　　　　　　　　　　　年　月　日	

任务4　模拟演练——巩固实践

【案件信息】

2014年2月6日下午，袁某为了使山坡长出青草饲养家畜，未采取任何防火措施，便在离其家约200米处放火烧山，致使火蔓延到相邻飞播林区，造成林区过火面积达201.4公顷，其中烧毁1993年马尾松飞播幼树132 204株，面积127.7公顷，直接经济损失达25 329元。

一、实训内容

1. 确认并定性袁某的违法行为。
2. 案件中违法主体应当如何承担责任。

二、实训目的

通过本实训，进一步提高学生们对《森林法》《森林防火条例》关于野外用火的相关法律法规掌握的熟练程度，使学生能够找出违法行为人违法行为的构成要件，并对其违法行为进行正确定性，以更好地服务于实际工作。

三、实训准备与要求

查阅相关资料，明确本案件的相关法律法规条款，明确放火罪和失火罪的构成要件及如何区分，能够运用相关理论知识对背景材料进行案件处理、归纳总结及分析。

四、实训方法及步骤

第一步，实训前准备。5~6人分为一个小组，要求参加实训的同学，课前查阅相关资料及书籍，找出与案件相关的法律法规，并组织学生们课前根据案情编排短剧，有条件及相关资源的同学可以就该案件深入林业行政执法机构进行访问调查。

第二步，短剧表演，其他小组同学观看短剧。

第三步，以小组为单位进行案情讨论，各小组发表案件处理意见。

第四步，指导教师对各种观点进行点评，归纳、总结和分析，并对要点、易错点进行提炼。

第五步，整理实训报告，完善案件处理方案。

五、实训时间

以1~2学时为宜。

六、实训作业

案件处理完毕后，要求每名同学必须撰写实训报告，实训报告要求语言流畅、文字简练，有理有据，层次清晰。实训报告样式详见附录附表1。

七、实训成绩评定标准

1. 实训成绩评定打分

本实训项目的考核成绩满分100分，占总项目考核成绩的5%。

2. 实训成绩给分点

(1)学生对于森林防火法律法规的知识点掌握情况。(20分)

(2)各组成员的团队协作意识及完成任务情况。(20分)

(3)出勤率、迟到早退现象。(10分)

(4)组员对待工作任务的态度(实训结束后座椅的摆放和室内卫生的打扫)。(10分)

(5)实训的准备、实训过程的记录。(20分)

(6)实训报告的完成情况,文字结构流畅,语言组织合理,法律法规引用正确。(20分)本项目考核评价单,详见附录附表9。

子项目二　森林病虫害防治行政执法

任务1　案例导入与分析

【案件导入】

某县林业局预测2015年全县发生各类林业有害生物的面积将达到4.2万亩,特别是竹蝗和红头芫菁(鸡冠虫)预计发生将会严重,虫口密度大,如不及时采取有效措施,将有大面积发生和成灾的可能。县林业局发出通知要求各乡镇、林场要引起高度重视,按照"谁受益,谁防治"的原则,组织村社和承包经营者积极防治。5月初,某镇多处发生虫情,大多数单位和个人都能完成任务。村民胡某责任山上的竹林也发生了竹蝗,但没有及时除治。镇林业站下发通知书,责令其10天内除治,胡某以家庭经济困难及事情多为由不予除治,导致竹蝗少量扩散,尚未造成损失。

县林业局依照《森林病虫害防治条例》第25条规定,委托村委会代其除治。5月30日,某村村委安排护林员李某、龙某等人除治竹蝗,用去除治费175元。依照《森林病虫害防治条例》第22条、第25条规定,县林业局向责任人胡某收取全部竹蝗除治费,并拟对胡某予以行政处罚。胡某提出,并非自己不除治害虫,而是镇林业站人员态度不好,而且镇林业站没有责令除治的权力,拒绝缴纳竹蝗除治费和接受处罚。县林业局决定向胡某收取全部竹蝗除治费,不予行政处罚。

【问题】

1. 县林业局的处理正确吗?
2. 胡某未除治病虫是否属于违法行为?
3. 林业站有无以自己名义责令除治的权利?本案件涉及哪些法律法规?

【案例分析】

依照《森林病虫害防治条例》第4条、第19条规定,森林病虫害防治实行"谁经营,谁防治"的责任制度。森林病虫害防治费用,全民所有的森林和林木,依照国家有关规定,分别从育林基金、木竹销售收入、多种经营收入和事业费用解决;集体和个人所有的森林和林木,由经营者负担,地方各级人民政府可以给予适当扶持。胡某作为责任山的经营者,其竹林发生虫害,镇林业站已派发药剂,胡某应积极进行除治,否则,将依法承担不利的法律后果。《森林病虫害防治条例》第5条规定,区、乡林业工作站负责本区、乡的森林病虫害防治工作。镇林业站组织有关经营单位和个人除治森林病虫害,是法律赋予的职责。

本案中，胡某责任山上的竹林发生竹蝗，但没有及时除治。按照条例的规定，林业主管部门可责令限期除治，但镇林业站以站的名义下发责令限期除治通知书，不符合条例的规定。县林业局认为，胡某不及时除治，但只导致竹蝗少量扩散，未造成严重后果，决定只向胡某收取全部竹蝗除治费，而不予以行政处罚。县林业局的处理体现了处罚与教育相结合的原则，是正确的。

依照《森林病虫害防治条例》第22条规定，对发生森林病虫害不除治或者造成森林病虫害蔓延成灾的，林业主管应当责令限期除治、赔偿损失，可以并处100~2 000元的罚款；被责令限期除治森林病虫害者不除治的，林业主管部门或者其授权(委托)的单位可以代为除治，由被责令限期除治者承担全部除治费用。

此案件告诉我们集体和个人所有的森林和林木的病虫害防治费用，由经营者负担，地方各级人民政府可以给予适当扶持。被责令限期除治森林病虫害者不除治的，林业主管部门或者其授权(委托)的单位可以代为除治，由被责令限期除治者承担全部除治费用。

任务2　相关资讯

1. 森林病虫害防治概述

森林病虫害防治，是指对森林、林木、林木种苗及木材、竹材的病虫害的预防和除治，是保护森林的重要措施。为有效防治森林病虫害，保护森林资源，促进林业发展，维护自然生态平衡，依照《森林法》《森林法实施条例》，制定了《森林病虫害防治条例》，并于1989年12月18日由国务院颁布实施。该条例颁布至今已有30年的历史，此外，各省、自治区和直辖市也制定了实施国家森林病虫害防治法律、行政法规的地方性法规和地方性规章。随后，2014年6月5日国务院办公厅关于《进一步加强林业有害生物防治工作的意见》、2015年11月24日国家林业局发布并修订的《突发林业有害生物事件处置办法》也相继出台。

（1）森林病虫害发生现状

森林病虫害是我国当前森林三大灾害之一，被称为"不冒烟的森林火灾"，它的防治与森林防火有着同等重要的地位。我国的病虫害种类繁多，发生率高，重大危害性病虫害不断出现，目前，全国发生的森林病虫害种类有8 000多种，其中对森林造成严重危害的有200多种，每年病虫害发生面积为600多万公顷，造成的经济损失达50多亿元。森林病虫害的加剧不仅给国家造成了重大的经济损失，也给社会经济和生态环境带来了严重影响，因此，森林病虫害的防治工作是新时期维护我国生态安全的重大课题。

（2）森林病虫害发生原因

森林病虫害的发生具有普遍性、复杂性等特点，其引发原因复杂多样：一是我国森林生态系统较单一，抵御病虫能力较弱；二是全球气候变暖问题，严重影响林木正常生长周期；三是森林病虫的繁衍和传播能力较强，往往造成防治工作顾此失彼；四是森林病虫害的遗传抗逆性和环境适应性较强；五是森林病虫害防控体制机制不够完善，执法力度和责任意识亟待提升。

(3) 森林病虫害防治工作方针

依照《森林病虫害防治条例》第3条规定，森林病虫害防治实行"预防为主，综合治理"的方针。"预防为主"，就是在搞好病虫测报的基础上，弄清病虫害的发生发展规律，把病虫除治在初发阶段，防患于未然。"综合治理"，要求采用检疫、选育抗病虫的林木种苗和采取生物防治与化学防治、物理防治相结合等综合措施治理，从维护森林生态环境的目的出发，营造一种有利于林木生长、不利于病虫发生的生态环境，把森林病虫害控制在最低限度。"十一五"期间，国家林业局提出了新时期林业有害生物防治工作的新思路，将工作方针调整为："预防为主，科学防控，依法治理，促进健康。"

(4) 森林病虫害防治工作的责任制度及主管机构

依照《森林法》和《森林病虫害防治条例》的规定，森林病虫害防治实行"谁经营，谁防治"的责任制度，地方各级人民政府应当制定措施和制度，由其林业主管部门主管本行政区域内的森林病虫害防治工作，负责组织森林经营单位和个人进行森林病虫害的预防和除治工作。此工作也依据层级进行管理，国务院林业主管部门建立全国森林病虫害防治总站主管全国森林病虫害防治工作；县级以上地方各级人民政府林业主管部门主管本行政区域内的森林病虫害防治工作，其所属的森林病虫害防治机构负责森林病虫害防治的具体组织工作；区、乡林业工作站负责组织本区、乡的森林病虫害防治工作。

2. 森林病虫害防治措施

(1) 森林病虫害的预防

① 严格遵守相关法律法规　森林病虫害的防治工作在林业生产实践中十分重要，其预防工作是否及时充分时刻影响着森林经营工作的效果。依照《森林病虫害防治条例》第7条规定：植树造林应当坚持适地适树的原则；大力提倡营造混交林和封山育林，合理搭配树种，按照国家规定选用林木良种；造林设计方案必须有森林病虫害防治措施；严禁使用带有危险性病虫害的林木种苗进行育苗或者造林；对幼龄林和中龄林应当及时进行抚育管理，清除已经感染病虫害的林木；有计划地实行封山育林，改变单纯林生态环境；及时清理火烧迹地，伐除受害严重的过火林木；采伐后的林木应当及时运出伐区并清理现场。

② 加强检疫工作的贯彻与落实　地方各级林业主管部门应当有计划地组织建立抗病虫品种繁育基地和无检疫对象苗圃，加强种苗生产基地的病虫害防治。同时，各级森林病虫害防治机构应当依法对林木种苗和木材、竹材进行产地检疫和调运检疫；发现新传入的危险性病虫害，应当及时采取严密封锁、扑灭措施，不得将危险性病虫害传出。各口岸动植物检疫机构应当按照国家有关进出境动植物检疫的法律规定，加强进境林木种苗和木材、竹材的检疫工作，防止境外森林病虫害传入。

③ 充分保护和利用林内有益生物　各级人民政府林业主管部门应当组织和监督森林经营单位和个人，采取有效措施，保护好林内各种有益生物，运用以鸟治虫、以菌治虫、以虫治虫的方法，充分发挥生物的防治作用和调控作用。

④ 做好森林病虫害测报预警及调查工作　国务院及各级地方林业主管部门或者其所属的森林病虫害防治机构，应当综合分析各地及各基层单位的测报数据，定期发布全国和本行政区域的森林病虫害中、长期趋势预报，并提出防治方案。除了做好各地区的森林病虫

害的测报预警工作外，森林病虫害调查工作也应全面深入开展，全民所有的森林和林木，由国有林业局、国有林场或者其他经营单位组织森林病虫害情况调查；集体和个人所有的森林和林木，由区、乡林业工作站或者县森林病虫害防治机构组织森林病虫害情况调查，同时，各调查单位应当按照规定向上一级林业主管部门或者其森林病虫害防治机构报告森林病虫害的调查情况。

⑤做好森林病虫害防治的设施建设工作　各级人民政府林业主管部门可以根据森林病虫害防治的实际需要，建设下列设施：药剂、器械及其储备仓库；临时简易机场；测报实验室、检疫检验室、检疫隔离试种苗圃；林木种苗及木材熏蒸除害设施。

(2) 森林病虫害的除治

①严格执行森林病虫害及时报告制度　发现严重森林病虫害的单位和个人，应当及时向当地人民政府或者林业主管部门报告。当地人民政府或者林业主管部门接到报告后，应当及时组织除治，同时报告省级人民政府林业主管部门。发生大面积暴发性或者危险性森林病虫害时，省级人民政府林业主管部门应当及时报告国务院林业主管部门。

②严格执行森林病虫害除治实施计划并制定紧急除治措施　县级以上地方人民政府或者其林业主管部门应当制订除治森林病虫害的实施计划，并组织好交界地区的联防联治，对除治情况定期检查。发生暴发性或危险性的森林病虫害时，当地人民政府应当根据实际需要，组织有关部门建立森林病虫害防治临时指挥机构，负责制定紧急除治措施，协调解决工作中的重大问题。

③森林经营单位应及时除治森林病虫害并正确施药　施药必须遵守有关规定，防止环境污染，保证人畜安全，减少杀伤有益生物；发生严重森林病虫害时，所需的防治药剂、器械、油料等，商业、供销、物资、石油化工等部门应当优先供应，铁路、交通、民航部门应当优先承运，民航部门应当优先安排航空器施药；使用航空器施药时，当地人民政府林业主管部门应当事先进行调查设计，做好地面准备工作。

对发生严重森林病虫害不除治或者除治不力的，县级以上人民政府林业主管部门或者其授权的单位应责令限期除治或者代为除治，以防止森林病虫害的蔓延。

(3) 落实森林病虫害防治费用及保险制度

贯彻执行"谁经营，谁防治"的责任制度和以地方投入为主、国家适当补助为辅的原则，多渠道筹集资金，形成多渠道、多形式、多层次的投入机制。森林病虫害防治费用，对于全民所有的森林和林木，依照国家有关规定，可从政府性基金和行政事业性收费中解决；对于集体和个人所有的森林和林木，由经营者负担，地方各级人民政府可以给予适当扶持；对暂时没有经济收入的森林、林木和长期没有经济收入的防护林、特种用途林的森林经营单位和个人，其所需的森林病虫害防治费用由地方各级人民政府给予适当扶持；发生大面积暴发性或者危险性病虫害，森林经营单位或者个人确实无力负担全部防治费用的，各级人民政府应当给予补助。国家在重点林区逐步实行森林病虫害保险制度，具体办法由中国人民保险公司会同国务院林业主管部门制定。

3. 违反森林病虫害防治法律法规的法律责任

(1) 用危险性种苗进行育苗、造林的法律责任

违反森林病虫害防治法规规定，用带有危险性病虫害的林木种苗进行育苗或者造林

的,依照《森林病虫害防治条例》第 22 条规定,由县级以上人民政府林业主管部门或其授权的单位决定,责令限期除治、赔偿损失,可以并处 100~2 000 元以下的罚款;对责任人员,由其所在单位或者上级机关给予行政处分;构成犯罪的,由司法机关依法追究刑事责任。

(2)发生森林病虫害不除治或者除治不力的法律责任

违反森林病虫害防治法规规定,发生森林病虫害不除治或者除治不力,造成森林病虫害蔓延成灾的,依照《森林病虫害防治条例》第 22 条规定,由县级以上人民政府林业主管部门或其授权的单位决定,责令限期除治、赔偿损失,可以并处 100~2 000 元以下的罚款;对责任人员,由其所在单位或者上级机关给予行政处分;构成犯罪的,由司法机关依法追究刑事责任。

(3)隐瞒、虚报森林病虫害情况的法律责任

隐瞒或者虚报森林病虫害情况,造成森林病虫害蔓延成灾的,依照《森林病虫害防治条例》第 22 条规定,追究其法律责任。

(4)违反规定调运林木种苗、木材的法律责任

违反森林病虫害防治法规规定,不按森林植物检疫法规的规定调运林木种苗或者木材的,依照《植物检疫条例》第 18 条规定,森林植物检疫机构应当责令纠正,可以处以罚款;造成损失,应当负责赔偿;没收非法所得;对违法调运的林木种苗或者木材,森林植物检疫机构有权予以封存、没收、销毁或者责令改变用途,销毁所需费用由责任人承担;除依照植物检疫法规处罚外,依照《森林病虫害防治条例》第 23 条规定,并可由县级以上人民政府林业主管部门或其授权的单位决定,处 50~2 000 元的罚款。对责任人员,依照《森林病虫害防治条例》第 24 条规定,由其所在单位或者上级机关给予行政处分;构成犯罪的,由司法机关依法追究刑事责任。

(5)森林病虫害防治工作人员渎职的法律责任

在森林病虫害防治工作中的国家工作人员,不依法履行职责,有失职行为的,依照《森林病虫害防治条例》第 24 条规定,由其所在单位或者上级机关给予行政处分;构成犯罪的,由司法机关依法追究刑事责任。

4. 森林植物检疫法律制度

4.1 森林植物检疫概述

森林植物检疫,也称法规防治,是一个国家或地区制定的政策性、社会性较强的行政执法工作,主要是为了预防和控制森林病虫害的扩散与蔓延,在生产、使用、调运和交易森林植物和林产品时,所采取的控制危险性病虫害传播蔓延的预防性及除治措施。

为了保护农业、林业生产安全,1983 年 1 月国务院制定并发布了《植物检疫条例》,1992 年 5 月国务院发布《关于修改〈植物检疫条例〉的决定》。另外,国家林业和草原局根据国家法律法规的规定,先后制定了《植物检疫条例实施细则(林业部分)》及有关规范性文件。1991 年 10 月全国人民代表大会常务委员会通过《中华人民共和国进出境动植物检疫法》,1996 年 12 月国务院发布《中华人民共和国动植物进出境检疫法实施条例》,各口岸动植物检疫机构依法对入境的林木种苗、木材等进行检疫。上述法律、法规、规章的颁

布，为依法实施森林植物检疫提供了法律依据。

4.2 森林植物检疫法律制度的主要内容

（1）设立植物检疫机构

国务院设立动植物检疫机关，统一管理全国进出境动植物检疫工作，即国家林业和草原局主管全国森林植物检疫工作；县级以上林业主管部门主管本地区森林植物检疫工作；县级以上林业主管部门建立的森林植物检疫机构，负责执行本地区的森林植物检疫工作；国有林业局所属的森林植物检疫机构负责执行本单位的森林植物检疫任务，但是，须经省级以上林业主管部门的确认。此外，国家动植物检疫机关在对外开放的口岸和进出境动植物检疫业务集中的地点设立的口岸动植物检疫机关，依照本法规定实施进出境动植物检疫。

（2）规定森林植物检疫对象

凡局部地区发生的危险性大、能随森林植物及其产品传播的病、虫、杂草，应定为森林植物检疫对象。国内森林植物检疫对象和应施检疫的森林植物及其省际调运应施检疫的森林植物及其产品名单，由国务院林业主管部门制定；各省、自治区、直辖市林业主管部门，根据本地区需要，制定本地区的补充名单，报国务院林业主管部门备案；未列入上述两种名单的森林植物及其产品的检疫与否，由调入省的森林检疫机构决定。应施检疫的森林植物及其产品，包括林木种子、苗木和其他繁殖材料，乔木、灌木、竹类、花卉和其他森林植物，木材、竹材、药材、果品、盆景和其他林产品。

确定森检对象及补充森检对象，按照《森林植物检疫对象确定管理办法》的规定办理，补充森检对象名单应当报林业部备案，同时通报有关省、自治区、直辖市林业主管部门。

（3）划定疫区和保护区

局部地区发生森林植物检疫对象的，应划为疫区，采取封锁、消灭措施，防止森林植物检疫对象传出；发生地区已比较普遍的，则应将未发生地区划为保护区，防止森林植物检疫对象传入。疫区和保护区的划定，由省级林业主管部门提出，报省级人民政府批准，并报国务院林业主管部门备案。疫区和保护区的范围涉及两省、自治区、直辖市以上的，由有关省、自治区、直辖市林业主管部门提出，报国务院林业主管部门批准后划定。疫区、保护区的改变和撤销的程序，与划定的程序相同。

（4）进行森林植物及其产品的产地检疫

生产、经营应实施检疫的森林植物及其产品的单位和个人，应当在生产和经营之前向当地森检机构备案，并在生产期间或者调运之前向当地森检机构申请产地检疫。对检疫合格的，由森检机构发给《产地检疫合格证》；对检疫不合格的，由森检机构发给《检疫处理通知单》。产地检疫的技术要求按照《国内森林植物检疫技术规程》执行。

（5）进行森林植物及其产品的调运检疫

调运森林植物及其产品，属以下情况的，必须经过检疫：列入应施检疫的森林植物及其产品名单的运出发生疫情的县级行政区域前必须检疫；凡种子、苗木和其他繁殖材料，无论是否列入应施检疫的森林植物及其产品名单和运往何地，在调运之前，都必须经过检疫。

按照规定必须检疫的森林植物和林产品，经检疫未发现森林植物检疫对象的，发放森林植物检疫证书。发现有森林植物检疫对象、但能彻底消毒处理的,托运人应按森林植物检疫机构的要求,在指定地点做消毒处理,经检查合格后发放森林植物检疫证书;无法消毒处理的,应停止调运。对可能被森林植物检疫对象污染的包装材料、运载工具、场地、仓库等,也应实施检疫。

(6)进行林木种子、苗木和其他繁殖材料的国外引种检疫

从国外引进林木种子、苗木和其他繁殖材料,引进单位或者个人应当向所在地的省级森林植物检疫机构提出申请,办理引种检疫审批手续。从国外引进的林木种子、苗木和其他繁殖材料,可能潜伏有危险性森林病、虫的必须隔离试种。经省级森林植物检疫机构证明确实不带危险性森林病、虫的,方可分散种植。

(7)明确森林植物检疫员的职权

森林植物检疫员执行任务时,必须穿着森林植物检疫制服、佩戴森林植物检疫标志和出示《森林植物检疫员证》,并具有下列职权:①进入车站、机场、港口、仓库和森林植物及其产品的生产、经营、存放等场所,依照规定实施现场检疫或者复检、查验植物检疫证书和进行疫情监测调查;②依法监督有关单位或者个人进行消毒处理、除害处理、隔离试种或采取封锁、消灭等措施;③依法查阅、摘录或者复制与森检工作有关的资料,收集证据。

4.3 违反森林植物检疫法律规定的法律责任

(1)不依照规定办理森林植物检疫证书的法律责任

对应施检疫的森林植物及其产品,在生产、经营或者调运、引进过程中,未依照植物检疫法规规定办理森林植物检疫证书的,依照《植物检疫条例》第18条和《植物检疫条例实施细则(林业部分)》第30条规定,森林植物检疫机构应当责令纠正,可以处50~2 000元的罚款;造成损失的,应当责令赔偿;尚不构成犯罪的,可以没收非法所得;构成犯罪的,由司法机关依法追究刑事责任。

(2)在森林植物及其产品报检过程中弄虚作假的法律责任

违反森林植物检疫法规规定,在森林植物及其产品报检过程中弄虚作假的,依照《植物检疫条例》第18条规定和《植物检疫条例实施细则(林业部分)》第30条规定处罚。

(3)伪造、涂改、买卖、转让森林植物检疫单证、印章、标志、封识的法律责任

违反森林植物检疫法规规定,非法伪造、涂改、买卖、转让森林植物检疫单证、印章、标志、封识的,依照《植物检疫条例》第18条规定和《植物检疫条例实施细则(林业部分)》第30条规定处罚。

(4)未依照规定调运、隔离试种或者生产应施检疫的森林植物及其产品的法律责任

未依照森林植物检疫法规的规定,调运、隔离试种或者生产应施检疫的森林植物及其产品的,依照《植物检疫条例》第18条规定和《植物检疫条例实施细则(林业部分)》第30条规定处罚。

(5)违反规定调运森林植物及其产品的法律责任

对违反《植物检疫条例》规定调运的森林植物及其产品,依照《植物检疫条例》第18条规定和《植物检疫条例实施细则(林业部分)》第30条规定,森检机构有权予以封存、没收、销毁或者责令改变用途,销毁所需费用由责任人承担。

(6) 违反规定引起疫情扩散的法律责任

违反森林植物检疫法规规定，引起森林植物检疫对象传入传出、发展蔓延，致使疫情扩散的，依照《植物检疫条例》第 18 条规定和《植物检疫条例实施细则（林业部分）》第 30 条规定，森林植物检疫机构应当责令纠正，可以处 50～2 000 元的罚款；造成损失的，应当责令赔偿；构成犯罪的，由司法机关依法追究刑事责任。

(7) 逃避检疫引起重大森林植物疫情的法律责任

违反《进出境动植物检疫法》关于进出境动植物必须接受检疫的规定，输入、输出或过境运输森林植物及其产品，在进出口岸逃避检疫机关工作人员的检疫，引起重大森林植物疫情的，构成逃避动植物检疫罪，由司法机关依照《刑法》第 337 条规定追究刑事责任。

(8) 森林植物检疫、运输、邮递等工作人员渎职的法律责任

森林植物检疫人员在植物检疫工作中，交通运输部门和邮政部门有关工作人员在森林植物、森林植物产品的运输、邮寄工作中，徇私舞弊、玩忽职守的，依照《植物检疫条例》第 19 条规定，由其所在单位或者上级主管机关给予行政处分；构成犯罪的，由司法机关依法追究刑事责任。

4.4 其他违反保护森林法规行为的法律责任

(1) 擅自改变林地用途的法律责任

违反本法规定，未经县级以上人民政府林业主管部门审核同意，擅自改变林地用途的，依照《森林法》第 73 条第 1 款规定，由县级以上人民政府林业主管部门责令限期恢复植被和林业生产条件，可以处恢复植被和林业生产条件所需费用 3 倍以下的罚款。

对于擅自改变林地用途，数量较大，造成耕地、林地等农用地大量毁坏的，构成非法占用农用地罪的，由司法机关依照《刑法》第 342 条规定追究刑事责任，处五年以下有期徒刑或者拘役，并处或者单处罚金。

(2) 进行开垦、采石、采砂、采土或者其他活动，造成林木或林地受到毁坏的法律责任

违反森林保护法规规定，进行开垦、采石、采砂、采土或者其他活动，造成林木或林地毁坏的，依照《森林法》第 74 条第 1 款规定，由县级以上人民政府林业主管部门责令停止违法行为，限期在原地或者异地补种毁坏株数 1 倍以上 3 倍以下的树木，可以处毁坏林木价值 5 倍以下的罚款；造成林地毁坏的，由县级以上人民政府林业主管部门责令停止违法行为，限期恢复植被和林业生产条件，可以处恢复植被和林业生产条件所需费用 3 倍以下的罚款。此外，依照《森林法》第 82 条规定，对于此违法行为，公安机关按照国家有关规定，可以依法行使行政处罚权，若构成违反治安管理行为的，依法给予治安管理处罚；构成犯罪的，依法追究刑事责任。

(3) 在幼林地砍柴、毁苗、放牧造成林木毁坏的法律责任

违反森林保护法规规定，在幼林地砍柴、毁苗、放牧造成林木毁坏的，依照《森林法》第 74 条第 2 款规定，由县级以上人民政府林业主管部门责令停止违法行为，限期在原地或者异地补种毁坏株数 1 倍以上 3 倍以下的树木。依照《森林法》第 81 条规定，对于拒不补种树木，或者补种不符合国家有关规定的，由县级以上人民政府林业主管部门依法组织代为履行，代为履行所需费用由违法者承担。

(4)擅自将防护林和特种用途林改变为其他林种的法律责任

违反森林保护法规规定,未经批准,擅自将防护林和特种用途林改变为其他林种的,依照《森林法实施条例》第46条规定,由县级以上林业主管部门收回经营者所获取的森林生态效益补偿,并处所获取森林生态效益补偿3倍以下的罚款。

任务3 岗位对接——技能提升

1. 森林植物检疫证签发操作规范

以某自治区森林植物检疫行政许可申办操作规范为例说明。

(1)行政审批项目名称及性质

①名称 森林植物检疫证书核发。

②性质 行政许可。

(2)项目设定法律依据

《植物检疫条例》(1983年1月3日国务院发布并施行,2017年10月7日国务院令第687号修订)第7条、第8条规定,调运植物和植物产品,属于下列情况的,必须经过检疫:①列入应施检疫的植物、植物产品名单的,运出发生疫情的县级行政区域之前,必须经过检疫;②凡种子、苗木和其他繁殖材料,无论是否列入应施检疫的植物、植物产品名单和运往何地,在调运之前,都必须经过检疫。按照本条例第7条规定必须检疫的植物和植物产品,经检疫未发现植物检疫对象的,发给植物检疫证书;发现有植物检疫对象、但能彻底消毒处理的,托运人应按植物检疫机构的要求,在指定地点做消毒处理,经检查合格后发给植物检疫证书;无法消毒处理的,应停止调运。

(3)项目实施主体及权限范围

本项目法定与实际实施主体均为:自治区、市、县森林植物检疫机构。依照《植物检疫条例》(1983年1月3日国务院发布并施行,2017年10月7日国务院令第687号修订)第3条、《植物检疫条例》(1994年7月26日林业部第4号发布,2011年1月25日修改)第2条、第15条,《关于做好××自治区人民政府关于开展扩权强县工作的意见》文件规定:

①省内植物检疫证书的签发市、县森林植物检疫机构负责签发本行政区域内省内植物检疫证书;②出省植物检疫证书的签发受自治区森林植物检疫机构委托签发出省植物检疫证书的市、县森林植物检疫机构负责签发本行政区域内出省植物检疫证书。

(4)项目审批条件

项目申请人为从事应施检疫的森林植物及其产品的生产、销售、运输等单位或个人。其他条件应依照《植物检疫条例实施细则(林业部分)》第12条、第17条规定:

①调运的植物、植物产品未发现林业检疫性有害生物、补充林业检疫性有害生物或检疫要求中提出的危险性林业有害生物的;

②发现林业检疫性有害生物、补充林业检疫性有害生物或检疫要求中提出的危险性林业有害生物,但经受检单位(个人)按照森检机构的要求进行除害处理后,经森检机构检疫

检验合格的；

③二次或因中转更换运输工具调运同一批次的森林植物及其产品，存放时间在1个月以内，并且具有有效的《植物检疫证书》的。

(5) 项目实施对象和范围

调运植物和植物产品的单位或个人。

(6) 申请材料

申请人根据不同情况，分别提供如下申请材料：

①《森林植物检疫报检单》；

②属植物及植物产品经营单位的，提供生产经营许可证和承办人身份证（均查验原件）；属非植物及植物产品经营单位的，提供单位证明和承办人身份证（均查验原件）；属个人调运的，提供个人身份证复印件（查验原件）；

③省际间调运森林植物种子、苗木及其繁殖材料和松木及其制品，需提供调入地森检机构出具的《森林植物检疫要求书》；省际间调运其他森林植物及其产品，调入地森检机构有检疫要求的，应提交调入地森检机构出具的《森林植物检疫要求书》；

④有《产地检疫合格证》的，出具有效期内的《产地检疫合格证》；

⑤省内证换出省证的，提交县（市区）森检机构签发的省内《植物检疫证书》；

⑥省际属二次或因中转更换运输工具调运同批次的森林植物及其产品，存放时间在1个月以内，须提供有效的《植物检疫证书》；

⑦从国外进口的应施检疫的植物及其产品再次调运出县（市、区、旗）的，存放时间在1个月以内的（可能染疫的除外），凭原《植物检疫证书》换签新的《植物检疫证书》；

⑧产于松材线虫病疫区的松属木材及其加工品，需提供除害处理证明，包括处理企业名称，处理方法等。

(7) 办结时限

①法定办结时限　20个工作日（不包括检疫检验和除害处理时间）。

②承诺办结时限　自治区本级8个工作日（不包括检疫检验和除害处理时间）；市、县（市、区、旗）的承诺办结时限由各市、县（市、区、旗）确定。

(8) 项目收费标准及其依据

依照《植物检疫条例》（1983年1月3日国务院发布并施行，2017年10月7日国务院令第687号修订）第21条规定，植物检疫机构执行检疫任务可以收取检疫费，具体办法由国务院农业主管部门、林业主管部门制定。

(9) 项目办理咨询方式

各市、县（城区）的咨询和投诉电话由各市、县（城区）自行公布。

(10) 项目办理程序（图7.1、表7.2）

项目七　森林保护行政执法

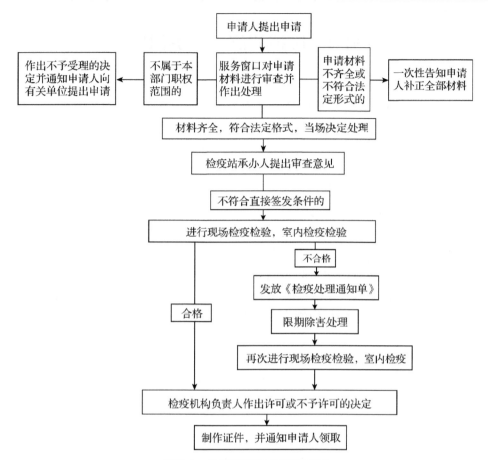

图 7.1　植物检疫证书签发流程

表 7.2　森林植物检疫报检单

编号：　　　　　　　　　　　　　　报检日期　　年　　月　　日

计划调运日期					
报检单位(人)					
报检单位(人)地址					
承办人姓名			身份证号码		
承办人联系电话					
收货单位(人)					
收货单位(人)地址					
植物(产品)来源			运输工具		
存放地点					
职务名称	品名(材种)	规格	单位	数量	包装

检疫结果

　　　　　　　　　　　　　　　　　　　　　　　　　　　　检疫员：
　　　　　　　　　　　　　　　　　　　　　　　　　　　　年　月　日

任务4 模拟演练——巩固实践

【案件信息】

2015年8月20日,货主李某从G省某市采购一批摩托车运往湖北某市,摩托车全部使用松木包装箱,而G省某市为松材线虫发生区域。途经甲省乙市107国道某竹木检查站时,因无《植物检疫证书》被查扣,并移交乙市林业局森检站处理。

一、实训内容

1. 确认并定性李某的违法行为。
2. 查询林业检疫部门施检范围。
3. 案件中违法主体应当如何承担责任。

二、实训目的

通过本实训,进一步提高学生们对《森林法》《森林病虫害防治条例》《植物检疫条例》关于植物检疫的相关法律法规掌握与运用的熟练程度,明确植物检疫机构的施检范围,使学生能够找出违法行为人违法行为的构成要件,并对其违法行为进行正确定性,以更好地服务于森林保护工作。

三、实训准备与要求

查阅相关资料,明确本案件的相关法律法规条款,明确擅自调运应施检疫森林植物及产品违法行为的构成要件,能够运用相关理论知识对背景材料进行案件处理、归纳总结及分析。

四、实训方法及步骤

第一步,实训前准备。5~6人分为一个小组,要求参加实训的同学,课前查阅相关资料及书籍,找出与案件相关的法律法规,并组织学生们课前根据案情编排短剧,有条件及相关资源的同学可以就该案件深入林业行政执法机构进行访问调查。

第二步,短剧表演,其他小组同学观看短剧。

第三步,以小组为单位进行案情讨论,各小组发表案件处理意见。

第四步,指导教师对各种观点进行点评,归纳、总结和分析,并对要点、易错点进行提炼。

第五步,整理实训报告,完善案件处理方案。

五、实训时间

以1~2学时为宜。

六、实训作业

案件处理完毕后,要求每名同学必须撰写实训报告,实训报告要求语言流畅、文字简练,有理有据,层次清晰。实训报告样式详见附录附表1。

七、实训成绩评定标准

1. 实训成绩评定打分

本实训项目的考核成绩满分100分,占总项目考核成绩的5%。

2. 实训成绩给分点

(1)学生对于森林病虫害防治法律法规的知识点掌握情况。(20分)

(2)各组成员的团队协作意识及完成任务情况。(20分)

(3)出勤率、迟到早退现象。(10分)

(4)组员对待工作任务的态度(实训结束后座椅的摆放和室内卫生的打扫)。(10分)

(5)实训的准备、实训过程的记录。(20分)

(6)实训报告的完成情况,文字结构流畅,语言组织合理,法律法规引用正确。(20分)本项目考核评价单,详见附录附表9。

综合能力训练

(一)名词解释

森林防火　森林防火期　特大森林火灾　森林病虫害防治　森林植物检疫　森林植物检疫对象　疫区　保护区　产地检疫　调运检疫

(二)单项选择题

1. 重大森林火灾是指受害森林面积在(　　)的,或者死亡10人以上30人以下的,或者重伤50人以上100人以下的。

  A. 1公顷以下　　　　　　　　　　B. 1公顷以上100公顷以下

  C. 100公顷以上1 000公顷以下　　D. 1 000公顷以上

2. 森林防火期内在森林防火区内野外用火的批准办结时限需(　　)工作日

  A. 7个　　　　B. 10个　　　　C. 15个　　　　D. 20个

3. 森林、林木、林地的经营单位或者个人未履行森林防火责任的,依照《森林防火条例》的规定,由(　　)林业主管部门责令改正,并处以相应处罚。

  A. 村民委员会　　　　　　　　　　B. 本单位领导

  C. 乡镇人民政府　　　　　　　　　D. 县级以上地方人民政府

4. 省级森林防火指挥部或者林业主管部门对发生的(　　),应当立即报告中央森林防火总指挥部办公室。

  A. 森林火警

  B. 一般森林火灾

  C. 省界附近的森林火灾

  D. 造成1人以上死亡或者3人以上重伤的森林火灾

5. 对于经批准进行生产用火的,要有专人负责,事先辟好防火隔离带,准备好灭火工具,有组织地在(　　)风以下的天气用火,严防失火。

  A. 二级　　　　B. 三级　　　　C. 四级　　　　D. 五级

6. 森林病虫害防治实行(　　)的责任制度,并作为考核领导干部和经营者的一项重要内容。

  A. 谁经营,谁防治　　B. 预防为主　　C. 综合治理　　D. 分片承包

7. 地方各级人民政府林业主管部门应当对经常发生森林病虫害的地区,实施以(　　)为主,生物、化学和物理防治相结合的综合治理措施,逐步改变森林生态环境,提高森林抗御自然灾害的能力。

A. 生物防治　　　　B. 营林措施　　　　C. 化学防治　　　　D. 物理防治

8. 森林防火戒严期的每一戒严期限为（　　）以下，在戒严区内禁止一切野外用火，各级森林防火组织应当加强巡逻和安全检查。

A. 15 天　　　　B. 20 天　　　　C. 30 天　　　　D. 60 天

9. 严格执行森林病虫害防治法规，预防和除治措施得力，在本地区或者经营区域内，连续（　　）没有发生森林病虫害的，由人民政府或者林业主管部门给予奖励。

A. 2 年　　　　B. 3 年　　　　C. 4 年　　　　D. 5 年

（三）判断题（对的打"√"，错的打"×"）

1. 森林防火工作实行各级人民政府林业主管部门领导负责制。（　　）
2. 预防和扑救森林火灾，保护森林资源，是每个公民应尽的义务。（　　）
3. 森林病虫害防治实行"谁经营，谁防治"的责任制度，并作为考核领导干部和经营者的一项重要内容。（　　）
4. 全民所有的森林、林木的病虫害防治费用，由地方各级人民政府解决。（　　）
5. 各省、自治区、直辖市林业主管部门，根据本地区需要，制定本地区的森林植物检疫对象补充名单，报国务院林业主管部门备案。（　　）

（四）简答题

1. 《森林防火条例》规定的森林防火具体管理制度主要有哪些？
2. 森林植物检疫员在执行检疫任务时有哪些职权？
3. 违反森林防火法规的行为主要有哪些？应承担什么法律责任？
4. 违反森林病虫害防治法规的行为主要有哪些？应承担什么法律责任？
5. 违反森林植物检疫法规的行为主要有哪些？应承担什么法律责任？

（五）案例分析题

2013 年 1 月 20 日，某县三合乡农民李某带自养的 3 头牛到本村集体林地吃草。李某一边放牛，一边把锄下的杂草点燃，烧草皮灰积肥。点燃草皮堆后，李某离开，去牵走远的一头牛，由于天气干燥有风，火势失控，烧到林内草地，李某取树枝打火，打了一阵，见无法扑灭地上的火，就赶紧牵着 3 头牛离开现场回家。附近群众发现起火后纷纷跑来救火，乡政府闻讯后也立即组织扑火队扑灭了林火。这场火灾的过火有林地面积为 5 公顷。回答下列问题：

（1）李某的行为违反了什么法律规定？为什么？
（2）这场火灾属哪一类森林火灾？
（3）你认为李某应承担什么法律责任？

项目八 野生动植物保护行政执法

【项目描述】

野生动植物资源是自然生态系统的重要组成部分，也是大自然赋予人类的宝贵财富，其对人类和自然的价值是其他任何生物都无法替代的。科学合理地保护和利用野生动植物资源，不仅关系到人类的生存与发展，也是衡量当地文明进步的重要标志。我国野生动植物种类十分丰富，被誉为"野生动植物王国"，除拥有 6 200 多种脊椎动物、3 万多种高等植物外，还拥有许多北半球地区濒临灭绝的孑遗物种。虽然我国野生动植物资源丰富，但非法猎捕、倒卖、走私等不法行为严重影响了我国一些珍贵物种的生存与发展，甚至会导致生物多样性的破坏。因此，作为林业工作者不但要提升自身的业务水平、法律和责任意识，更要做好法制宣传工作，从而影响更多的人参与到野生动植物保护的队伍中来。

本项目包含四个子项目，分别是野生动物保护法律制度、野生植物保护法律制度、自然保护区法律制度和古树名木保护法律制度。各子项目分别从野生动植物、自然保护区以及古树名木的保护制度入手，让学习者进一步了解其存在的生态价值，从而树立科学的生态观、法制观和责任意识，从专业角度出发为生态文明建设贡献一己之力。

【学习目标】

——知识目标

1. 掌握野生动物保护的对象、意义及机构设置。

2. 掌握野生动物资源保护制度、驯养繁殖及经营利用许可制度以及违反野生动物保护法规的法律责任。

3. 掌握野生植物及其环境保护制度、野生植物采集和经营利用制度的主要内容，掌握违反野生植物保护法规的法律责任。

4. 掌握我国自然保护区的设立条件、程序及相关管理规定，掌握违反自然保护区管理法律法规应承担的法律责任。

5. 了解我国古树名木保护的法律制度，掌握古树名木的保护措施和违反相关法律制度应承担的法律责任。

——能力目标

6. 能根据本项目相关案件拟定案件处理报告。

7. 能根据案情找出与案件相关的法律法规。

8. 会制作和填写相关的文书材料。

——素质目标

9. 提升学生的案件分析能力及违法点的查找能力。

10. 提升学生对野生动植物相关法律制度的认知能力。
11. 提升学生之间的团结协作能力和自主学习能力。

子项目一　野生动物保护法律制度

任务1　案例导入与分析

【案件导入】

2004年4月8日上午，某县城关镇上关村农民马某、李某在运河的一段泥泞中发现一条野生扬子鳄，马某回家找来绳索等捕捉工具，二人一起将扬子鳄弄上岸运到李某家中藏匿。当日下午，马某、李某分头寻找买主，并由李某找到临县商贩孙某，孙某以3 000元的价格从马、李二人手中购得该扬子鳄。孙某又以100元运费雇用个体运输户张某的汽车连夜运至邻县自己的亲属钱某家中，请钱某代为藏匿和照料。3天后，经当地群众举报案发。当地公安机关在将扬子鳄运往救护站途中，扬子鳄因严重脱水而死亡。

【问题】

1. 本案中哪些人的行为违反了法律规定？
2. 案件中的违法行为应当承担什么法律责任？

【案例分析】

依照《野生动物保护法》的规定，国家对珍稀、濒危的野生动物实行重点保护。扬子鳄是我国一级保护的珍稀、濒危野生动物。《野生动物保护法》规定，禁止猎捕国家重点保护野生动物；因科学研究、驯养繁殖、展览或者其他特殊情况，需要捕捉国家一级保护野生动物的，必须向国务院野生动物行政主管部门申请《特许猎捕证》。《野生动物保护法》第27条规定，对出售、收购、运输、携带国家重点保护野生动物或者其产品均作出了禁止性规定以及相应的行政许可规定。

依照《刑法》第341条第1款规定，非法猎捕、杀害国家重点保护的珍贵、濒危野生动物的，或者非法收购、运输、出售国家重点保护的珍贵、濒危野生动物及其制品的，处5年以下有期徒刑或者拘役，并处罚金；情节严重的，处5年以上10年以下有期徒刑，并处罚金；情节特别严重的，处10年以上有期徒刑，并处罚金或者没收财产。

根据最高人民法院《关于审理破坏野生动物资源刑事案件具体应用法律若干问题的解释》第3条规定，非法猎捕、杀害、收购、运输、出售扬子鳄1条，即构成情节严重。据此，在本案中，马某、李某构成非法猎捕国家重点保护珍稀、濒危野生动物罪，孙某构成非法收购国家重点保护珍稀、濒危野生动物罪，应分别其刑事责任，可以处5年以上10年以下有期徒刑，并处罚金。另外，依照《刑法》第312条规定，明知是犯罪所得的赃物而予以窝藏、转移、收购或者代为出售的，处3年以下有期徒刑、拘役或者管制，并处或者单处罚金。因此，对本案中的钱某，应以窝藏罪定罪处罚，可以处3年以下有期徒刑、拘役或者管制，并处或者单处罚金。

任务2　相关资讯

1. 野生动物保护概述

1.1 野生动物资源现状

我国幅员辽阔，地貌复杂多样，气候条件复杂，地质历史古老，为野生动物提供了良好的栖息场所。因此，我国是世界上野生动物种类最为丰富的国家之一。据统计，我国野生动物种类达2 100多种，约占世界总数的10%，其中，哺乳类约450种，鸟类1 180多种，爬行类320多种，两栖类210多种。许多野生动物属于我国特有或主要产于我国的珍稀物种，如大熊猫、金丝猴、朱鹮、扬子鳄等；有许多属于国际重要的迁徙物种以及具有经济、药用、观赏和科学研究价值的物种，是人类生存环境中不可或缺的重要组成部分。

然而，长期以来，保护野生动物的意义远没有受到人们的普遍重视，乱捕滥猎、非法倒卖、走私野生动物及其制品和乱开发、破坏野生动物栖息地和生存环境的现象十分严重。野生动物作为可再生资源是有限的，除了加快增强全民合理利用保护野生动物资源及其赖以生存的环境等生态意识外，还必须建立、完善野生动物资源保护的法律制度，依法制止和打击破坏野生动物资源的行为。

1.2 野生动物保护立法概况

党的十九大召开，明确了生态文明建设的战略地位，维护生物多样性及生态平衡既是保障生态安全的基础，又是野生动物保护立法的重要目的。中华人民共和国成立后，我国积极开展各项保护管理措施。1989年3月1日，第一部专门为保护野生动物而订立的《野生动物保护法》颁布实施。《野生动物保护法》是保护野生动物的基本法，它对我国依法保护、管理、发展和合理利用野生动物资源，具有十分重要的意义。此后，该法于2004年、2009年、2016年分别进行了修订，最近一次是2018年10月26日第十三届全国人民代表大会常务委员会第六次会议《关于修改〈中华人民共和国野生动物保护法〉等十五部法律的决定》的第三次修正。

此外，国家和地方也相继出台了多部相关的行政法规和规章制度，如《国家重点保护动物驯养繁殖许可证管理办法》(1991)、《猎枪弹具管理办法》(1993)等，各地方也制定了《野生动物保护法实施办法》和地方性《保护野生动物名录》，有效地支持和补充了《野生动物保护法》。另外，《森林法》《环境保护法》《自然保护区条例》等法律法规中也设有专门的条款规定了对野生动物的保护。这些法律法规均可视为我国野生动物保护法律体系的组成部分。

除本国立法外，19世纪以来，我国参加的保护野生动物的国际公约和双边协定主要有《濒危野生动植物种国际贸易公约》(简称CITES)、《中日保护候鸟及其栖息环境协定》等。

2. 野生动物保护主管部门

依照《野生动物保护法》第7条规定，国务院林业草原行政主管部门负责全国陆生野生动物的保护管理工作；国务院渔业行政主管部门负责全国水生野生动物的保护管理工作；

省、自治区、直辖市政府林业草原行政主管部门主管本行政区域内陆生野生动物管理工作。县和市政府陆生野生动物管理工作的行政主管部门，由省、自治区、直辖市政府确定。

国家林业和草原局执行具体行政管理权力的部门是野生动植物保护司。保护司主要负责组织制订国家重点保护野生动物猎捕、野生植物采集计划；审核国家一级重点保护野生动物或其产品的出口；核定非国家重点保护野生动物的年度猎捕量限额和国家一级保护野生动物产品、国家二级和非国家保护野生动物或其产品的经营利用限额；审核野生动物（国家一级保护野生动物除外）出口限额计划；审核国外物种引进计划。野生动植物保护司下设野生动物管理处和自然保护区管理处，分别管理有关野生动物和自然保护区的具体事务。

地方野生动物行政管理主管机构包括各省级林业和草原局、地市一级林业局和县区级林业局等三级行政管理部门。目前全国的省级林业行政主管部门中均设立了专门管理野生动物的行政机构——野生动植物保护处（站），具体负责本省辖区内野生动植物和自然保护区的管理事务。国家还在一些重点地区的地（市）、县级林业主管部门中设立了野生动植物保护科（站），具体管理本行政辖区内的野生动植物保护和自然保护区管理事务。在未设立野生动植物保护科（站）的地（市）、县，则由林政科或资源科等行政执法部门负责管理。

3. 野生动物保护工作的方针

《野生动物保护法》第4条规定，国家对野生动物实行保护优先、规范利用、严格监管的原则，鼓励开展野生动物科学研究，培育公民保护野生动物的意识，促进人与自然和谐发展。《野生动物保护法》的核心是保护野生动物资源。法律明确规定野生动物资源属于国家所有。禁止任何组织或者个人侵占、哄抢、私分、截留和破坏。根据野生动物资源特点和状况，要正确处理野生动物资源的保护和利用之间的关系，应把资源保护放在首位，在保护好野生动物资源的前提下再进行开发和利用。

4. 野生动物保护对象

《野生动物保护法》规定保护的野生动物，是指珍贵、濒危的陆生、水生野生动物和有益的或者有重要经济、科学研究价值的陆生野生动物。按照《野生动物保护法》第35条规定，中华人民共和国缔结或者参加的国际公约禁止或者限制贸易的野生动物或者其制品名录，由国家濒危物种进出口管理机构制定、调整并公布。综合《野生动物保护法》和《陆生野生动物保护实施条例》来看，也属于国家保护的野生动物。

4.1 国家重点保护野生动物

国家重点保护野生动物，是指国家重点保护的珍贵、濒危的野生动物。此类野生动物收录于国务院野生动物主管部门制定《国家重点保护野生动物名录》中。国家重点保护的野生动物分为一级保护野生动物和二级保护野生动物。我国特产稀有或濒于灭绝的野生动物列为一级保护，现共有234种，包括大熊猫、金丝猴（所有种）、长臂猿（所有种）、亚洲象、梅花鹿、扬子鳄等；将数量较少或有濒于灭绝危险的野生动物列为二级保护动物，现共有746种，包括猕猴、红腹锦鸡、大鲵、虎纹蛙等。

国家重点保护野生动物名录由国务院野生动物保护主管部门组织科学评估后制定，并每隔五年根据评估情况对名录进行调整。

4.2 地方重点保护野生动物

地方重点保护野生动物，是指国家重点保护野生动物以外，由省、自治区、直辖市人民政府规定重点保护的陆生野生动物。此类野生动物名录，由省、自治区、直辖市人民政府制定并公布，报国务院备案。这一类野生动物从全国范围来看，野外资源比较丰富，但在一定区域范围内则资源较少，生存面临一定威胁，需要地方加以重点保护。另外，根据有关规定，从国外引进的野生动物，经省自治区、直辖市人民政府林业主管部门核准，可以视为地方重点保护野生动物，并依法进行管理。如大白鹭不但是辽宁省省鸟，同时于1991年也列入了辽宁省重点保护野生动物名录中。

4.3 有益的或者有重要经济、科学研究价值的陆生野生动物

有益的或者有重要经济、科学研究价值的陆生野生动物，是指在国家重点保护野生动物以外，由国家制定名录加以保护的陆生野生动物。此类野生动物数量较多，不属于濒危动物，但其具有特殊的价值或作用。如大多数鸟类捕食害虫，蛇类捕食老鼠，狼、狐狸等能抑制草食动物种群数量，对维持生态平衡有着重要作用；而野猪、獾、狍子、貉子等具有较高的经济价值；树鼩是廉价高效的医学实验动物，并且分类地位独特，具有重要的科研价值。因此，这一类野生动物应该给予有效保护，以确保合理利用。依照《野生动物保护法》的规定，国务院林业主管部门制定并公布了《国家保护的有益的或者有重要经济、科学研究价值的陆生野生动物名录》（简称"三有名录"），并于2000年8月1日由国家林业局发布实施。若该名录中有些物种与《地方重点保护野生动物名录》相重复，则按《地方重点保护野生动物名录》进行管理。

4.4 国际公约、协定中规定保护的野生动物

国际公约、协定中规定保护的野生动物，是指我国参加的双边或多边国际条约协定中规定保护的野生动物。我国作为《濒危野生动植物种国际贸易公约》（CITES）成员，应履行相应的国际义务，使国内野生动物的保护管理工作与世界濒危物种保护工作相衔接。将CITES附录Ⅰ和附录Ⅱ所列的非原产我国的所有野生动物，分别核准为国家重点保护一级和二级保护动物进行保护管理。如非洲象是CITES附录Ⅰ的物种，那么进入我国的非洲象应该按国家一级保护动物进行管理。

5. 野生动物资源保护制度

《野生动物保护法》第6条规定，任何组织和个人都有保护野生动物及其栖息地的义务。禁止违法猎捕野生动物、破坏野生动物栖息地。可见保护野生动物资源不仅要保护野生动物本身，还要保护其赖以生存的环境。

5.1 野生动物救助制度

《野生动物保护法》第15条明确规定，国家或者地方重点保护野生动物受到自然灾害、重大环境污染事故等突发事件威胁时，当地人民政府应当及时采取应急救助措施。可见救助野生动物是地方各级政府的法定职责，当发生重大自然灾害时，地方政府应该充分履行职责，提供必要的人力、物力、财力，尽力抢救受自然灾害威胁的野生动物。《陆生野生动物保护实施条例》第9条规定，任何单位和个人发现受伤、病弱、受困、迷途的国家和地方重点保护野生动物时，应当及时报告当地野生动物行政主管部门，由其采取救护措

施；也可以就近送具备救护条件的单位救护。

5.2 野生动物栖息环境保护制度

《陆生野生动物保护实施条例》第8条规定，县级以上各级人民政府野生动物主管部门，应当组织社会各方面力量，采取生物技术措施和工程技术措施，维护和改善野生动物生存环境，保护和发展野生动物资源。此外，《野生动物保护法》第5条、第6条、第11条、第12条、第13条也规定了保护野生动物及其栖息环境的相关制度。

(1) 自然保护区制度

《野生动物保护法》中所称的"自然保护区"是指野生动物类型自然保护区，即为了保护自然资源、生态环境和典型生态环境系统以及保护生物多样性和拯救濒危野生动物物种，而由国家依法划定的特殊保护区域。《野生动物保护法》第12条规定："省级以上人民政府依法划定相关自然保护区域，保护野生动物及其重要栖息地，保护、恢复和改善野生动物生存环境。对不具备划定相关自然保护区域条件的，县级以上人民政府可以采取划定禁猎(渔)区、规定禁猎(渔)期等其他形式予以保护。"2016年2月3日国务院发布《国务院关于第二批取消152项中央指定地方实施行政审批事项的决定》取消了外国人进入地方级林业系统自然保护区和海洋自然保护区的行政审批事项。此外，地方政府也相继公布了地方的行政法规，对自然保护区的管理做出了详细的法律规定。

(2) 禁猎区制度

禁猎区是在一定范围、一定期间内禁止猎捕野生动物的地区。禁猎区的划定，是为了保护濒危野生动物，使其有休养生息、恢复种群数量的机会和场所而采取的一种有效手段。其中，自然保护区属于禁猎区。除自然保护区外，人民政府或者野生动物行政主管部门可以根据本地区野生动物的资源情况，在野生动物资源破坏严重而需要恢复的地区或在适合于野生动物繁殖的区域划定禁猎区。禁猎区可以规定禁止猎捕某些种类的野生动物，也可以根据需要禁猎所有野生动物，即全面禁猎区。在禁猎区内，不准进行任何形式的狩猎活动。通常禁猎区的禁猎期限一般为3~10年，在此期间规定禁猎的野生动物一律不得猎捕。

(3) 环境监测制度

《野生动物保护法》第14条规定，各级野生动物行政主管部门应当监视、监测环境对野生动物的影响。由于环境影响对野生动物造成危害时，野生动物保护主管部门应当会同有关部门进行调查处理。根据此规定，野生动物行政主管部门有责任和义务监视、监测环境对野生动物的影响。

(4) 环境影响评价报告书制度

《野生动物保护法》第13条规定，建设项目可能对相关自然保护区域、野生动物迁徙洄游通道产生影响的，环境影响评价文件的审批部门在审批环境影响评价文件时，涉及国家重点保护野生动物的，应当征求国务院野生动物保护主管部门意见；涉及地方重点保护野生动物的，应当征求省、自治区、直辖市人民政府野生动物保护主管部门意见。这里主要是指建设项目设立在野生动物栖息繁衍场所内的情况下，项目方必须对该项目进行综合评估，不仅评估其对周围环境的影响，还要评估其对野生动物生息繁衍方面的影响。

5.3 野生动物的猎捕制度

《野生动物保护法》第21条规定，禁止猎捕、杀害国家重点保护野生动物。因科学研究、种群调控、疫源疫病监测或者其他特殊情况,需要猎捕国家一级保护野生动物的,应当向国务院野生动物保护主管部门申请特许猎捕证;需要猎捕国家二级保护野生动物的,应当向省、自治区、直辖市人民政府野生动物保护主管部门申请特许猎捕证。依照《野生动物保护法》第22条规定,猎捕非国家重点保护野生动物的,应当依法取得县级以上地方人民政府野生动物保护主管部门核发的狩猎证,并且服从猎捕量限额管理。

(1) 特许猎捕证制度

根据相关规定,国家一级保护野生动物的特许猎捕证由国家林业和草原局审批,国家二级保护野生动物的特许猎捕证由省、自治区、直辖市野生动物行政主管部门审批。我国也针对科研、驯养繁殖、展览等特殊需要的情况下,依法向野生动物行政主管部门提出申请,经过审核批准获得《特许猎捕证》方可进行猎捕。若猎捕非国家重点保护野生动物,则实行狩猎证制度,这类野生动物包括地方重点保护野生动物和"三有"野生动物。

(2) 申请特许猎捕证的行政审批程序

① 申请 申请人持申报材料向县级林业行政主管部门提交申请。特许猎捕证的申请由县级、市级林业行政主管部门对申请材料进行逐级审核后报审批部门。申领特许猎捕证的单位和个人需要提交以下材料:《野生动物保护管理行政许可事项申请表》;证明申请人身份、资格的有效文件或材料;实施猎捕的工作方案,包括申请猎捕的种类、数量、期限、地点、工具和方法;证明其猎捕目的的有效文件和说明;申请猎捕的野生动物种类的资源现状及其对环境、社会的影响调查材料。

② 受理 审批部门对申请材料进行形式审查,当场或者在5个工作日内作出是否受理的决定。决定受理的,开具《受理林业行政许可申请通知书》;不予受理的,开具《不予受理林业行政许可申请通知书》;申请人的申请材料不全或不符合受理条件的,一次性告知或5个工作日内告知申请人需要补正的材料,并开具《行政许可申请补正材料通知书》。

③ 审查 审批部门对申报材料进行审查。对猎捕对象极度濒危或资源状况不清等特殊情况,审批部门或者其委托单位可组织专家评审。审查时如发现不具备申请条件或者不通过猎捕的方式就能够达到所需目的,不予发放特许猎捕证或狩猎证。

④ 决定 负责核发特许猎捕证的部门接到申请后,经审查,应在3个月内做出批准或者不批准的决定。经审查合格的,由审批部门向申请人作出准予行政许可的决定。审查不合格的,由审批部门书面通知申请人并说明理由,告知复议或者诉讼权利。

(3) 猎捕工具及猎捕方法管理制度

依照《野生动物保护法》第24条和《陆生野生动物保护实施条例》第18条规定,禁止使用军用武器、气枪、毒药、炸药、地枪、排铳、非人为直接操作并危害人畜安全的狩猎装置、夜间照明行猎、歼灭性围猎、火攻、烟熏以及县级以上各级人民政府或者其野生动物行政主管部门规定禁止使用的其他狩猎工具和方法狩猎。

依照《猎枪弹具管理办法》的规定,猎枪实行定点生产。要求生产猎枪的单位必须经国务院林业主管部门批准。猎枪弹具经销单位,由省、自治区、直辖市林业行政主管部门,根据本行政区域内野生动物保护和合理利用猎枪弹具管理的需要和社会治安状况会同公安机关确定,非定点经销的其他任何单位不得经销。

5.4 野生动物驯养繁殖和经营利用制度

在野生动物保护工作方针中倡导积极驯养繁殖,合理开发利用。其中鼓励和提倡具有驯养繁殖条件的人和单位依法给予野生动物适宜的生存条件，增加其种群数量，缓解由于某些野生动物类群数量日趋减少而带来的需求及经济压力。《野生动物保护法》第9条规定："在野生动物保护和科学研究方面成绩显著的组织和个人，由县级以上人民政府给予奖励。"可见，国家对驯养繁殖及开发利用野生动物资源方面高度重视，各级林业行政主管部门多次开展驯养繁殖清理整顿活动，倡导与监督并行。

5.4.1 野生动物驯养繁殖法律制度

对于驯养繁殖野生动物的法律规定除《野生动物保护法》外，还应遵循1991年国家林业局制定的《国家重点保护野生动物驯养繁殖许可证管理办法》，该办法依照2015年4月30日《国家林业局关于修改部分部门规章的决定》进行了修改，该办法共14条，规定凡驯养繁殖国家重点保护野生动物的单位和个人必须取得野生动物行政主管部门发给的《国家重点保护野生动物驯养繁殖许可证》，才能从事野生动物驯养繁殖活动。

(1) 申领野生动物驯养繁殖许可证应具备的条件

申请领取野生动物驯养繁殖许可证的单位和个人，根据有关规定，应具备以下条件：有适宜驯养繁殖野生动物的固定场所和必需的设施；具备与驯养繁殖野生动物种类、数量相适应的资金、人员和技术；驯养繁殖野生动物的饲料来源有保证。依照该办法第4条规定，有下列情况之一的，可以不批准发放《驯养繁殖许可证》：野生动物资源不清；驯养繁殖尚未成功或技术尚未过关；野生动物资源极少，不能满足驯养繁殖种源要求。

(2) 野生动物驯养繁殖许可证的审批部门

野生动物驯养繁殖许可证实行分级发放制度。凡驯养繁殖国家一级保护野生动物的，由国家林业和草原局审批；凡驯养繁殖国家二级保护野生动物的，由省、自治区、直辖市林业行政主管部门审批；凡驯养繁殖非国家重点保护野生动物的，按各省、自治区、直辖市制定的规定执行。

(3) 野生动物驯养繁殖许可证的行政审批程序

①申请　申请人持所需材料，向驯养繁殖所在地的县级林业行政主管部门提交申请。县级林业行政主管部门对申请材料进行逐级审核后上报审批部门。申请野生动物驯养繁殖许可证的单位和个人应当撰写申请报告、填写《野生动物保护管理行政许可事项申请表》《国家重点保护野生动物驯养繁殖许可证申请表》或《××省野生动物驯养繁殖许可证申请表》并提交申请人身份、申报资格有效证明等一系列法定文件及材料。具体提交的申请材料及内容可依据国家及地方驯养繁殖许可申报规定。

②受理　审批部门对申请材料进行形式审查，当场或者在5个工作日内作出是否受理的决定。决定受理的，开具《受理林业行政许可申请通知书》；不予受理的，开具《不予受理林业行政许可申请通知书》；申请人的申请材料不全或不符合受理条件的，一次性告知或5个工作日内告知申请人需要补正的材料，并开具《行政许可申请补正材料通知书》。

③审查　审批部门对申请材料进行审查。对国家一级保护动物规模较大的驯养繁殖活动须经国家林业局或者其委托单位组织专家评审、听证等。对驯养繁殖国家二级保护动物需要科学论证的，由省级人民政府林业行政主管部门或者其委托单位组织进行科学论证。审批部门在审查中如果发现野生动物资源不清、驯养繁殖尚未成功或技术尚未过关、野生动物资源极少，不能满足驯养繁殖种源要求的，不得审批发放驯养繁殖许可证。

④决定　审批部门应自受理之日起20个工作日内作出是否予以行政许可决定，经批

准可延长 10 日。经审查合格的，由审批部门向申请人作出准予行政许可的决定。审查不合格的，由审批部门书面通知申请人并说明理由，告知复议或者诉讼权利。

（4）驯养繁殖许可证的变更与注销

需要变更驯养繁殖种类的，应当提前 2 个月向原审批机关申请办理变更手续；需终止驯养繁殖野生动物活动的，应当提前 2 个月向原审批机关办理终止手续，并交回驯养繁殖许可证。

除按野生动物保护法律法规的有关规定处理外，批准驯养繁殖野生动物或核发《驯养繁殖许可证》的机关可以依照该办法第 12 条规定，注销其《驯养繁殖许可证》。

5.4.2 野生动物的经营利用法律制度

《野生动物保护法》第 27 条规定，禁止出售、购买、利用国家重点保护野生动物及其制产品。这里所指的野生动物或其产品，包括了动物活体、尸体、毛皮、羽毛、内脏、血、骨、肉、角、卵、精液、胚胎、标本及其他动物体部分。对此，国家对野生动物或其产品的经营利用做出了分级核批、分级管理的规定。

（1）申领野生动物或其产品经营利用许可证应具备的条件

野生动物或其产品来源合法；具备相应的人员、技术、资金、设施；具有从事经营活动场所、设施的使用权；野生动物或其产品经营利用许可证的审批部门；野生动物或其产品经营利用许可证实行分级发放制度。

（2）野生动物或其产品经营利用许可证审批程序

申请人持所需材料，向所在地的县级林业行政主管部门提交申请，县级林业行政主管部门对申请材料进行逐级审核后上报审批部门。申请野生动物及产品经营利用许可证的单位和个人应当提交申请报告、《野生动物保护管理行政许可事项申请表》《陆生野生动物及产品经营利用许可证》申报审批表以及证明申请人身份、资格的有效文件或材料等。审批部门对申请材料进行审查，若发现以下情形之一，不得发放许可证：申请材料捏造事实，弄虚作假或不完整的；野生动物或其产品利用量过大，可能对野生资源造成破坏的；在未经批准擅自建立的野生动物专业交易市场内从事经营利用活动的；没有经营利用限额指标的(以上规定以广东省为例，各省份规定略有不同)。

（3）野生动物经营利用的其他规定

驯养繁殖的国家重点保护野生动物，必须凭驯养繁殖许可证向政府指定的收购单位出售动物或者其产品。收购驯养繁殖的国家重点保护野生动物或者其产品的单位，由省、自治区、直辖市人民政府林业主管部门商有关部门提出，经同级人民政府或者其授权的单位批准，凭批准文件向工商行政管理部门申请登记注册。经核准登记的单位，也不得收购未经批准出售的国家重点保护野生动物或者其产品。经营利用非国家重点保护野生动物或者其产品，需向工商行政管理部门申请登记注册。

5.5 野生动物运输管理法律制度

依照《陆生野生动物保护实施条例》第 28 条规定，对野生动物或者其产品的运输执行运输证制度。该制度是野生动物经营利用的重要内容，是有效防止非法狩猎、杀害、经营利用野生动物的措施之一。依照《野生动物保护法》第 33 条规定，运输、携带、寄递国家重点保护野生动物及其制品、本法第 28 条第 2 款规定的野生动物及其制品出县境的，应当持有或者附有本法第 21 条、第 25 条、第 27 条或者第 28 条规定的许可证、批准文件的副本或者专用标识,以及检疫证明。

(1)野生动物或其产品运输证的审批部门

运输、携带国家重点保护野生动物或者其产品出县境的,由省、自治区、直辖市人民政府林业行政主管部门或其授权的单位批准。动物园之间因繁殖动物,需要运输国家重点保护野生动物的,可以由省、自治区、直辖市人民政府林业行政主管部门授权同级建设行政主管部门审批。对非国家重点保护野生动物或者其产品的运输,按各省、自治区、直辖市制定的规定执行。

(2)野生动物或其产品运输证的行政审批程序

申请人持所需申报材料向当地县级林业行政主管部门提交申请,县级林业行政主管部门对申请材料进行逐级审核后上报审批部门。申领野生动物或其产品运输证明的单位和个人提交的申请材料包括书面申请报告、《野生动物保护管理行政许可事项申请表》《国家重点保护野生动物或其产品来源情况审查表》等相关材料,其中,调配出省的,需附购买方所在地省级野生动物行政管理部门商调函;省内调配的,附购买方所在地县级野生动物行政主管部门商调函;以引种为目的的运输、携带、邮寄,附购买方《野生动物生产经营许可证》或相关批准文件;非养殖单位以生产经营为目的的运输、携带、邮寄,附《野生动物生产经营许可证》或相关批准文件等。

审批部门收到申请材料后进行审查。审查若发现以下情形,不得核发运输证明:申请材料捏造事实,弄虚作假或不完整的;《特许猎捕证》规定的猎捕地与启程地不符合,且无正当理由的;猎捕的野生动物或其产品未经林业行政主管部门查验的;野生动物或其产品无合法来源的。

(3)其他相关规定

野生动物运输证上对运输的依据、起始地点、有效期、物种品名、数量等都有明确的规定,不管通过何种运输方式,运输证明都必须与货同行,否则将视为非法运输。铁路、公路、民航、航运、邮政等部门凭运输证给予办理承运、承邮手续。凡未经批准而运输野生动物或者其产品的,野生动物行政主管部门或者其授权的木材检查站等单位有权制止,并按照有关规定予以处罚。

6.违反野生动物保护法规的法律责任

(1)非法捕杀国家重点保护野生动物的法律责任

非法猎捕、杀害国家重点保护野生动物的行为,是指违反国家保护野生动物的法律法规,未取得特许猎捕证或者未按照特许猎捕证的规定猎捕、杀害国家重点保护野生动物的行为。依照《野生动物保护法》第45条规定,在相关自然保护区域、禁猎(渔)区、禁猎(渔)期猎捕国家重点保护野生动物,未取得特许猎捕证、未按照特许猎捕证规定猎捕、杀害国家重点保护野生动物,由县级以上人民政府野生动物保护主管部门、海洋执法部门或者有关保护区域管理机构按照职责分工没收猎获物、猎捕工具和违法所得,吊销特许猎捕证,并处猎获物价值二倍以上十倍以下的罚款;没有猎获物的,并处一万元以上五万元以下的罚款;构成犯罪的,依法追究刑事责任。依照《陆生野生动物保护实施条例》第32条规定,非法捕杀国家重点保护野生动物的,依照刑法有关规定惩治。

非法猎捕、杀害国家重点保护的珍贵、濒危野生动物,对照国家林业局2001年发布的《非法捕杀国家重点保护珍贵、濒危陆生野生动物案立案标准》，构成犯罪的，依照《刑法》第341条规定，处5年以下有期徒刑或者拘役，并处罚金；情节严重的，处5年以上10年以下有期徒刑，并处罚金；情节特别严重的，处10年以上有期徒刑，并处罚金或者没收财产。

（2）非法猎捕野生动物的法律责任

违反野生动物保护法规，在禁猎区、禁猎期或者使用禁用的工具、方法猎捕非国家重点保护野生动物的，依照《陆生野生动物保护实施条例》第33条规定，由野生动物行政主管部门没收猎获物、猎捕工具和违法所得，并处以罚款，其中有猎获物的，处以相当于其价值8倍以下的罚款，无猎获物的处2 000元以下罚款。

未取得狩猎证或者未按狩猎证规定猎捕非国家重点保护野生动物的，依照《陆生野生动物保护实施条例》第34条规定，由野生动物行政主管部门没收猎获物和违法所得，并处以罚款，其中有猎获物的处相当于其价值5倍以下的罚款，无猎获物的，处1 000元以下罚款，并可以没收猎捕工具、吊销狩猎证。

实施上述行为，情节严重的，构成非法狩猎罪，依照《刑法》第341条第2款规定，处3年以下有期徒刑、拘役、管制或者罚金。

（3）破坏野生动物生息繁衍场所的法律责任

违反野生动物保护法规，在自然保护区、禁猎区破坏国家或者地方重点保护野生动物主要生息繁衍场所，影响野生动物正常生息繁衍活动的，依照《陆生野生动物保护实施条例》第35条规定，违反野生动物保护法规，在自然保护区、禁猎区破坏国家或者地方重点保护野生动物主要生息繁衍场所，按照相当于恢复原状所需费用三倍以下的标准执行。在自然保护区、禁猎区破坏非国家或者地方重点保护野生动物主要生息繁衍场所的，由野生动物行政主管部门责令停止破坏行为，限期恢复原状，并予以恢复。

以爆炸、投毒等方法破坏野生动物生息繁衍场所的分别构成爆炸、投毒罪，由司法机关依照《刑法》第114条、第115条依法追究刑事责任。

（4）非法出售、收购、运输、携带国家或者地方重点保护野生动物或者其产品的法律责任

违反野生动物或者其产品经营管理法规，未经主管机关批准，擅自出售、收购、运输、携带国家或者地方重点保护野生动物或者其产品，或者逃避主管机关的监督、检查、管理，破坏野生动物或者其产品的经营、运输管理秩序的，依照《野生动物保护法》第33条第1款和《陆生野生动物保护实施条例》第36条规定，由工商行政管理部门或者其授权的野生动物行政主管部门没收实物和违法所得，可以并处相当于实物价值10倍以下的罚款。

违反野生动物保护法规，出售、收购、运输、携带国家或者地方重点保护野生动物或者其产品的，依照《陆生野生动物保护实施条例》第36条规定，由工商行政管理部门或者其授权的野生动物行政主管部门没收实物和违法所得，可以并处相当于实物价值10倍以下的罚款。

（5）违反野生动物驯养繁殖管理规定的法律责任

违反野生动物驯养繁殖管理规定，未取得驯养繁殖许可证而从事国家重点保护野生动物的驯养繁殖活动，或者虽然取得驯养繁殖许可证，但超越驯养繁殖许可证规定的范围驯

养繁殖国家重点保护野生动物的，依照《陆生野生动物保护实施条例》第 38 条规定，由野生动物行政主管部门没收违法所得，处 3 000 元以下罚款，可以并处没收野生动物、吊销驯养繁殖许可证的处罚。

（6）拒绝、阻碍野生动物行政管理人员依法执行职务的法律责任

拒绝、阻碍野生动物行政管理人员依法执行职务的，尚不构成犯罪的，依照《陆生野生动物保护实施条例》第 40 条规定，由公安机关依照《治安管理处罚法》的规定处罚。

（7）未经批准猎捕少量非国家重点保护野生动物的法律责任

未经批准猎捕少量非国家重点保护野生动物的，尚不构成犯罪的，依照《陆生野生动物保护实施条例》第 40 条规定，由公安机关依照《治安管理处罚法》的规定处罚。

（8）未履行野生动物行政主管部门规定义务的法律责任

违反野生动物保护相关法规，未履行野生动物行政主管部门规定的义务，被责令捕回放生野外或逃至野外的野生动物而不捕，或者被责令限期恢复原状而不恢复的，依照《陆生野生动物保护实施条例》第 41 条规定，野生动物行政主管部门或者其授权的单位可以代为捕回或恢复原状，由被责令限期捕回或被责令限期恢复原状者承担全部捕回或者恢复原状所需的费用。

任务 3 模拟演练——巩固实践

【背景资料】

2012 年 10 月，某省某县农民陈某、吴某在野外猎捕了一批草兔，想拿到市场出售。在往集市途中被该县林业局林政执法人员发现。经查实：两人在禁猎区使用少量猎套猎捕草兔，企图运往集贸市场出售，两人未共谋。其中，陈某猎获草兔 18 只，吴某猎获草兔 14 只。县林业局依照《野生动物保护法》第 32 条和《陆生野生动物保护实施条例》第 33 条规定，决定行政处罚如下：没收实物，对陈某、吴某分别处以人民币 1 500 元、1 000 元的罚款。

一、实训内容

1. 确认并定性陈某、吴某的行为是否违法。
2. 合法猎捕草兔，陈某、吴某办理手续的流程。
3. 野生动物生存环境保护的制度。
4. 案件中违反野生动物保护法律法规如何承担责任。

二、实训目的

通过本实训，进一步提高学生们对《森林法》《野生动物保护法》《陆生野生动物保护实施条例》的相关法律法规掌握与运用的熟练程度，明确野生动物保护和利用的相关工作流程及法律制度，使学生能够熟练找出违法行为人的违法行为及涉法点，并对其违法行为进行正确定性，以更好地服务于野生动物保护工作。

三、实训要求

查阅相关资料，明确本案件的相关法律法规条款，明确申办猎捕证的法规及申办流程，能够运用相关理论知识对背景材料进行案件处理、归纳总结及分析。

四、实训组织方法及步骤

第一步，实训前准备。5~6 人分为一个小组，要求参加实训的同学，课前查阅相关资

料及书籍，找出与案件相关的法律法规，并组织学生们课前根据案情编排短剧，有条件及相关资源的同学可以就该案件深入林业行政执法机构进行访问调查。

第二步，短剧表演，其他小组同学观看短剧。

第三步，以小组为单位进行案情讨论，各小组发表案件处理意见。

第四步，指导教师对各种观点进行点评，归纳、总结和分析，并对要点、易错点进行提炼。

第五步，整理实训报告，完善案件处理方案。

五、实训时间

以 1~2 学时为宜。

六、实训报告

案件处理完毕后，要求每名同学必须撰写实训报告，实训报告要求语言流畅、文字简练，有理有据，层次清晰。实训报告样式详见附录附表 1。

七、实训成绩评定标准

1. 实训成绩评定打分

本实训项目的考核成绩满分 100 分，占总项目考核成绩的 3%。

2. 实训成绩给分点

(1)学生对于野生动物保护法律制度的知识点掌握情况。(20 分)

(2)各组成员的团队协作意识及完成任务情况。(20 分)

(3)出勤率、迟到早退现象。(10 分)

(4)组员对待工作任务的态度(实训结束后座椅的摆放和室内卫生的打扫)。(10 分)

(5)实训的准备、实训过程的记录。(20 分)

(6)实训报告的完成情况，文字结构流畅，语言组织合理，法律法规引用正确。(20 分)本项目考核评价单，详见附录附表 10。

子项目二　野生植物保护法律制度

任务 1　案例导入与分析

【案件导入】

2003 年 12 月 19 日，某工艺品公司负责人张某花 2 万元从郑某处买来一棵红豆杉。按照张某的要求，郑某提供了该棵红豆杉的采集证、采伐证、运输证等。5 天后，H 市森林公安局接到举报后将这棵珍贵树木封存扣留。2004 年 11 月 26 日，该局以涉嫌非法收购国家重点保护植物罪，依法向市人民检察院移送起诉。

【问题】

1. 案件中的红豆杉树木木材可否进行收购和出售？
2. 案件中有哪些违法行为？指出法律依据。

【案件评析】

本案争议的焦点是国家重点保护植物及其制品是否能够随意收购和出售的问题。对于国家重点保护野生植物及制品的出售、收购，国家规定了严格的管理制度。《野生植物保护条例》第18条规定，禁止出售、收购国家一级保护野生植物。出售、收购国家二级保护野生植物的，必须经省、自治区、直辖市人民政府野生植物行政主管部门或者其授权的机构批准。红豆杉属于国家一级保护野生植物，依法不能成为出售、收购的对象。

依照《刑法》第344条规定，非法收购、运输、加工、出售国家重点保护植物及其制品的，构成非法收购、运输、加工、出售国家重点保护植物罪。该罪侵犯的客体是国家有关珍贵树木或者国家重点保护的其他野生植物及其制品的收购、运输、加工、出售管理制度。该罪在客观方面表现为非法收购、运输、加工、出售珍贵树木或者国家重点保护的其他植物及制品，破坏国家珍贵树木或者国家重点保护野生植物管理制度的行为。至于非法收购的珍贵树木或者重点保护的其他植物及制品，是否有合法来源证明，并不影响本罪的构成。

该罪的主体为一般主体，即凡年满16周岁、具备刑事责任能力的人均可成为本罪主体。依照《刑法》第346条规定，单位亦可成为本罪主体。单位违反第344条规定的，对单位判处罚金，并对其直接负责的主管人员和其他直接责任人员，依照本节各该条规定处罚。

本案中，尽管郑某提供了该棵红豆杉的采伐证、运输证等，但是工艺品公司非法收购国家一级保护野生植物红豆杉的行为，违反了国家关于禁止出售、收购国家一级保护野生植物的规定，已经构成非法收购国家重点保护植物罪，法院对工艺品公司判处罚金1万元，对该公司的负责人张某判处有期徒刑1年，缓刑1年，并处罚金1 000元，定性准确，量刑恰当。

我国法律禁止出售、收购国家一级保护野生植物及其制品。非法出售、收购国家一级保护野生植物及其制品的，不论其出售、收购的国家一级保护野生植物是否有合法来源证明，均构成《刑法》第344条中的非法出售、收购国家重点保护植物及其制品罪，应当予以追究刑事责任。

任务2　相关资讯

1. 野生植物保护概述

1.1　我国野生植物资源现状

野生植物既是重要的自然资源，也是重要的生态资源，是自然生态系统中不可替代的重要组成部分，保护和发展野生植物对于促进经济和社会发展，改善生态环境都具有十分重要的意义。据统计，我国有高等植物3万余种，约占世界高等植物种类的10%，其中木本植物8 000余种。有许多物种是我国特有种和世界著名的珍贵树种，如银杏、水杉、银杉、红豆杉、黄花梨等。

随着市场经济的发展，野生植物及其产品的社会需求日益加大，当前我国一些野生植物物种资源遇到了严重的毁坏甚至导致了一些种类面临危险，一些药用、观赏价值较高的植物被疯狂采挖、非法收购，国际市场非法交易活跃，导致我国野生植物资源面临着资源锐减、生境恶化、分布区萎缩等险境。据统计，全世界现在处于濒危状态的种类有2万~2.5万种，我国被子植物有珍稀濒危种1 000种，极危种28种；裸子植物濒危和受威胁的63种，极危种14种，灭绝1种。因此，保护、发展和合理利用珍稀植物已经是亟待解决的问题。

1.2 野生植物保护立法概况

为了保护、发展和合理利用野生植物资源，我国野生植物资源保护管理的法律体系已初步建立，主要是以1996年国务院发布、自1997年1月1日施行的《野生植物保护条例》为主要法律依据，第687号国务院令于2017年10月7日，对该条例进行了修改。在我国境内从事野生植物的保护、发展和利用活动，必须遵守该条例。

当前，对于野生植物保护的法制体系中，除《野生植物保护条例》这一主体法规外，各种与保护野生植物有关的法律、法规和各种规范性文件、有关国际公约配套而形成的野生植物保护法律法规体系，如1999年国务院批准公布的《国家重点保护野生植物名录》确定了该条例的保护对象，1983年颁布的《植物检疫条例》、1987年颁布的《野生药材资源保护管理条例》、1991年颁布的《进出口动植物检疫法》、1995年颁布的《植物检疫条例实施细则》，此外，我国还参与了部分与保护野生植物有关的国际条约如CITES等。以上规范性文件与《野生植物保护条例》共同构成了野生植物保护法律体系。

1.3 野生植物保护的工作方针及主管部门

《野生植物保护条例》第3条规定，国家对野生植物资源实行加强保护、积极发展、合理利用的方针。县级以上各级人民政府有关主管部门应当开展保护野生植物的宣传教育，普及野生植物知识，增加公民保护野生植物的意识。任何单位和个人都有保护野生植物资源的义务。依照《野生植物保护条例》的规定，国务院林业行政主管部门主管全国林区内野生植物和林区外珍贵野生树木的监督管理工作；国务院农业行政主管部门主管全国其他野生植物的监督管理工作；国务院建设行政主管部门负责城市园林、风景名胜区内野生植物的监督管理工作；国务院环境保护行政主管部门负责对全国野生植物环境保护工作的协调和监督；国务院其他有关行政主管部门依照职责分工负责有关的野生植物保护工作；县级以上地方人民政府负责野生植物管理工作的行政主管部门及其职责，由省、自治区、直辖市人民政府根据当地具体情况规定。

2. 野生植物法律法规的保护对象

《野生植物保护条例》所保护的野生植物，是指原生地天然生长的珍贵植物和原生地天然生长并具有重要经济、科学研究、文化价值的濒危、稀有植物，也包括对药用野生植物和城市园林、自然保护区、风景名胜区内的野生植物的保护。

受保护的野生植物分为国家重点保护野生植物和地方重点保护野生植物，其共同特点是：植株极少、野生种群极小、分布范围窄且处于濒临绝灭的特有种；具有重要经济、文化价值的濒危种或稀有种；重要作物的野生种群和具有遗传价值的近缘种；具有重要经济价值但因过度开发利用导致野外资源急剧下降、生存受到威胁或严重威胁的物种。

2.1 国家重点保护野生植物

国家重点保护野生植物分为国家一级保护野生植物和国家二级保护野生植物。国家重点保护野生植物名录，由国务院林业行政主管部门、农业行政主管部门(以下简称国务院野生植物行政主管部门)、国务院环境保护、建设等有关部门制定，报国务院批准公布。1999年8月4日国务院批准了《国家重点保护野生植物名录(第一批)》。其中国家一级保护野生植物51种，如银杉、红豆杉、银杏、红松、金钱松、珙桐、水松、水杉、苏铁等；国家二级保护野生植物203种，如水曲柳、长白松、华南五针松、翠柏、香樟、楠木、桦木、黄檗、任豆、青梅、蚬木等。

2.2 地方重点保护野生植物

地方重点保护野生植物，是指国家重点保护野生植物以外，由省、自治区、直辖市保护的野生植物。地方重点保护野生植物名录，由省、自治区、直辖市人民政府制定并公布，报国务院备案。如(野生)红松、东北红豆杉、三亚乌药、钻天柳、海州常山、刺参等属于辽宁省重点保护野生植物。另外，CITES附录中的野生植物也是我国法律保护的对象。若有关国际条约与《野生植物保护条例》有不同规定的，适用国际条约(但我国声明保留的条款除外)。

3. 野生植物栖息环境保护制度

依照《野生植物保护条例》第9条规定，国家保护野生植物及其生长环境，禁止任何单位和个人非法采集野生植物或者破坏其生长环境。野生植物生长离不开其赖以生存的环境，因此，在保护野生植物的同时也要保护其所生长的环境。

3.1 自然保护区(点)制度

建立自然保护区、保护点，对促进野生植物物种的保护、科学研究、环境保护与监测、宣传教育、对外交流等都具有十分重要的意义。依照《野生植物保护条例》第11条规定，在国家和地方重点保护野生植物物种的天然集中分布区域，应当依照有关法律、行政法规的规定，建立自然保护区；在其他区域，县级以上地方人民政府野生植物行政主管部门和其他有关部门可以根据实际情况建立国家和地方重点保护野生植物的保护点或者设立保护标志；禁止破坏国家重点保护野生植物和地方重点保护野生植物保护点的保护设施和保护标志。

3.2 野生植物环境监测及报告书制度

野生植物的生长离不开赖以生存的环境，环境因子的变化时刻影响着野生植物的生长势，当环境因素发生较大变化时，甚至会导致野生植物的死亡或种群灭绝。为此，《野生植物保护条例》第12条确立了野生植物生存环境的监测制度。环境影响报告书是指无论是国家还是地方开发建设单位的建设项目在野生植物的生长环境内进行的情况下，依法向环境保护行政主管部门提交的关于开发建设项目环境影响预断评价的书面文件。《野生植物保护条例》第13条规定了环境影响报告书的制作、评价、监督检查等制度。

3.3 野生植物的拯救制度

野生植物的生长并不是一帆风顺的，多种自然灾害的发生使其无法抵御，甚至可能面临灭顶之灾。《野生植物保护条例》第14条则是依据人为救助的理念做出规定，即野生植物行政主管部门和有关单位对生长受到威胁的国家重点保护野生植物和地方重点保护野生植物应当采取拯救措施，保护或者恢复其生长环境，必要时应当建立繁育基地、种质资源库或者采取迁地保护措施。

国家重点保护野生植物和地方重点保护野生植物受到自然灾害威胁时，野生植物行政主管部门应当采取以下拯救措施：①在职权范围内，发布行政命令和规定，动员有关单位和群众参加拯救受自然灾害威胁的野生植物；②在救护经费、物资设备上给予支持；③选派既有野生植物知识，又有培植繁育经验的专业人员参加野生植物抢救工作，提高抢救工作的效率和质量。

4. 野生植物采集和经营利用制度

4.1 野生植物采集制度

依照《野生植物保护条例》第16条规定，禁止采集国家一级保护野生植物。但因人工培育、科研教学、文化交流等特殊需要，采集国家一级保护野生植物的，应当按照管理权限向国务院林业行政主管部门或者其授权的机构申请采集证；或者向采集地的省、自治区、直辖市人民政府农业行政主管部门或者其授权的机构申请采集证。采集国家二级保护野生植物的，必须经采集地的县级人民政府野生植物行政主管部门签署意见后，向省、自治区、直辖市人民政府野生植物行政主管部门或者其授权的机构申请采集证；采集城市园林或者风景名胜区内的国家一级或者二级保护野生植物的，须先征得城市园林或者风景名胜区管理机构同意，分别依照前两款的规定申请采集证；采集珍贵野生树木或者林区内、草原上的野生植物的，依照森林法、草原法的规定办理；野生植物行政主管部门发放采集证后，应当抄送环境保护部门备案；采集证的格式由国务院野生植物行政主管部门制定。

依照《野生植物保护条例》第17条规定，采集国家重点保护野生植物的单位和个人，必须按照采集证规定的种类、数量、地点、期限和方法进行采集。县级人民政府野生植物行政主管部门对在本行政区域内采集国家重点保护野生植物的活动，应当进行监督检查，并及时报告批准采集的野生植物行政主管部门或者其授权的机构。

此外，为规范国家重点保护野生植物采集活动，国家林业局颁布了《国家林业局关于采集国家重点保护野生植物有关问题的通知》（以下简称《通知》），要求采集（含移植、采伐）国家重点保护野生植物，必须持有《国家重点保护野生植物采集证》（以下简称《采集证》）。地方重点保护植物的采集，按地方制订的野生植物保护办法执行。大多数省份将地方重点保护植物的采集按国家二级保护植物进行管理。

4.1.1 采集证的申办程序

采集国家一级保护野生植物的，由国家林业行政管理部门审批；采集国家二级保护野生植物的，由省、自治区、直辖市野生植物行政主管部门审批。申请人持所需申请材料向县级野生植物主管部门提出申请，由县级野生植物部门签署意见后，逐级上报审批。采集自然保护区、城市园林或者风景名胜区内的国家重点保护野生植物的，必须先征得这些部门的管理机构同意，然后再按规定申请采集证。申领《采集证》的单位和个人可参照《通知》提交相关申请材料。审批部门对申请材料进行审查，若发现采集对象权属不清楚或来源不合法、采集目的不明确或不合法、没有其管理机构同意采集的文件或材料的，不得核发采集证。

4.1.2 其他规定

采集国家重点保护野生植物的单位和个人，必须按照采集证规定的种类、数量、地点、期限和方法进行采集。采伐（采挖）国家重点保护野生树木，必须依法办理林木采伐许可证,实行采伐限额管理。采集地县级野生植物行政主管部门应依法对采集活动进行监督检查,并将查验结果及时报告批准机关。

4.2 野生植物经营利用制度

《野生植物保护条例》第18条明确规定,禁止出售、收购国家一级保护野生植物。但人们日常的生产、生活以及制药、化工等生产部门都可能涉及野生植物的利用。为了满足实际需求,其中规定若出售、收购国家二级保护野生植物的,必须经省、自治区、直辖市人民政府野生植物行政主管部门或者其授权的机构批准。该条例第19条规定,野生植物行政主管部门应当对经营利用国家二级保护野生植物的活动进行监督检查。

出售、收购国家二级保护野生植物的行政审批程序:申请人持所需材料向所在地的县级野生植物行政主管部门提出书面申请,由县级野生植物行政主管部门审核后逐级上报至省、自治区、直辖市野生植物行政主管部门。申请人需要提交的申请材料如下:申请出售、收购野生植物的书面报告;证明申请人身份的有效文件或材料;申请出售、收购的野生植物种类(中文名、拉丁学名)、品种、数量和来源,实施目的和方案;证明野生植物合法来源的有效文件和材料。野生植物行政主管部门自受理之日起20个工作日内作出是否予以行政许可决定,经批准可延长10日。经审查合格的,由省、自治区、直辖市野生植物行政主管部门向申请人作出准予行政许可的决定;审查不合格的,由省、自治区、直辖市野生植物行政主管部门书面通知申请人并说明理由,告知复议或者诉讼权利。

4.3 进出口野生植物的规定

依照《野生植物保护条例》第20条规定,出口国家重点保护野生植物或者进出口中国参加的国际公约所限制进出口的野生植物的,应当按照管理权限经国务院林业行政主管部门批准,或者经进出口者所在地的省、自治区、直辖市人民政府农业行政主管部门审核后报国务院农业行政主管部门批准,并取得国家濒危物种进出口管理机构核发的允许进出口证明书或者标签。海关凭允许进出口证明书或者标签查验放行。国务院野生植物行政主管部门应当将有关野生植物进出口的资料抄送国务院环境保护部门;禁止出口未定名的或者新发现并有重要价值的野生植物。

5. 违反野生植物保护法规的法律责任

(1)非法采集国家重点保护野生植物的法律责任

未取得采集证或者未按采集证的规定,采集国家重点保护野生植物的,依照《野生植物保护条例》第23条规定,由野生植物行政主管部门没收所采集的野生植物和违法所得,可以并处违法所得10倍以下的罚款;有采集证的,并可吊销采集证;情节严重,构成非法采伐、毁坏国家重点保护植物罪的,由司法机关依照依照《最高人民法院关于审理破坏森林资源刑事案件具体应用法律若干问题的解释》第2条、《刑法》第344条追究刑事责任。

(2)非法经营利用国家重点保护野生植物的法律责任

非法出售、收购国家重点保护野生植物的,依照《野生植物保护条例》第24条、第28条规定,由工商行政主管部门或者野生植物行政主管部门按照职责分工没收野生植物的违法所得,可以并处违法所得10倍以下的罚款。情节严重,构成犯罪的,由司法机关依照《刑法》第344条追究刑事责任。

(3)伪造、倒卖、转让采集证、允许进出口证明书或有关批准文件、标签的法律责任伪造、倒卖、转让采集证、允许进出口证明书或有关批准文件、标签的，依照《野生植物保护条例》第26条、第28条规定，由野生植物行政主管部门或者工商行政主管部门按照职责分工收缴、没收违法所得，可以并处5万元以下的罚款。情节严重的，构成伪造、买卖国家机关公文、证件罪，由司法机关依照《刑法》第280条第1款的规定追究刑事责任。

任务3 模拟演练——巩固实践

【背景资料】

2014年11月13日，某县林业局文胜乡林业站接举报称，文胜乡大蒲家沟一带的大量野生红豆杉被砍倒，树皮被剥得溜光。该站迅速上报，县林业局公安科人员奔赴事发地。当日17时，在与文胜乡相邻的六合乡截获了唐某、张某，现场查获300多千克红豆杉树皮。经审讯，两人供认，因听闻红豆杉可以提炼抗癌物质，收购价格较高，故偷砍牟利。唐某砍倒了1株红豆杉，剥掉了3株红豆杉树皮；张某砍倒了2株红豆杉，剥掉了4株红豆杉树皮。随后，林业公安顺藤摸瓜，奔赴六合乡二村抓获非法收购站老板田某，当场查获700多千克红豆杉树皮。

一、实训内容

1. 确认并定性唐某、张某和田某的行为的违法行为。
2. 合法地开发利用国家和地方重点保护野生植物的具体措施。
3. 违反野生植物保护法律法规要承担的法律责任。

二、实训目的

通过本实训，进一步让学生们掌握《野生植物保护条例》规定的相关制度，使学生能够根据案件找出违法行为人的涉法点，并对其违法行为进行正确定性，以更好地服务于野生植物保护工作。

三、实训要求

查阅相关资料，明确本案件的相关法律法规条款，熟练掌握野生植物保护的法律制度，能够运用相关理论知识对背景材料进行案件处理、归纳总结及分析。

四、实训组织方法及步骤

第一步，实训前准备。5~6人分为一个小组，要求参加实训的同学，课前查阅相关资料及书籍，找出与案件相关的法律法规，并组织学生们课前根据案情编排短剧，有条件及相关资源的同学可以就该案件深入林业行政执法机构进行访问调查。

第二步，短剧表演，其他小组同学观看短剧。

第三步，以小组为单位进行案情讨论，各小组发表案件处理意见。

第四步，指导教师对各种观点进行点评，归纳、总结和分析，并对要点、易错点进行提炼。

第五步，整理实训报告，完善案件处理方案。

五、实训时间

以1~2学时为宜。

六、实训报告

案件处理完毕后,要求每名同学必须撰写实训报告,实训报告要求语言流畅、文字简练,有理有据,层次清晰。实训报告样式详见附录附表1。

七、实训成绩评定标准

1. 实训成绩评定打分

本实训项目的考核成绩满分100分,占总项目考核成绩的2%。

2. 实训成绩给分点

(1)学生对于野生植物保护的知识点掌握情况。(20分)

(2)各组成员的团队协作意识及完成任务情况。(20分)

(3)出勤率、迟到早退现象。(10分)

(4)组员对待工作任务的态度(实训结束后座椅的摆放和室内卫生的打扫)。(10分)

(5)实训的准备、实训过程的记录。(20分)

(6)实训报告的完成情况,文字结构流畅,语言组织合理,法律法规引用正确。(20分)本项目考核评价单,详见附录附表10。

子项目三　自然保护区法律制度

任务1　案例导入与分析

【案情导入】

案例1:2010年3月,某采矿企业未经林业行政部门同意,在其主管的自然保护区内开采砂石矿产。林业局对该企业擅自改变林地用途的违法行为进行行政处罚,但该企业不服,双方僵持不下。

案例2:为解决某森林类自然保护区村民收入减少问题,主管该自然保护区的当地林业行政部门利用林木采伐审批权力,通过"生态改造"的形式,直接批准村民采伐林木,造成自然保护区生态价值损失。

案例3:面对旅游开发活动利益驱使,某地自然保护区管理机构将本来禁止开发的自然保护区缓冲区的旅游资源承包给旅游开发企业,并从中获取高额利益,使自然保护区旅游开发活动延伸到核心功能区的边缘,影响了自然保护区的生态功能。

【问题】

以上三个典型案例均阐明了自然保护区行政执法中存在问题,请对此科学分析进一步完善我国自然保护区立法,应从哪些方面入手?

【案件评析】

基于自然保护区的特殊性,一方面需要完善执法体制,探索实行自然保护区综合行政执法改革。为此,最优方案是构建自然保护区法律法规体系,明确自然保护区的行政主管部门的管理机构及职责,并将自然保护区范围内涉及自然资源、生态环境类行政执法权赋予自然保护区管理机构,实现对自然保护区的统一管理、统一执法;次优方案是国务院或各省级人民政府决定由环境保护行政部门统一行使自然保护区内自然资源、生态环境类行政处罚，环境保护行政部门可以进一步委托自然保护区管理机构实施，实现统一执法、统一监督；第三方案则是由林业、矿产、水利、环保、土地、农业等有关行政部门委托自然保护区管理机构实施统一行政处罚。另一方面，环境保护行政部门需要加强对自然保护区管理机构执法的统一监督，构建环境保护行政部门独立而统一的执法监督机制。

任务 2 相关资讯

1. 自然保护区概述

自然保护区是指对有代表性的自然生态系统、珍稀濒危野生动植物种的天然集中分布、有特殊意义的自然遗迹等保护对象所在的陆地、陆地水体或者海域，依法划出一定面积予以特殊保护和管理的区域。自然保护区对于促进科学技术进步、生产建设、文化教育、卫生保健等事业的发展具有重要的意义。环境保护部发布的《2018 中国环境状况公报》中指出，截至 2017 年年底，全国共建立各种类型、不同级别的自然保护区 2 750 个，总面积约 14 717 万公顷。其中，陆地面积约 14 270 万公顷，占全国陆地面积的 14.86%。国家级自然保护区 463 个，总面积约 97.45 万平方千米。2018 年国家级自然保护区增至 474 个。《森林法》第 31 条规定，国家在不同自然地带的典型森林生态地区、珍贵动物和植物生长繁殖的林区、天然热带雨林区和具有特殊保护价值的其他天然林区，建立以国家公园为主体的自然保护地体系，加强保护管理。

1.1 自然保护区的立法

为了加强自然保护区的建设和管理，保护自然环境和自然资源，国务院于 1994 年 10 月 9 日颁布、同年 12 月 1 日起实施了《自然保护区条例》，该条例分别根据 2011 年 1 月 8 日《国务院关于废止和修改部分行政法规的决定》、2017 年 10 月 7 日国务院令第 687 号《国务院关于修改部分行政法规的决定》进行了修订。这部《条例》的颁布具有里程碑的意义，为建立现行自然保护区法律体系奠定了坚实的基础。

此外，自然保护区的国家立法还有 1985 年 6 月 21 日国务院批准，1985 年 7 月 6 日林业部公布施行《森林和野生动物类型自然保护区管理办法》，1995 年 7 月 24 日国家土地管理局颁布施行的《自然保护区土地管理法》等，这些行政法规和部门规章是专门以自然保护区为调整对象的立法。其他法律、法规中也涉及自然保护区的法律规定，如《环境保护法》《森林法》《野生动物保护法》《野生药材资源保护管理条例》等。

此外，我国政府加入的有关国际条约或组织如《生物多样性公约》《濒危野生动植物国际贸易公约》《保护世界文化和自然遗产公约》等也是我国自然保护区法律保护制度的重要组成部分，其中关于自然保护区的规定对我国政府及单位和个人均有法律约束力。

1.2 自然保护区的类型

按照自然保护区的管理系统分类，可分为国家级自然保护区和地方级自然保护区。由国家行政主管部门管理的，在国内外有典型意义、在科学上有重大国际影响或者有特殊科学研究价值的自然保护区，列为国家级自然保护区。除列为国家级自然保护区的外，由省（自治区、直辖市）、市（地、州）、县（市、区、旗）管辖的，其他具有典型意义或者重要科学研究价值的自然保护区列为地方级自然保护区。按照自然保护区的保护对象和主要功能分类，可以把自然保护区分为三大系列、九种类型。

①生态系统自然保护区系列　指主要保护具有代表性的生态系统的自然保护区，包括保护植被生态系统的森林、草原与草甸、荒漠等三类自然保护区和保护水体生态系统的内陆湿地与水域、海洋与海岸两类自然保护区，如吉林查干湖自然保护区(以保护湖泊生态系统为主)、内蒙古锡林郭勒草原自然保护区(以保护草原和湿地生态系统为主)、新疆塔里木胡杨自然保护区(以保护河岸胡杨林生态系统为主)。

②野生生物自然保护区系列　指主要保护对象为珍稀濒危野生生物天然集中分布区的自然保护区，包括以保护某些珍贵野生动物资源为主和保护某些珍稀植物为主的自然保护区，如四川卧龙自然保护区(以保护大熊猫为主)、黑龙江扎龙自然保护区(以保护丹顶鹤为主)、福建文昌鱼自然保护区(以保护文昌鱼为主)、广西上岳自然保护区(以保护金花茶为主)。

③自然遗迹自然保护区系列　根据我国现行的自然保护区分类标准《自然保护区类型与级别划分原则》(GB/T 14529—1993)，自然遗迹类自然保护区是指以特殊意义的地质遗迹和古生物遗迹等作为主要保护对象的一类自然保护区。目前，全国共有自然遗迹类自然保护区 123 个，占整个保护区总数的 4.6%，91 个为地质遗迹类型，32 个为古生物遗迹类型。如黑龙江五大连池自然保护区、山东山旺古生物化石自然保护区。

2. 自然保护区的设立

2.1　自然保护区设立的条件

(1) 自然保护区设立的条件

依照《自然保护区条例》第 10 条规定，凡具有下列条件之一的，应当建立自然保护区：①典型的自然地理区域、有代表性的自然生态系统区域以及已经遭受破坏但经保护能够恢复的同类自然生态系统区域；②珍稀、濒危野生动植物物种的天然集中分布区域；③具有特殊保护价值的海域、海岸、岛屿、湿地、内陆水域、森林草原和荒漠；④具有重大科学文化价值的地质构造、著名溶洞、化石分布区、冰川、火山、温泉等自然遗迹；⑤经国务院或者省、自治区、直辖市人民政府批准，需要予以特殊保护的其他自然区域

(2) 森林和野生动物类型自然保护区设立的条件

依照《森林和野生动物类型自然保护区管理办法》第 5 条规定，具有下列条件之一的，可以建立自然保护区：①不同自然地带的典型森林生态系统的地区；②珍贵稀有或者有特殊保护价值的动植物种的主要生存繁殖地区，包括国家重点保护动物的主要栖息、繁殖地区，候鸟的主要繁殖地、越冬地和停歇地，珍贵树种和特有价值的植物原生地，野生生物模式标本的集中产地；③其他有特殊保护价值的林区建立自然保护区要注意保护对象的完整性和适度性，考虑当地经济建设和群众生产生活的需要，尽可能避开群众的土地、山林；确实不能避开的，应当严格控制范围，并根据国家有关规定，合理解决群众的生产生活问题。

2.2　自然保护区设立的程序

依照《自然保护区条例》第 12 条规定，自然保护区设立的程序如下。

(1) 国家级自然保护区设立的程序

由自然保护区所在的省、自治区、直辖市人民政府或者国务院有关自然保护区行政主管部门提出申请，经国家级自然保护区评审委员会评审后，由国务院环境保护行政主管部门进行协调并提出审批建议，报国务院批准。

(2) 地方级自然保护区设立的程序

由自然保护区所在的县、自治县、市、自治州人民政府或者省、自治区、直辖市人民政府有关自然保护区行政主管部门提出申请，经地方级自然保护区评审委员会评审后，由省、自治区、直辖市人民政府环境保护行政主管部门进行协调并提出审批建议，报省、自治区、直辖市人民政府批准，并报国务院环境保护行政主管部门和国务院有关自然保护区行政主管部门备案。

跨两个以上行政区域的自然保护区的建立，由有关行政区域的人民政府协商一致后，按前述程序报请审批。建立海上自然保护区，必须经国务院批准。

3. 自然保护区的管理机构

(1) 自然保护区管理机构的设置

依照《自然保护区条例》第21条规定，国家级自然保护区，由其所在地的省、自治区、直辖市人民政府有关自然保护区行政主管部门或者国务院有关自然保护区行政主管部门管理。地方级自然保护区，由其所在地的县级以上地方人民政府有关自然保护区行政主管部门管理。有关自然保护区行政主管部门应当在自然保护区内设立专门的管理机构，配备专业技术人员，负责自然保护区的具体管理工作。自然保护区所在地的公安机关，可以根据需要在自然保护区设置公安派出机构，维护自然保护区内的治安秩序。

依照《森林和野生动物类型自然保护区管理办法》第15条、第16条规定，自然保护区管理机构会同所在和毗邻的县、乡人民政府及有关单位，组成自然保护区联合保护委员会，制定保护公约，共同做好保护管理工作；根据国家规定和需要，可以在自然保护区设立公安机构或者公安特派员，行政上受自然保护区管理机构领导，业务上受上级公安机关领导。自然保护区公安机构的主要任务是：保护自然保护区的自然资源和国家财产，维护当地社会治安，依法查处破坏自然保护区的案件。

(2) 自然保护区管理机构的主要职责

贯彻执行国家有关自然保护区的法律、法规和方针、政策；制定自然保护区的各项管理制度，统一管理自然保护区；调查自然资源并建立档案，组织环境监测，保护自然保护区内的自然环境和自然资源；组织或者协助有关部门开展自然保护区的科学研究工作；进行自然保护的宣传教育；在不影响保护自然保护区的自然环境和自然资源的前提下，组织开展参观、旅游等活动，带动和帮助当地居民因地制宜地开展多种经营。

(3) 自然保护区的区划管理

自然保护区不能像有些国家采用原封不动、任其自然发展的纯保护方式，而应采取保护、科研教育、生产相结合的方式，而且在不影响保护区的自然环境和保护对象的前提下，还可以和旅游业相结合。因此，自然保护区的区划管理是在其内按其功能和作用的不同划分为若干个部分，对每个部分实行的管理。依照《自然保护区条例》第18条规定，自然保护区可以划分为核心区、缓冲区和实验区，针对这三个区域实行不同方式的管理。

①核心区　是保护区的核心，是最重要的地段，是保存完好的天然状态的生态系统以及珍稀、濒危动植物的集中分布地，是最能代表自然保护区的保护对象的部分。一般依照《条例》第 27 条规定，对自然保护区的核心区进行管理。

②缓冲区　指位于核心区周围且具有一定面积的区域。在该区包括一部分原生性生态系统类型和由演替类型所占据的半开发的地段。该区域禁止开展旅游和生产经营活动，因教学科研的目的，需要进入自然保护区的缓冲区从事非破坏性的科学研究、教学实习和标本采集活动的，应当事先向自然保护区管理机构提交申请和活动计划，经自然保护区管理机构批准。从事前款活动的单位和个人，应当将其活动成果的副本提交自然保护区管理机构。

③实验区　是指缓冲区的外围区域。该区域可以从事科学试验、教学实习、参观考察、旅游以及驯化、繁殖珍稀、濒危野生动植物等活动。原批准建立自然保护区的人民政府认为必要时，可以在自然保护区的外围划定一定面积的外围保护地带。

(4) 在自然保护区内开展旅游活动的规定

建立自然保护区是生态文明建设的一个重要举措，但自然保护区也并非人类的禁区，在确保自然资源不受破坏的前提下，可以对自然保护区进行科学、合理的利用。在国家级自然保护区的实验区开展参观旅游项目的，由自然保护区管理机构提出方案，经省、自治区、直辖市人民政府有关自然保护区行政主管部门审核后，报国务院有关自然保护区行政主管部门批准。在地方级自然保护区的实验区开展参观、旅游活动的，由自然保护区管理机构提出方案，经省、自治区、直辖市人民政府有关自然保护区行政主管部门批准。禁止开设与自然保护区保护方向不一致的参观、旅游项目。

(5) 自然保护区管理的其他规定

自然保护区管理机构要帮助和教育保护区内的单位和个人遵守自然保护区的有关规定，固定生产、生活活动范围，在不破坏自然资源的前提下，从事种植、养殖业等，增加收入。

4. 违反自然保护区管理法规的法律责任

(1) 违反自然保护区管理规定的法律责任

违反规定，有下列行为之一的单位和个人，依照《自然保护区条例》第 34 条规定，由自然保护区管理机构责令其改正，并可以根据不同情节处以 100 元以上 5 000 元以下的罚款：擅自移动甚至破坏自然保护区界标的；未经批准进入自然保护区或者在自然保护区内不服从管理机构管理的；经批准在自然保护区的缓冲区内从事科学研究、教学实习和标本采集的单位和个人，不向自然保护区管理机构提交活动成果副本的。

(2) 在自然保护区进行砍伐、放牧、狩猎、捕捞、采药等活动的法律责任

违反规定，在自然保护区进行砍伐、放牧、狩猎、捕捞、采药、开垦、烧荒、开矿、采石、挖沙等活动的单位和个人，依照《自然保护区条例》第 35 条规定，给予相应的处罚。

(3) 造成自然保护区重大污染或者破坏事故的法律责任

违反规定，造成自然保护区重大污染或者破坏事故，导致公私财产重大损失或者人身伤亡的严重后果，构成犯罪的，依照《自然保护区条例》第 40 条规定，对直接负责的主管人员和其他直接责任人员依法追究刑事责任。

(4) 自然保护区管理机构违反规定开展参观、旅游活动的法律责任

自然保护区管理机构违反规定，依照《自然保护区条例》第 37 条规定，由县级以上人民政府林业主管部门责令限期改正；对直接责任人员，由其所在单位或者上级机关给予行政处分。

任务 3　模拟演练——巩固实践

【背景资料】

2011 年 8 月 11 日，A 省 B 市环保局接到省环保厅和林业厅领导共同签署"请依法查处"意见的群众举报材料。举报材料称 B 市 C 县林业局在位于 B 市境内的某国家级自然保护区修建防火通道，在未办理任何环保审批手续的情况下，擅自砍伐该保护区缓冲区的林木，在砍伐过程中还不听从自然保护区管理机构工作人员的劝阻，给自然保护区造成了破坏。随即，B 市环保局和林业局组成联合调查组进行调查。经查证，C 县林业局在该保护区内修建防火通道时确实未办理环保审批手续，擅自砍伐了约 50 平方米的幼林。B 市环保局对 C 县林业局作出了限期一个月内恢复原状并处 5 000 元罚款的行政处罚。

一、实训内容

1. 明确自然保护区的含义、功能和作用。
2. 设立自然保护区的方式及流程。
3. 我国法律对自然保护区的保护管理的主要措施。
4. 案件中违反自然保护区法律法规所承担责任。

二、实训目的

通过本实训，加强学生们对《自然保护区条例》的相关法律法规掌握与运用的熟练程度，明确自然保护区管理相关工作流程，使学生能够熟练找出违法行为人的违法行为及涉法点，并对其违法行为进行正确定性，以更好地服务于自然保护区管理保护工作。

三、实训要求

查阅相关资料，明确本案件的相关法律法规条款，明确自然保护区的设立及管理流程，能够运用相关理论知识对背景材料进行案件处理、归纳总结及分析。

四、实训组织方法及步骤

第一步，实训前准备。5~6 人分为一个小组，要求参加实训的同学，课前查阅相关资料及书籍，找出与案件相关的法律法规，并组织学生们课前根据案情编排短剧，有条件及相关资源的同学可以就该案件深入林业行政执法机构进行访问调查。

第二步，短剧表演，其他小组同学观看短剧。

第三步，以小组为单位进行案情讨论，各小组发表案件处理意见。

第四步，指导教师对各种观点进行点评，归纳、总结和分析，并对要点、易错点进行提炼。

第五步，整理实训报告，完善案件处理方案。

五、实训时间

以 1~2 学时为宜。

六、实训报告

案件处理完毕后,要求每名同学必须撰写实训报告,实训报告要求语言流畅、文字简练,有理有据,层次清晰。实训报告样式详见附录附表1。

七、实训成绩评定标准

1. 实训成绩评定打分

本实训项目的考核成绩满分 100 分,占总项目考核成绩的 2%。

2. 实训成绩给分点

(1)学生对于自然保护区管理法律制度的知识点掌握情况。(20 分)

(2)各组成员的团队协作意识及完成任务情况。(20 分)

(3)出勤率、迟到早退现象。(10 分)

(4)组员对待工作任务的态度(实训结束后座椅的摆放和室内卫生的打扫)。(10 分)

(5)实训的准备、实训过程的记录。(20 分)

(6)实训报告的完成情况,文字结构流畅,语言组织合理,法律法规引用正确。(20 分)本项目考核评价单,详见附录附表10。

子项目四　古树名木保护法律制度

任务1　案例导入与分析

【案件导入】

某县张某的房屋旁边长有一棵枝繁叶茂挂牌保护的红豆杉,每逢大雨,红豆杉粗大的树枝压在张家瓦片上,枝条将瓦片弄碎,树叶堆积屋顶,以致排水不畅,泥土墙被水浸透,房屋漏水。张某夫妇商量后,认为只要不把整株古树砍掉应该不算犯法,少了几根树枝照样能长。于是,张某爬上古树把红豆杉靠近自己房屋的半边枝条全部剪除。2007 年 6 月 19 日,县森林公安分局接到群众举报,将张某带回调查。县林业局工程师对南方红豆杉被毁坏的程度做了鉴定,并出具了鉴定结论:"该株南方红豆杉系国家一级保护树种,树龄在 150 年以上,于 2003 年由省级林业主管部门挂牌(KF4055)作为古树名木保护,该树于 2007 年 6 月初被砍树枝程度达 50%,属中度毁坏,对今后正常生长有影响。"

【问题】

1. 张某夫妇未经林业主管部门许可擅自修剪红豆杉的行为是否违法?说明理由,指出法律依据。

2. 采伐、修剪名木古树需要怎么样的法律程序?

【案件评析】

从本案的情况看,张某家旁边的这棵南方红豆杉的树枝确实影响了其房屋顶部的安全,刮风情况下,树枝就会把他家的房屋瓦片移动,使房屋漏水,影响了正常的生活。依照《民法典》第 207 条规定:"国家、集体、私人的物权和其他权利人的物权受法律保护,任何单位和个人不得侵犯。"第 288 条规定:"不动产的相邻权利人应当按照有利于生产、方便生活、团结互助、公平合理的原则，正确处理相邻关系。"张某住房属个人财产，应该受到法律的保护，这棵南方红豆杉影响了他对房屋的正常使用。在相邻权利受到侵犯造成危害时，依法可获得赔偿，应当通过协商予以解决。

本案中张某修剪的红豆杉是省级林业主管部门挂牌保护的古树名木，属于珍贵树木。《森林法》第 40 条规定，国家保护古树名木和珍贵树木。禁止破坏古树名木和珍贵树木及其生存的自然环境。《野生植物保护条例》第 16 条第 1 款、第 2 款规定，禁止采集国家一级保护野生植物。采集国家一级保护野生植物的，必须经采集地的省、自治区、直辖市人民政府野生植物行政主管部门签署意见后，向国务院野生植物行政主管部门或者其授权的机构申请采集证。采集国家二级保护野生植物的，必须经采集地的县级人民政府野生植物行政主管部门签署意见后，向省、自治区、直辖市人民政府野生植物行政主管或者其授权的机构申请采集证。据此，本案中，张某未经林业主管部门同意，擅自剪掉作为珍贵树木的红豆杉的枝条，被砍树枝条程度达 50%，属中度毁坏，已经涉嫌构成犯罪。

综上所述，古树名木属于珍贵树木，国家依法予以保护。当作为古树名木的珍贵树木的保护与个人财产的保护发生冲突时，应当依照法律的规定予以解决；对于确实需要修剪或者砍伐的，应当依法申请许可。

任务 2　相关资讯

1. 古树名木保护概述

古树名木，据我国有关部门规定，一般树龄在百年以上的大树即为古树，而那些树种稀有、名贵或具有历史价值、纪念意义的树木则可称为名木。古树名木是国家重要的生物资源和历史文化遗产。古树名木在人类历史过程中保存下来，其年代久远并具有重要科研、历史、文化价值。

根据 2000 年 9 月 1 日建设部颁布的《城市古树名木保护管理办法》及 2001 年的《全国古树名木普查建档技术规定》，古树根据树龄大小，其保护级别分为三级：500 年以上为国家一级保护古树，300~499 年为国家二级保护古树，100~299 年为国家三级保护古树。

2. 古树名木的立法概况

伴随着我国法制建设的进程，我国目前已形成包括宪法、法律、行政法规、部门规章及地方性法规在内的多方面、多层次的关于古树名木保护的法律制度。《宪法》第 9 条第 2 款明确规定："国家保障自然资源的合理利用，保护珍贵的动物和植物。禁止任何组织或者个人利用任何手段侵占或者破坏自然资源"，是关于古树名木保护最高效力的法律规范；《环境保护法》《森林法》《野生植物保护条例》中关于古树名木保护规定，是古树名木保护法律制度的重要组成部分；《城市绿化条例》《城市古树名木保护管理办法》以及古树名木保护的地方性法规和规章是古树名木保护和管理的专门规定；《全国古树名木普查建档技术规定》是具有法律性质的技术规范，是制定古树名木具体保护措施的依据。

3. 古树名木的管理体制

我国的古树名木实行统一管理、分别养护的原则。在管理体制上，实行分级分部门管理的体制，依照《城市古树名木保护管理办法》，城市人民政府、城市园林绿化部门负责本行政区域内城市古树名木的保护管理工作。

3.1 古树名木的管理机构

为加强对散生于广大农村及林区的古树名木的保护管理，一些地方权力机关和行政机关也在立法权限的范围内制定了有关保护古树名木的地方性法规。县级以上人民政府林业行政主管部门负责本行政区域内城市规划区以外的古树名木保护管理工作。在具体的保护管理上，古树名木实行属地保护管理，专业养护部门管理和单位、个人保护管理相结合的原则。具体而言，生长在机关、团体、学校、企业事业单位等用地范围内的，所在单位为养护责任单位；实行物业管理的，所委托的物业管理企业为养护责任单位；生长在铁路、公路、江河堤坝和水库湖渠用地范围内的，铁路、公路和水利工程管理单位为养护责任单位；生长在林业场圃、森林公园、风景名胜区、自然保护区、自然保护小区用地范围内的，该园区的管理机构为养护责任单位；生长在文物保护单位用地范围内的，该文物保护单位为养护责任单位；生长在城市公共绿地的，城市绿化管理单位为养护责任单位；生长在城镇居住小区或者居民庭院范围内的，业主委托的物业管理企业或者街道办事处为养护责任单位；生长在农村的，该村民委员会或者村民小组为养护责任单位。变更古树名木养护单位或者个人，应当到相应的古树名木行政主管部门办理养护责任转移手续。

3.2 古树名木保护管理措施

根据我国《城市绿化条例》《城市古树名木管理办法》等有关古树名木保护法规的规定，对古树名木的保护管理措施主要有以下几个方面：

（1）普查建档及备案

各级古树名木行政主管部门应当对本行政区域内的古树名木进行调查鉴定，进行统一编号、建档，实行动态管理。即一级古树名木由省、自治区、直辖市人民政府确认，报国务院建设行政主管部门备案；二级古树名木由城市人民政府确认，直辖市以外的城市报省、自治区建设行政主管部门备案，以便采取不同的保护措施。

（2）设立古树名木价值说明和保护标志

依照《全国古树名木普查建档技术规定》的相关要求，古树名木的管理部门应当在保护管理本部门古树名木的同时，设立古树名木价值说明和保护标志，一、二、三级古树名木分别由省（自治区、直辖市）、市（地、州）、县（市、区、旗）人民政府设立保护标志，标明树名、学名、科属、树龄、价值说明等内容，实行动态管理，划定保护范围，完善相应的保护设施。

（3）落实养护管理责任制

古树名木行政主管部门应当制定古树名木养护管理技术标准，落实体制机制，按古树名木的实际情况分别制定养护、管理方案，落实养护单位和责任人并进行检查指导。古树名木养护单位或者责任人，应当按照古树名木行政主管部门规定的养护管理措施实施养护管理并承担养护管理费用。

（4）明确古树名木管理机构

古树名木保护管理工作实行专业养护部门保护管理和单位、个人保护管理相结合的原则。具体管理责任分配依照《城市古树名木管理办法》第7条规定执行。

(5) 受损、长势虚弱及死亡古树名木的保护管理措施

古树名木受到损害或者长势衰弱，养护单位和个人应当立即报告城市园林绿化行政主管部门，由城市园林绿化行政主管部门组织治理复壮。对已死亡的古树名木，应当经城市园林绿化行政主管部门确认，查明原因，明确责任并予以注销登记后，方可进行处理。处理结果应及时上报省、自治区建设行政部门或者直辖市园林绿化行政主管部门。

(6) 建设工程及污染物影响古树名木的保护措施

新建、改建、扩建的建设工程影响古树名木生长的，建设单位必须提出避让和保护措施，制定古树名木保护方案。城市规划行政部门在办理有关手续时，要征得古树名木行政主管部门的同意并报同级人民政府批准。古树名木保护方案未经批准，建设单位不得开工建设。此外，生产、生活设施等生产的废水、废气、废渣等危害古树名木生长的，有关单位和个人必须按照城市绿化行政主管部门和环境保护部门的要求，在限期内采取措施，清除危害。

(7) 古树名木移植的相关规定

任何单位和个人不得以任何理由、任何方式砍伐和擅自移植古树名木。确需移植二级古树名木的，应当经城市园林绿化行政主管部门和建设行政主管部门审查同意后，报省、自治区建设行政主管部门批准；移植一级古树名木的，应经省、自治区建设行政主管部门审核，报省、自治区人民政府批准。直辖市确需移植一、二级古树名木的，由城市园林绿化行政主管部门审核，报城市人民政府批准移植所需费用，由移植单位承担。

4. 违反古树名木保护管理法规的法律责任

(1) 砍伐、擅自迁移古树名木或者养护不善致使古树名木受到损伤或者死亡的法律责任

砍伐、擅自迁移古树名木或者养护不善致使古树名木受到损伤或者死亡的，依照《城市绿化条例》第27条规定，承担相应法律责任，应当给予治安管理处罚的，依照《治安管理处罚法》的有关规定处罚；构成犯罪的，依法追究刑事责任。

(2) 不按照规定的管理养护方案实施保护管理，影响古树名木正常生长的法律责任

不按照规定的管理养护方案实施保护管理，影响古树名木正常生长，或者古树名木已受损害或者衰弱，其养护管理责任单位和责任人未报告，并未采取补救措施导致古树名木死亡的，依照《城市古树名木保护管理办法》第16条和《城市绿化条例》第27条规定，承担相应法律责任；应当给予治安管理处罚的，依照《治安管理处罚法》的有关规定处罚；构成犯罪的，依法追究刑事责任。

(3) 破坏古树名木及其标志与保护设施的法律责任

依照《城市古树名木保护管理办法》第18条规定，破坏古树名木及其标志与保护设施，违反《治安管理处罚法》的，由公安机关给予处罚；构成犯罪的，由司法机关依法追究刑事责任。

(4) 未经批准擅自买卖、转让古树名木的法律责任

未经城市园林绿化行政主管部门审核，并报城市人民政府批准的，买卖、转让集体或者个人所有的古树名木的，依照《城市古树名木保护管理办法》第11条、第17条规定，由城市园林绿化行政主管部门按照《城市绿化条例》第27条规定，视情节轻重予以处理。

(5) 损害城市古树名木的行为的法律责任

依照《城市古树名木保护管理办法》第 13 条、第 17 条规定,有下列损害城市古树名木的行为的,由城市园林绿化行政主管部门按照《城市绿化条例》第 27 条规定,视情节轻重予以处理:①在树上刻划、张贴或者悬挂物品;②在施工等作业时借树木作为支撑物或者固定物;③攀树、折枝、挖根、摘采果实种子或者剥损树枝、树干、树皮;④距树冠垂直投影 5 米的范围内堆放物料、挖坑取土、兴建临时设施建筑、倾倒有害污水、污物垃圾,动用明火或者排放烟气。

(6) 影响古树名木生长的建设工程不办理有关手续的法律责任

新建、改建、扩建的建设工程影响古树名木生长的,建设单位不提出避让和保护措施,并办理有关审批手续的,依照《城市古树名木保护管理办法》第 14 条、第 17 条规定,由城市园林绿化行政主管部门按照《城市绿化条例》第 27 条规定,视情节轻重予以处理。

(7) 城市园林绿化行政主管部门或其工作人员渎职的法律责任

城市园林绿化行政主管部门因保护、整治措施不力,或者工作人员玩忽职守,致使古树名木损伤或者死亡的,依照《城市古树名木保护管理办法》第 19 条规定,由上级主管部门对该管理部门领导给予处分;情节严重、构成犯罪的,由司法机关依法追究刑事责任。

任务 3　模拟演练——巩固实践

【背景资料】

2013 年某日下午,A 市 B 县一村庄突然来了很多车辆,其中还有大吊车。一伙人下车后便开始对村中的一棵古树刨根、锯树冠。村民们不敢阻拦,便报了警。派出所民警赶到后对这些人的行为进行了制止,此时这棵古树就差主根没被锯断。随后,A 市绿化委员会和林业技术推广中心的相关专家也赶到了现场,经鉴定,该古树是一棵千年古槐,根据 A 市第三次古树名木普查表上记录,属 A 市一级保护古树,是 2011 年第三次普查时发现的,根据当时普查记载,这棵古树高 26 米,胸围 560 厘米。由于抢救及时,这棵古树最终得以存活。后经 B 县公安林业分局调查,是该村四组的组长胡某为筹钱修路,决定将这棵古树出卖。经调查取证,依照《A 市古树名木保护条例》,B 县林业局对该案中相关责任人分别给予 1 000~3 000 元不等的行政处罚。A 市绿化委员会相关负责人表示,下一步他们将对全市濒危古树名木采取工程保护,和全市散生的古树责任人签订责任书,明确责任权利,并对全部古树重新挂牌立碑。

一、实训内容

1. 我国的法律法规对古树名木规定的保护管理措施。
2. 违反古树名木保护管理法规要承担的法律责任。

二、实训目的

通过本实训,让学生们掌握名木古树的含义及名木古树的相关保护措施,使学生能够根据案件找出违法行为人的涉法点,并对其违法行为进行正确定性,以更好地服务于名木古树的保护工作。

三、实训要求

查阅相关资料,明确本案件的相关法律法规条款,熟练掌握名木古树的保护的法律制

项目八 野生动植物保护行政执法

度,能够运用相关理论知识对背景材料进行案件处理、归纳总结及分析。

四、实训组织方法及步骤

第一步,实训前准备。5~6人分为一个小组,要求参加实训的同学,课前查阅相关资料及书籍,找出与案件相关的法律法规,并组织学生们课前根据案情编排短剧,有条件及相关资源的同学可以就该案件深入林业行政执法机构进行访问调查。

第二步,短剧表演,其他小组同学观看短剧。

第三步,以小组为单位进行案情讨论,各小组发表案件处理意见。

第四步,指导教师对各种观点进行点评,归纳、总结和分析,并对要点、易错点进行提炼。

第五步,整理实训报告,完善案件处理方案。

五、实训时间

以1~2学时为宜。

六、实训报告

案件处理完毕后,要求每名同学必须撰写实训报告,实训报告要求语言流畅、文字简练,有理有据,层次清晰。实训报告样式详见附录附表1。

七、实训成绩评定标准

1. 实训成绩评定打分

本实训项目的考核成绩满分100分,占总项目考核成绩的1%。

2. 实训成绩给分点

(1)学生对于名木古树保护的知识点掌握情况。(20分)

(2)各组成员的团队协作意识及完成任务情况。(20分)

(3)出勤率、迟到早退现象。(10分)

(4)组员对待工作任务的态度(实训结束后座椅的摆放和室内卫生的打扫)。(10分)

(5)实训的准备、实训过程的记录。(20分)

(6)实训报告的完成情况,文字结构流畅,语言组织合理,法律法规引用正确。(20分)本项目考核评价单,详见附录附表10。

综合能力训练

(一)名词解释

国家重点保护野生动物　地方重点保护野生动物　禁猎区　非法猎捕野生动物的行为　非法猎捕、杀害国家重点保护野生动物的行为　自然保护区　古树名木

(二)单项选择题

1. 下列野生动物中的(　　),属国家二级保护野生动物。

A. 虎　　　　　　　B. 丹顶鹤　　　　　　C. 红腹锦鸡　　　　　　D. 长臂猿

2. 野生动物资源普查每(　　)进行一次,普查方案由国务院林业行政主管部门或者省、自治区、直辖市人民政府林业行政主管部门批准。

A. 5年　　　　　　B. 3年　　　　　　　C. 15年　　　　　　　D. 10年

3. 禁止猎捕国家重点保护野生动物，特殊情况下需要猎捕国家重点保护野生动物的，必须申请(　　)。

  A. 猎捕证   B. 狩猎证

  C. 特许猎捕证   D. 驯养繁殖许可证

4. 因科学研究、驯养繁殖、展览等特殊情况，需要出售、收购、利用国家一级保护陆生野生动物或者其产品的，应当经(　　)批准。

  A. 县级人民政府

  B. 省级人民政府野生动物行政主管部门

  C. 国务院林业主管部门或其授权的单位

  D. 省、自治区、直辖市人民政府

5. 出售、收购国家二级保护野生植物的，必须经(　　)批准。

  A. 县级林业主管部门

  B. 县级人民政府

  C. 省级野生植物行政主管部门或其授权的机构

  D. 省级人民政府

6. 根据有关法律规定，以下猎捕工具中允许使用的狩猎工具是(　　)。

  A. 猎枪   B. 气枪   C. 手枪   D. 排铳

7. 在自然保护区的实验区可以进行(　　)活动。

  A. 放牧   B. 狩猎   C. 采伐   D. 教学实习

(三)判断题(对的打"√"，错的打"×")

1.《野生动物保护法》规定保护的野生动物，是指珍贵、濒危的陆生、水生野生动物和有益的或者有重要经济和科学研究价值的水生野生动物。(　　)

2. 国家对珍贵、濒危的野生动物实行重点保护，国家重点保护野生动物分为一级保护野生动物和二级保护野生动物。(　　)

3. 经省级野生动物行政主管部门批准，可以猎捕国家重点保护的野生动物。(　　)

4. 禁止在集贸市场出售、收购国家重点保护野生动物或者其产品。(　　)

5. 取得城市园林或者风景名胜区管理机构同意，可以采集城市园林或者风景名胜区内的国家重点保护的野生植物。(　　)

(四)简答题

1. 简述申请野生动物《驯养繁殖许可证》的条件和程序。

2. 简述经营利用野生动物或其产品的主要法律规定。

3. 采集野生植物应遵守哪些法律规定？

4. 对古树名木的保护措施主要有哪些？

5. 自然保护区有哪些作用？

(五)案例分析题

2000年2月，某县森林公安局原股长黄某带领森林公安干警查获李某违法收购、运输国家重点保护的野生动物巨蜥20条。在案件处理过程中，黄某为了得到办案提成，决定对李某处以罚款5万元后放人，并将查获的国家一级保护野生动物巨蜥20条变价处理给

一家酒店。3月,该县人民检察院对黄某立案审查。回答下列问题:

(1)李某的行为是什么违法行为?是否构成犯罪?应承担什么法律责任?

(2)黄某的行为是否合法?为什么?

(3)你认为本案应如何处理?

参考文献

卞建林，2000. 证据法学[M]. 北京：中国政法大学出版社.
国家林业局林业工作站管理总站，2014. 林业行政执法实用手册[M]. 北京：中国林业出版社.
国家林业局政策法规司，2010. 林业行政执法案例评析[M]. 北京：法律出版社.
韩焕金，2009. 新旧《森林防火条例》的解读[J]. 法制与社会，4(下)：331.
何家弘，刘品新，2004. 证据法学[M]. 北京：法律出版社.
江必新，李江，1999. 行政复议法释评[M]. 北京：中国人民公安大学出版社.
孔祥俊，2005. 行政诉讼证据规则与法律适用[M]. 北京：人民法院出版社.
廖佩桦，2012. 林业行政执法规范与典型案例评析[M]. 北京：中国法律出版社.
刘宗仁，吴国新，2006. 林业执法理论与实务[M]. 郑州：黄河水利出版社.
龙耀，2014. 自然保护区综合行政执法探索[J]. 环境保护(17)：54-55.
乔晓阳，2003. 中华人民共和国行政许可法释义[M]. 北京：中国物价出版社.
秦甫，2001. 律师论辩技法[M]. 北京：人民法院出版社.
石荣胜，2014. 林业法规与执法实务[M]. 北京：中国林业出版社.
司法部，2019. 中华人民共和国常用法律法规规章司法解释大全[M]. 北京：中国法制出版社.
孙春增，2005. 行政法案例研究[M]. 北京：法律出版社.
孙茂利，2013. 公安行政法律文书制作与范例[M]. 北京：中国人民公安大学出版社.
孙炜琳，2014. 植物新品种保护制度研究[M]. 北京：中国农业科学技术出版社.
王云，2008. 重大、疑难型涉林案例评析[M]. 北京：中国林业出版社.
徐继敏，2004. 行政证据通论[M]. 北京：法律出版社.
张春生，2000. 中华人民共和国立法法释义[M]. 北京：法律出版社.
张蕾，王宏祥，2000. 中国林业法律实用手册[M]. 北京：中国林业出版社.
张力，2003. 林业政策与法规[M]. 北京：中国林业出版社.
张力，2007. 林业法规与执法实务[M]. 北京：中国林业出版社.

附 录

一、实训报告样表

附表1　"林业法规与执法实务"项目实训报告样表

| 姓名： | 班级： | 组别： | 实训日期： |

实训项目名称：

实训目的：（在知识、能力、素质三方面预期要达到的目标）

准备工作及实训安排：（完成实训项目要搜集的资料准备、人员分工及工作计划）

实训内容：

实训组织：

实训结果及结论：（实训中涉及文书填写的，须将文书粘贴于此表格后面）

实训总结：（表明实训中的收获与体会以及需要改进的建议）

教师点评及建议：

指导教师：
年　月　日

二、项目考核评价表

附表 2 "林业法律法规体系"项目考核评价表

姓名：　　　　　班级：　　　　　工作小组：　　　　　职务：　　　　　技术指导：

教学项目：林业法律法规体系　　　　　　　　　完成时间：

	评价内容		评价标准	赋分	得分
1	专业能力		1. 能够熟练掌握我国立法体制的含义与构成要素	5	
			2. 能够熟练掌握法的表现形式及适用原则的应用	10	
			3. 能够熟练掌握和分析违法行为及其构成要件、法律责任及种类	5	
			4. 会根据案情确定违法行为并找出违法行为的构成要件	10	
			5. 会确定不同主体制定的规范性文件的效力位阶	10	
2	方法能力		1. 利用各种渠道收集、处理信息的能力	3	
			2. 具有自主学习的能力	3	
			3. 能够发现问题，并且解决问题	3	
3	素质能力		1. 在公司内能根据任务需要与他人愉快合作，有团队意识	3	
			2. 在完成工作任务过程中勇挑重担，责任心强	3	
			3. 在调研中沟通顺利，能赢得他人的合作	3	
			4. 愉快接受任务，认真研究工作要求，爱岗敬业	3	
4	小组评价	组员	1. 在小组中担任的职务及胜任情况	3	
			2. 小组工作出勤情况	3	
			3. 与本组成员的工作配合情况	3	
		组长	1. 小组工作的组织、统筹、协调及胜任情况	3	
			2. 小组工作出勤情况	3	
			3. 与本组成员的工作配合情况	3	
5	自我评价		1. 进行案件分析的积极性、主动性和发挥的作用	6	
			2. 法律、法规材料的收集、整理	3	
			3. 案件处理方案的制定、修改和确定	6	
			4. 任务完成过程中的整体表现	3	
			5. 与其他成员的协作情况	3	
	总评			100	

技术员意见反馈：（教师根据学生在完成任务中的各项表现，提出其不足之处和改正建议，表扬其做得好的方面，强化其优势，使形成性评价更有效）

年　月　日

注：小组评价中，组员工作情况由组长进行评价，组长工作由副主任进行评价。

给分标准为：

①工作失职(0分)；一般胜任(1分)；胜任(2分)；工作突出(3分)；

②旷课(0分)；迟到(1分)；早退(1分)；迟到及早退(0分)；

③不配合(0分)；一般配合(1)；配合(2分)；积极主动配合(3分)。

附表3 "林业行政执法"项目考核评价表

姓名： 班级： 工作小组： 职务： 技术指导：

教学项目：林业行政执法　　完成时间：

	评价内容	评价标准	赋分	得分
1	专业能力	1. 能够熟练掌握林业行政执法的相关知识点	5	
		2. 能够熟练掌握林业行政执法主体和相对人的特征、权利和义务	10	
		3. 会根据三段论的推理程序处理相关案件	10	
		4. 会对案件设法点进行快速查找	5	
		5. 会判断案件的林业行政执法的类型	10	
2	方法能力	1. 利用各种渠道收集、处理信息的能力	3	
		2. 具有自主学习的能力	3	
		3. 能够发现问题，并且解决问题	3	
3	素质能力	1. 在公司内能根据任务需要与他人愉快合作，有团队意识	3	
		2. 在完成工作任务过程中勇挑重担，责任心强	3	
		3. 在调研中沟通顺利，能赢得他人的合作	3	
		4. 愉快接受任务，认真研究工作要求，爱岗敬业	3	
4	小组评价	组员 1. 在小组中担任的职务及胜任情况	3	
		组员 2. 小组工作出勤情况	3	
		组员 3. 与本组成员的工作配合情况	3	
		组长 1. 小组工作的组织、统筹、协调及胜任情况	3	
		组长 2. 小组工作出勤情况	3	
		组长 3. 与本组成员的工作配合情况	3	
5	自我评价	1. 进行案件分析的积极性、主动性和发挥的作用	6	
		2. 法律、法规材料的收集、整理	3	
		3. 案件处理方案的制定、修改和确定	6	
		4. 任务完成过程中的整体表现	3	
		5. 与其他成员的协作情况	3	
	总评		100	

技术员意见反馈：(教师根据学生在完成任务中的各项表现，提出其不足之处和改正建议，表扬其做得好的方面，强化其优势，使形成性评价更有效)

年　月　日

注：小组评价中，组员工作情况由组长进行评价，组长工作由副主任进行评价。
给分标准为：
①工作失职(0分)；一般胜任(1分)；胜任(2分)；工作突出(3分)；
②旷课(0分)；迟到(1分)；早退(1分)；迟到及早退(0分)；
③不配合(0分)；一般配合(1)；配合(2分)；积极主动配合(3分)。

附表 4 "林业行政许可"项目考核评价表

姓名：　　　　班级：　　　　工作小组：　　　　职务：　　　　技术指导：

教学项目：林业行政许可案件处理　　　　完成时间：

	评价内容		评价标准	赋分	得分
1	专业能力		1. 能够熟练掌握林业行政许可的相关知识点	5	
			2. 能够熟练掌握林业行政许可的申请与实施过程	10	
			3. 会根据行政许可相关知识解决相关案件	10	
			4. 会对案件设法点进行快速查找	5	
			5. 会填写行政许可相关文书	10	
2	方法能力		1. 利用各种渠道收集、处理信息的能力	3	
			2. 具有自主学习的能力	3	
			3. 能够发现问题，并且解决问题	3	
3	素质能力		1. 在科室内能根据任务需要与他人愉快合作，有团队意识	3	
			2. 在完成工作任务过程中勇挑重担，责任心强	3	
			3. 在案件分析中沟通顺利，能赢得他人的合作	3	
			4. 愉快接受任务，认真研究工作要求，爱岗敬业	3	
4	小组评价	组员	1. 在小组中担任的职务及胜任情况	3	
			2. 小组工作出勤情况	3	
			3. 与本组成员的工作配合情况	3	
		组长	1. 小组工作的组织、统筹、协调及胜任情况	3	
			2. 小组工作出勤情况	3	
			3. 与本组成员的工作配合情况	3	
5	自我评价		1. 进行案件分析的积极性、主动性和发挥的作用	6	
			2. 法律、法规材料的收集、整理	3	
			3. 案件处理方案的制定、修改和确定	6	
			4. 任务完成过程中的整体表现	3	
			5. 与其他成员的协作情况	3	
	总评			100	

技术员意见反馈：（教师根据学生在完成任务中的各项表现，提出其不足之处和改正建议，表扬其做得好的方面，强化其优势，使形成性评价更有效）

　　　　　　　　　　　　　　　　　　　　　　　　　　　　　　年　月　日

注：小组评价中，组员工作情况由组长进行评价，组长工作由副主任进行评价。
给分标准为：
①工作失职(0分)；一般胜任(1分)；胜任(2分)；工作突出(3分)；
②旷课(0分)；迟到(1分)；早退(1分)；迟到及早退(0分)；
③不配合(0分)；一般配合(1)；配合(2分)；积极主动配合(3分)。

附表5 "林业行政处罚"项目考核评价表

姓名：		班级：	工作小组：	职务：	技术指导：	
教学项目：林业行政处罚案件处理			完成时间：			
	评价内容		评价标准		赋分	得分
1	专业能力		1. 能够熟练掌握林业行政处罚的相关知识点		5	
			2. 能够熟练掌握林业行政处罚的申请与实施过程		10	
			3. 会根据行政处罚相关知识解决相关案件		10	
			4. 会对案件设法点进行快速查找		5	
			5. 会填写行政处罚相关文书		10	
2	方法能力		1. 利用各种渠道收集、处理信息的能力		3	
			2. 具有自主学习的能力		3	
			3. 能够发现问题，并且解决问题		3	
3	素质能力		1. 在公司内能根据任务需要与他人愉快合作，有团队意识		3	
			2. 在完成工作任务过程中勇挑重担，责任心强		3	
			3. 在调研中沟通顺利，能赢得他人的合作		3	
			4. 愉快接受任务，认真研究工作要求，爱岗敬业		3	
4	小组评价	组员	1. 在小组中担任的职务及胜任情况		3	
			2. 小组工作出勤情况		3	
			3. 与本组成员的工作配合情况		3	
		组长	1. 小组工作的组织、统筹、协调及胜任情况		3	
			2. 小组工作出勤情况		3	
			3. 与本组成员的工作配合情况		3	
5	自我评价		1. 进行案件分析的积极性、主动性和发挥的作用		6	
			2. 法律、法规材料的收集、整理		3	
			3. 案件处理方案的制定、修改和确定		6	
			4. 任务完成过程中的整体表现		3	
			5. 与其他成员的协作情况		3	
	总评				100	

技术员意见反馈：（教师根据学生在完成任务中的各项表现，提出其不足之处和改正建议，表扬其做得好的方面，强化其优势，使形成性评价更有效）

年　　月　　日

注：小组评价中，组员工作情况由组长进行评价，组长工作由副主任进行评价。
给分标准为：
①工作失职(0分)；一般胜任(1分)；胜任(2分)；工作突出(3分)；
②旷课(0分)；迟到(1分)；早退(1分)；迟到及早退(0分)；
③不配合(0分)；一般配合(1)；配合(2分)；积极主动配合(3分)。

附表6 "林权林地管理行政执法"项目考核评价表

姓名：　　　　班级：　　　　工作小组：　　　　职务：　　　　技术指导：

教学项目：林业行政处罚案件处理　　　　完成时间：

	评价内容	评价标准	赋分	得分
1	专业能力	1. 能够熟练掌握林权林地管理的相关知识点	5	
		2. 能够熟练掌握林权林地管理的申请与实施过程	10	
		3. 会根据林权林地管理相关知识解决相关案件	10	
		4. 会对案件设法点进行快速查找	5	
		5. 会填写林权林地管理相关文书	10	
2	方法能力	1. 利用各种渠道收集、处理信息的能力	3	
		2. 具有自主学习的能力	3	
		3. 能够发现问题，并且解决问题	3	
3	素质能力	1. 在公司内能根据任务需要与他人愉快合作，有团队意识	3	
		2. 在完成工作任务过程中勇挑重担，责任心强	3	
		3. 在调研中沟通顺利，能赢得他人的合作	3	
		4. 愉快接受任务，认真研究工作要求，爱岗敬业	3	
4	小组评价	组员 1. 在小组中担任的职务及胜任情况	3	
		组员 2. 小组工作出勤情况	3	
		组员 3. 与本组成员的工作配合情况	3	
		组长 1. 小组工作的组织、统筹、协调及胜任情况	3	
		组长 2. 小组工作出勤情况	3	
		组长 3. 与本组成员的工作配合情况	3	
5	自我评价	1. 进行案件分析的积极性、主动性和发挥的作用	6	
		2. 法律、法规材料的收集、整理	3	
		3. 案件处理方案的制定、修改和确定	6	
		4. 任务完成过程中的整体表现	3	
		5. 与其他成员的协作情况	3	
	总评		100	

技术员意见反馈：（教师根据学生在完成任务中的各项表现，提出其不足之处和改正建议，表扬其做得好的方面，强化其优势，使形成性评价更有效）

　　　　　　　　　　　　　　　　　　　　　　　　　　　　年　月　日

注：小组评价中，组员工作情况由组长进行评价，组长工作由副主任进行评价。
给分标准为：
①工作失职(0分)；一般胜任(1分)；胜任(2分)；工作突出(3分)；
②旷课(0分)；迟到(1分)；早退(1分)；迟到及早退(0分)；
③不配合(0分)；一般配合(1)；配合(2分)；积极主动配合(3分)。

附表7 "森林采伐利用行政执法"项目考核评价表

姓名： 班级： 工作小组： 职务： 技术指导：

教学项目：森林采伐利用案件处理　　　完成时间：

	评价内容	评价标准	赋分	得分
1	专业能力	1. 能够熟练掌握森林采伐利用行政执法的相关知识点	5	
		2. 能够熟练掌握木材采伐许可证的申请与申办过程	10	
		3. 会根据森林采伐利用相关知识解决相关案件	10	
		4. 会对案件设法点进行快速查找	5	
		5. 会填写森林采伐利用等相关文书	10	
2	方法能力	1. 利用各种渠道收集、处理信息的能力	3	
		2. 具有自主学习的能力	3	
		3. 能够发现问题，并且解决问题	3	
3	素质能力	1. 在公司内能根据任务需要与他人愉快合作，有团队意识	3	
		2. 在完成工作任务过程中勇挑重担，责任心强	3	
		3. 在调研中沟通顺利，能赢得他人的合作	3	
		4. 愉快接受任务，认真研究工作要求，爱岗敬业	3	
4	小组评价	组员 1. 在小组中担任的职务及胜任情况	3	
		组员 2. 小组工作出勤情况	3	
		组员 3. 与本组成员的工作配合情况	3	
		组长 1. 小组工作的组织、统筹、协调及胜任情况	3	
		组长 2. 小组工作出勤情况	3	
		组长 3. 与本组成员的工作配合情况	3	
5	自我评价	1. 进行案件分析的积极性、主动性和发挥的作用	6	
		2. 法律、法规材料的收集、整理	3	
		3. 案件处理方案的制定、修改和确定	6	
		4. 任务完成过程中的整体表现	3	
		5. 与其他成员的协作情况	3	
	总评		100	

技术员意见反馈：(教师根据学生在完成任务中的各项表现，提出其不足之处和改正建议，表扬其做得好的方面，强化其优势，使形成性评价更有效)

年　月　日

注：小组评价中，组员工作情况由组长进行评价，组长工作由副主任进行评价。
给分标准为：
①工作失职(0分)；一般胜任(1分)；胜任(2分)；工作突出(3分)；
②旷课(0分)；迟到(1分)；早退(1分)；迟到及早退(0分)；
③不配合(0分)；一般配合(1)；配合(2分)；积极主动配合(3分)。

附表8 "森林培育行政执法"项目考核评价表

姓名： 班级： 工作小组： 职务： 技术指导：

教学项目：森林培育案件处理　　　　　　　　完成时间：

	评价内容	评价标准	赋分	得分
1	专业能力	1. 能够熟练掌握森林培育的相关知识点	5	
		2. 能够熟练掌握林木种子生产、经营许可的申请与审批过程	10	
		3. 会根据森林培育相关知识解决相关案件	10	
		4. 会对案件设法点进行快速查找	5	
		5. 会填写森林培育相关文书	10	
2	方法能力	1. 利用各种渠道收集、处理信息的能力	3	
		2. 具有自主学习的能力	3	
		3. 能够发现问题,并且解决问题	3	
3	素质能力	1. 在公司内能根据任务需要与他人愉快合作,有团队意识	3	
		2. 在完成工作任务过程中勇挑重担,责任心强	3	
		3. 在调研中沟通顺利,能赢得他人的合作	3	
		4. 愉快接受任务,认真研究工作要求,爱岗敬业	3	
4	小组评价	组员	1. 在小组中担任的职务及胜任情况	3	
			2. 小组工作出勤情况	3	
			3. 与本组成员的工作配合情况	3	
		组长	1. 小组工作的组织、统筹、协调及胜任情况	3	
			2. 小组工作出勤情况	3	
			3. 与本组成员的工作配合情况	3	
5	自我评价	1. 进行案件分析的积极性、主动性和发挥的作用	6	
		2. 法律、法规材料的收集、整理	3	
		3. 案件处理方案的制定、修改和确定	6	
		4. 任务完成过程中的整体表现	3	
		5. 与其他成员的协作情况	3	
	总评		100	

技术员意见反馈：(教师根据学生在完成任务中的各项表现,提出其不足之处和改正建议,表扬其做得好的方面,强化其优势,使形成性评价更有效)

　　　　　　　　　　　　　　　　　　　　　　　　　　　　　　年　月　日

注：小组评价中,组员工作情况由组长进行评价,组长工作由副主任进行评价。

给分标准为：

①工作失职(0分)；一般胜任(1分)；胜任(2分)；工作突出(3分)；

②旷课(0分)；迟到(1分)；早退(1分)；迟到及早退(0分)；

③不配合(0分)；一般配合(1)；配合(2分)；积极主动配合(3分)。

附表9 "森林保护行政执法"项目考核评价表

姓名:		班级:	工作小组:	职务:	技术指导:	
教学项目: 森林保护案件处理			完成时间:			

	评价内容		评价标准	赋分	得分
1	专业能力		1. 能够熟练掌握森林保护行政执法的相关知识点	10	
			2. 会根据森林保护行政执法知识解决相关案件	10	
			3. 会对案件设法点进行快速查找	10	
			4. 会填写森林保护等相关文书。	10	
2	方法能力		1. 利用各种渠道收集、处理信息的能力	3	
			2. 具有自主学习的能力	3	
			3. 能够发现问题,并且解决问题	3	
3	素质能力		1. 在公司内能根据任务需要与他人愉快合作,有团队意识	3	
			2. 在完成工作任务过程中勇挑重担,责任心强	3	
			3. 在调研中沟通顺利,能赢得他人的合作	3	
			4. 愉快接受任务,认真研究工作要求,爱岗敬业	3	
4	小组评价	组员	1. 在小组中担任的职务及胜任情况	3	
			2. 小组工作出勤情况	3	
			3. 与本组成员的工作配合情况	3	
		组长	1. 小组工作的组织、统筹、协调及胜任情况	3	
			2. 小组工作出勤情况	3	
			3. 与本组成员的工作配合情况	3	
5	自我评价		1. 进行案件分析的积极性、主动性和发挥的作用	6	
			2. 法律、法规材料的收集、整理	3	
			3. 案件处理方案的制定、修改和确定	6	
			4. 任务完成过程中的整体表现	3	
			5. 与其他成员的协作情况	3	
	总评			100	

技术员意见反馈:(教师根据学生在完成任务中的各项表现,提出其不足之处和改正建议,表扬其做得好的方面,强化其优势,使形成性评价更有效)

年　月　日

注:小组评价中,组员工作情况由组长进行评价,组长工作由副主任进行评价。
给分标准为:
①工作失职(0分);一般胜任(1分);胜任(2分);工作突出(3分);
②旷课(0分);迟到(1分);早退(1分);迟到及早退(0分);
③不配合(0分);一般配合(1);配合(2分);积极主动配合(3分)。

附表10 "野生动植物保护行政执法"项目考核评价表

姓名：　　　　　班级：　　　　　工作小组：　　　　　职务：　　　　　技术指导：

教学项目：野生动植物保护相关案件处理　　　　　完成时间：

	评价内容	评价标准	赋分	得分
1	专业能力	1. 能够熟练掌握野生动植物保护的相关知识点	5	
		2. 能够熟练掌握驯养繁殖许可证的申请与办理过程	10	
		3. 会根据野生动植物保护相关知识解决相关案件	10	
		4. 会对案件设法点进行快速查找	5	
		5. 会填写野生动物保护类的相关文书	10	
2	方法能力	1. 利用各种渠道收集、处理信息的能力	3	
		2. 具有自主学习的能力	3	
		3. 能够发现问题，并且解决问题	3	
3	素质能力	1. 在公司内能根据任务需要与他人愉快合作，有团队意识	3	
		2. 在完成工作任务过程中勇挑重担，责任心强	3	
		3. 在调研中沟通顺利，能赢得他人的合作	3	
		4. 愉快接受任务，认真研究工作要求，爱岗敬业	3	
4	小组评价	组员 1. 在小组中担任的职务及胜任情况	3	
		组员 2. 小组工作出勤情况	3	
		组员 3. 与本组成员的工作配合情况	3	
		组长 1. 小组工作的组织、统筹、协调及胜任情况	3	
		组长 2. 小组工作出勤情况	3	
		组长 3. 与本组成员的工作配合情况	3	
5	自我评价	1. 进行案件分析的积极性、主动性和发挥的作用	6	
		2. 法律、法规材料的收集、整理	3	
		3. 案件处理方案的制订、修改和确定	6	
		4. 任务完成过程中的整体表现	3	
		5. 与其他成员的协作情况	3	
	总评		100	

技术员意见反馈：(教师根据学生在完成任务中的各项表现，提出其不足之处和改正建议，表扬其做得好的方面，强化其优势，使形成性评价更有效)

　　　　　　　　　　　　　　　　　　　　　　　　　　　　　　　　　年　　月　　日

注：小组评价中，组员工作情况由组长进行评价，组长工作由副主任进行评价。
给分标准为：
①工作失职(0分)；一般胜任(1分)；胜任(2分)；工作突出(3分)；
②旷课(0分)；迟到(1分)；早退(1分)；迟到及早退(0分)；
③不配合(0分)；一般配合(1)；配合(2分)；积极主动配合(3分)。